W0268598

**Aus dem Programm
Feinwerktechnik**

Lehrbücher:

Mechanik und Festigkeitslehre,
von A. Böge

Maschinenelemente,
von H. Roloff und W. Matek

Fertigungsgerechtes Gestalten in der Feinwerktechnik,
von S. Hildebrand und W. Krause

Werkstoffkunde und Werkstoffprüfung,
von W. Weißbach

Werkstoffkunde für Elektroingenieure,
von P. Guillery, R. Hezel und B. Reppich

Aufgabensammlungen:

Technische Mechanik in der Feinwerktechnik,
von K. Agne und F. Simon

Aufgabensammlung zur Mechanik und Festigkeitslehre,
von A. Böge und W. Schlemmer

Aufgabensammlung Maschinenelemente,
von H. Roloff, W. Matek, D. Muhs und H. Wittel

**Aufgabensammlung zur Werkstoffkunde und
Werkstoffprüfung,**
von W. Weißbach, U. Bleyer und M. Bosse

Vieweg

Klaus Agne
Friedrich Simon

Technische Mechanik in der Feinwerktechnik

Aufgaben, Beispiele, Lösungen

3., verbesserte Auflage

Mit 267 Bildern

Friedr. Vieweg & Sohn   Braunschweig/Wiesbaden

1. Auflage 1979 (Sie erschien unter dem Titel: Beispiele zur Technischen Mechanik)
2., durchgesehene Auflage 1986
3., verbesserte Auflage 1988

Der Verlag Vieweg ist ein Unternehmen der Verlagsgruppe Bertelsmann.

Alle Rechte vorbehalten
© Friedr. Vieweg & Sohn Verlagsgesellschaft mbH, Braunschweig 1988

Das Werk und seine Teile sind urheberrechtlich geschützt. Jede
Verwertung in anderen als den gesetzlich zugelassenen Fälle bedarf
deshalb der vorherigen schriftlichen Einwilligung des Verlages.

Umschlaggestaltung: Hanswerner Klein, Leverkusen
Satz: Vieweg, Braunschweig
ISBN-13: 978-3-528-24078-3   e-ISBN-13: 978-3-322-90130-9
DOI: 10.1007/978-3-322-90130-9

Vorwort

Trotz der verhältnismäßig einfachen, leicht überschaubaren Lehren der Technischen Mechanik zeigt die Erfahrung, daß gerade die Lösung konkreter Probleme aus der Ingenieurpraxis oft erhebliche Schwierigkeiten macht. *Ein* Grund dafür scheint uns darin zu liegen, daß in der Lehre vielfach die Beispiele in vereinfachter, abstrakter Form dargeboten werden, wodurch eine wesentliche Schwierigkeit bereits ausgeräumt ist. Wirkliche technische Gebilde sind aber in der Regel kompliziert, und der Studierende muß am Beispiel lernen, selbst den Abstraktionsvorgang zu vollziehen.

Daraus folgt erstens, daß den Beispielen konkrete technische Produkte zugrundezulegen sind, in einer Darstellung, wie sie dem Ingenieur auch in der Praxis begegnet.

Zweitens sind die Gegenstände vorzugsweise demjenigen Bereich technischer Erzeugnisse zu entnehmen, welcher der Fachrichtung des Studierenden entspricht, falls man ihn von der Notwendigkeit der Technischen Mechanik überzeugen will. Da die vorliegenden Beispiele hauptsächlich für das Studium der Feinwerktechnik vorgesehen sind, wird man Fachwerke, Gerberträger, Knickstäbe und dergleichen in diesem Buch vergeblich suchen; dennoch können auch Studierende des Maschinenbaus Nutzen daraus ziehen.

Drittens schien es uns erforderlich, nicht nur die Zahlenwerte der Lösungen anzugeben, sondern das methodische Vorgehen zu zeigen und gründlich ausgearbeitete Lösungswege zu bieten. Was nutzt schließlich die Kenntnis der Resultate, wenn man den Weg dahin nicht findet? Bei vorgegebenem Umfang des Buches wird dadurch freilich die Anzahl der Beispiele verringert.

Es lag nicht in unserer Absicht, den zahlreichen Aufgabensammlungen eine weitere hinzuzufügen; vielmehr wollen wir durch ausführlich dargestellte Beispiele belehren. Deshalb finden sich in diesem Buch auch Probleme, die der Studierende noch nicht aus eigener Kraft meistern kann; sie sollen dazu beitragen, seine vorhandenen Kenntnisse zu vertiefen. Viele Beispiele sind jedoch so einfach, daß der Studierende nach Lesen der Problemstellung selbst in der Lage sein wird, das richtige Ergebnis zu finden.

Innerhalb der einzelnen Sachgebiete sind die Beispiele ungefähr nach steigendem Schwierigkeitsgrad geordnet. Dem Leser wird empfohlen, beim Durcharbeiten dieses Buches Bleistift, Papier und Taschenrechner zu benutzen, um unterdrückte Zwischenrechnungen durchführen und die angegebenen Resultate überprüfen zu können. Sofern in Einzelfällen die dargestellten Objekte nicht bemaßt sind, können für graphische Verfahren die Abmessungen den maßstäblich gezeichneten Bildern entnommen werden.

Zahlenrechnungen sind ausnahmslos mit den neuen, gesetzlichen Einheiten durchgeführt. Die Bezeichnung der physikalischen Größen erfolgte, von wenigen Sonderfällen abgesehen, nach den derzeitigen Empfehlungen des Deutschen Normenausschusses.

Alle vorgelegten Mechanik-Beispiele wurden von den Autoren erdacht; wegen der gewünschten Praxisbezogenheit in Anlehnung an feinwerktechnische Erzeugnisse; vereinzelt auch angeregt durch Veröffentlichungen in Fachzeitschriften.

Da dieses Buch auf kein bestimmtes Lehrbuch zugeschnitten ist, haben wir uns nicht um uniforme Darstellung bemüht. Für Problemstellung und Lösung zeichnet der jeweilige Autor (A) bzw. (S) verantwortlich.

Die Verfasser hoffen, einen einigermaßen repräsentativen Querschnitt der Technischen Mechanik für den angesprochenen Benutzerkreis geboten und gezeigt zu haben, daß Technische Mechanik auch heute noch eine nützliche Wissenschaft mit großer praktischer Bedeutung ist.

Das Buch wendet sich in erster Linie an die Studierenden der Fachhochschulen.

Dem Verlag danken wir für die verständnisvolle Zusammenarbeit.

Die dritte Auflage ist gegenüber der zweiten Auflage druckfehlerberichtigt. In wenigen Zeichnungen wurden Veränderungen in der Beschriftung vorgenommen, so daß die Darstellung noch klarer wird. Für Hinweise zur Verbesserung und Weiterentwicklung des Buches sind Verfasser und Verlag stets dankbar.

Furtwangen, Dezember 1987   *Klaus Agne* und *Friedrich Simon* †

Inhaltsverzeichnis

VIII

1 Statik (einschließlich Reibung)

1.1 Die Wellenlagerung nach Bild 1.1-1 sei mit geringem Lagerspiel eingestellt. $F = 20\,$N. Gesucht sind die Lagerkräfte F_A, F_B. Lösung zeichnerisch; $M_L = 1\,$mm/mm, $M_F = 2\,$mm/N. (A)

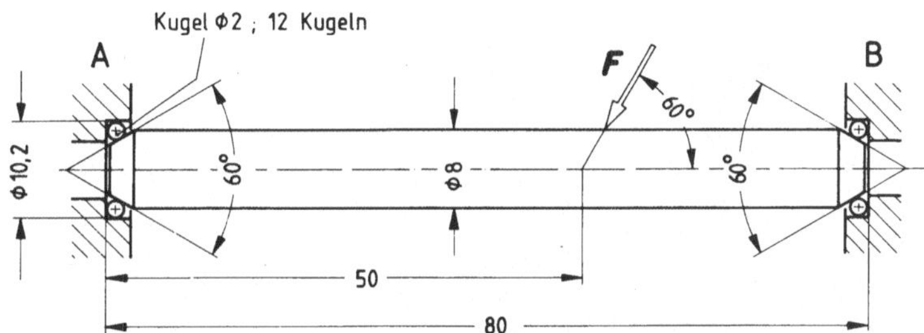

Lösung: Unter der Belastung mit F wird sich die Welle nach links schieben, bis sie im Lager A vollständig anliegt. Der Kegelzapfen in B wird dagegen nur in der unteren Zone tragen. Für das Lösungsverfahren wird angenommen, daß die Mittelpunkte der gezeichneten Kugeln in der Schnittebene des Bildes 1.1-1 liegen und daß die übrigen Kugeln an der Kraftübertragung augenblicklich nicht beteiligt sind.

Die Wirkungslinie von F_B ist bekannt: normal zur Kegelmantellinie. Einen Punkt der Wirkungslinie von F_A findet man im Schnittpunkt der beiden Kegelmantelnormalen des Lagers A, Bild 1.1-2. Zuerst im Lageplan Wirkungslinie von F_B eintragen. Der Schnittpunkt der Wirkungslinien von F und F_B liefert einen zweiten Punkt der Wirkungslinie von F_A. Mit der nach Betrag und Richtung bekannten Kraft F und den Richtungen von F_A und F_B kann dann der Kräfteplan aufgezeichnet werden.

$$F_A = 17{,}5\,\text{N}, \quad F_B = 12{,}7\,\text{N}.$$

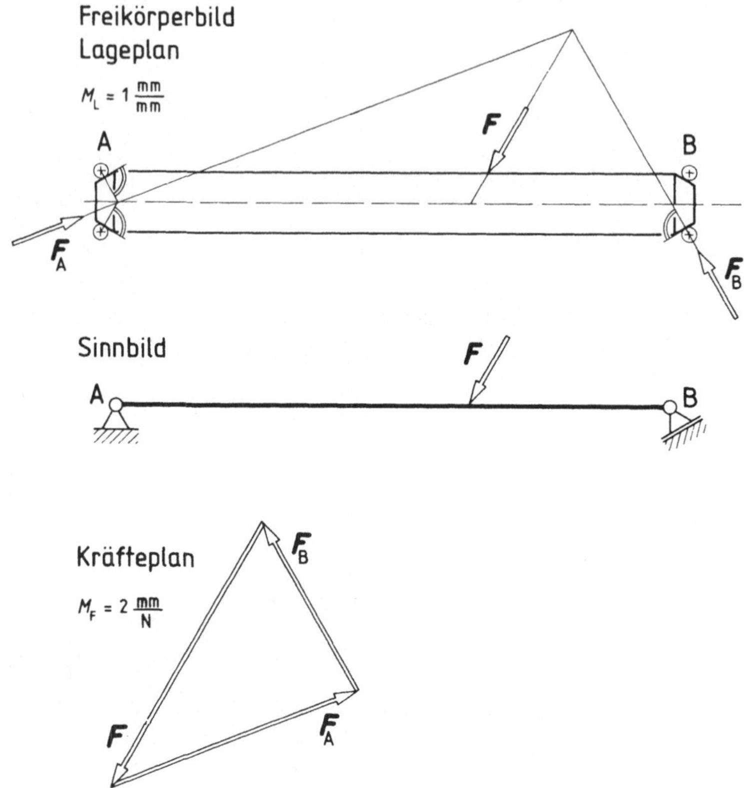

1.2 Kontrollvorrichtung für Bandspannung. Bei zu hoher oder zu niedriger Bandspannung wird durch Betätigung der Mikroschalter in der Anordnung nach Bild 1.2-1 der Wickelantrieb ausgeschaltet. Sollwert der Bandzugkraft $F = 0,4$ N. Für welche Kraft F_2 ist die Zugfeder zu bemessen? Lösung zeichnerisch; $M_L = 1$ mm/mm, $M_F = 50$ mm/N. (A)

Lösung:	Bild 1.2-2.
Kräfteplan:	Resultierende $F_1 = F' + F''$,
	Richtung von F_2 antragen,
	Pol 0 wählen, Polstrahlen A1 und 12;
Lageplan:	Seillinie A1 durch Lager A, Seillinien 12 und 2A;
Kräfteplan:	Polstrahl 2A, Kräftepfeile F_2 und F_A so, daß $F_1 + F_2 + F_A = 0$.
Ergebnis:	$F_2 = 0,4$ N.

Bild 1.2-1

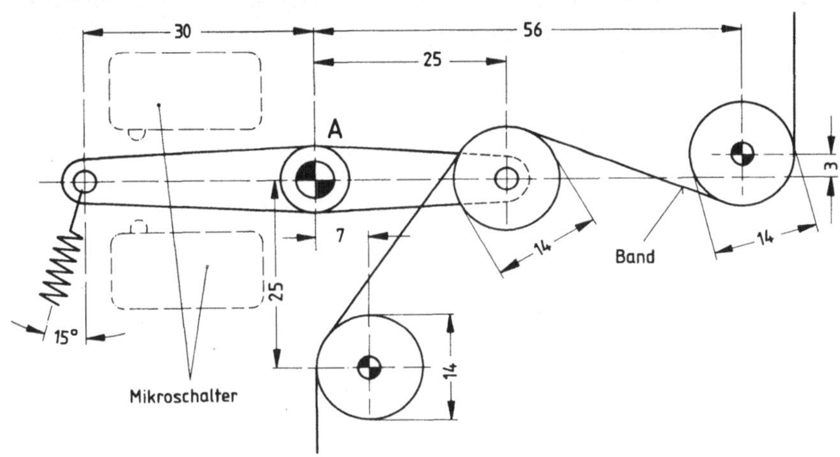
30
56
25
A
3
7
14
Band
14
25
15°
Mikroschalter
14

Bild 1.2-2

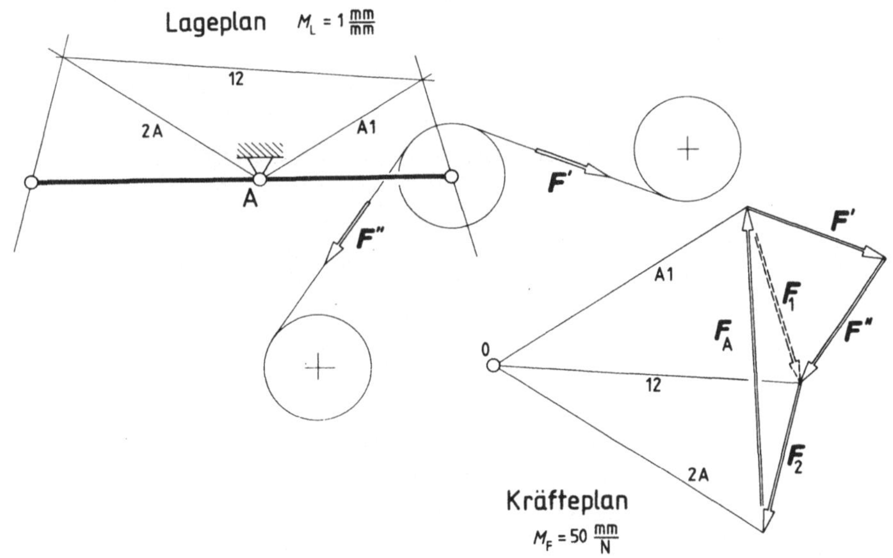
Lageplan $M_L = 1\,\frac{mm}{mm}$
12
2A
A1
A
F''
F'
A1
F_1
F_A
0
12
F'
F''
2A
F_2
Kräfteplan
$M_F = 50\,\frac{mm}{N}$

1.3 In einem Rundfunkgerät befindet sich das in Bild 1.3-1 gezeigte Bandbreiten-Einstell-
getriebe. Für die gewählte Einstellung sollen die an der Hebellagerung und am Rollenbol-
zen auftretenden Kräfte ermittelt werden. Die Mittelpunktsbahn der Rolle relativ zur Kurvenscheibe ist eine Archimedische Spirale.
Betrag der Seilkraft F_1 = 9 N.
Lösung grafisch! (S)

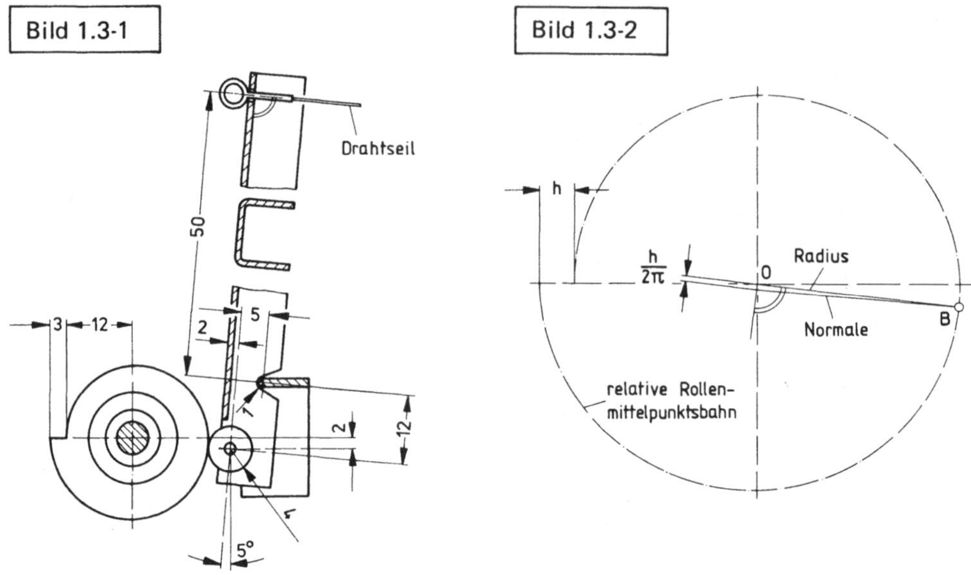

Lösung: An dem freigemachten Körper (Hebel) wirken drei Kräfte. Ohne Reibung hat die
Kraft der Kurvenscheibe auf die Rolle die Richtung der Berührungs-Normalen. Man konstruiert diese gemäß Bild 1.3-2 (etwa im Maßstab 10 : 1) mit Hilfe der Subnormalen, deren
Länge bei der Archimedischen Spirale konstant ist; im vorliegenden Falle $h/2\pi$ = 3 mm/2 π.
Es zeigt sich, daß die Wirkungslinie der Bolzenkraft parallel zur Seilrichtung verläuft. Bei
drei Kräften folgt daraus, daß auch die noch fehlende (resultierende) Lagerkraft in A
parallel zu den beiden anderen Kräften sein muß, da sich sonst das Krafteck nicht schließen
würde.
Zum Zeichnen des Kräfteplanes verwendet man das Seileck-Verfahren (Bild 1.3-3). Zwei
Polstrahlen, die einen Index gemeinsam haben, begrenzen die Kraft mit diesem Index!
Es ergibt sich als Betrag der Kraft auf die Bolzenmitte F_B = 37,5 N. Die gefundene Lagerkraft vom Betrage F_A = 46,5 N wirkt ebenso wie F_B wegen des symmetrischen U-Profils
je zur Hälfte auf jede Blechwand.
Anmerkung: Auch bei beliebig großer Seilkraft besteht keine Gefahr, daß die Kurvenscheibe im Uhrzeigersinn verstellt wird, weil im vorliegenden Falle der Hebelarm von $-F_B$
kleiner ist als der Radius des Reibungskreises.

4

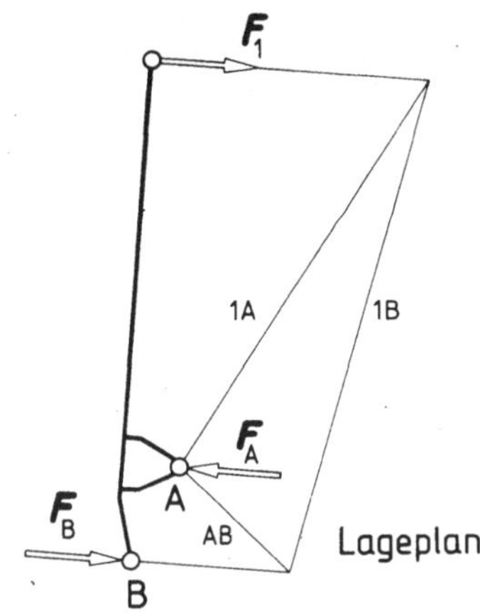

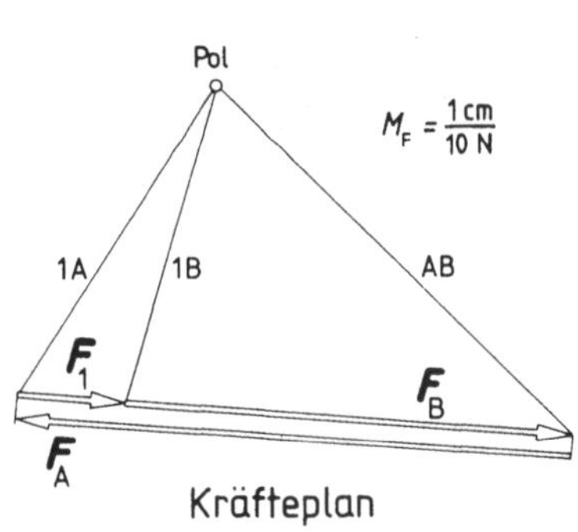

1.4 Bild 1.4-1 stellt eine Fußluftpumpe dar. Die Trittplatte ist fest mit zwei gleichen gebogenen Stäben verbunden, die durch Distanzbolzen zu einem Körper (Fußhebel) vereinigt sind. Der Fußhebel ist um den gestellfesten Distanzbolzen A drehbar.
Welchen Betrag F_1 hat die Fußkraft, wenn im Kompressionsraum des Zylinders ein Überdruck von $p_{\text{ü}} = 2$ bar herrscht? Summe der Beträge beider (gleicher) Schenkelfedern $F_2 = 340$ N. Zylinder-Innendurchmesser $d = 57$ mm. Reibung, Schwere und Trägheit können unbeachtet bleiben. Lösung grafisch! (S)

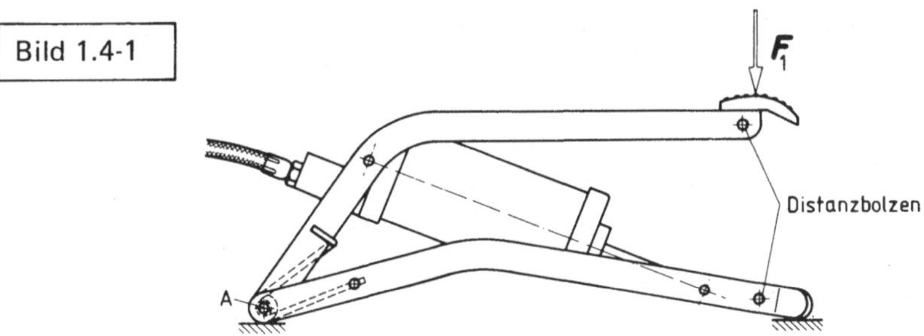

Lösung: Am Fußhebel wirken insgesamt vier Kräfte, sofern man sich die beiden Federkräfte und alle Lagerkräfte auf die Symmetrieebene reduziert denkt; diese enthält auch die Zylinderachse. Von den vier Kräften sind zwei vollständig bekannt, da sich der Betrag der vom Zylinder auf die Lager B ausgeübten Druckkraft aus gegebenen Größen berechnen läßt:

$$F_B = p_{\text{ü}}\,\frac{\pi d^2}{4} = 510\,\text{N}.$$

F_2 hat die Richtung der Berührungs-Normalen, F_B die Richtung der Kolbenachse. Man bildet die Resultierende

$$F_r = F_2 + F_B,$$

deren Lage durch den Schnittpunkt der bereits bekannten Wirkungslinien definiert ist. Die weitere Lösung erfolgt nach dem Drei-Kräfte-Verfahren (Bild 1.4-2).
Man findet als Betrag der erforderlichen Fußkraft $F_1 = 250\,\text{N}$.
Anmerkung: Die Federkraft könnte um 25 ... 30 % kleiner sein.

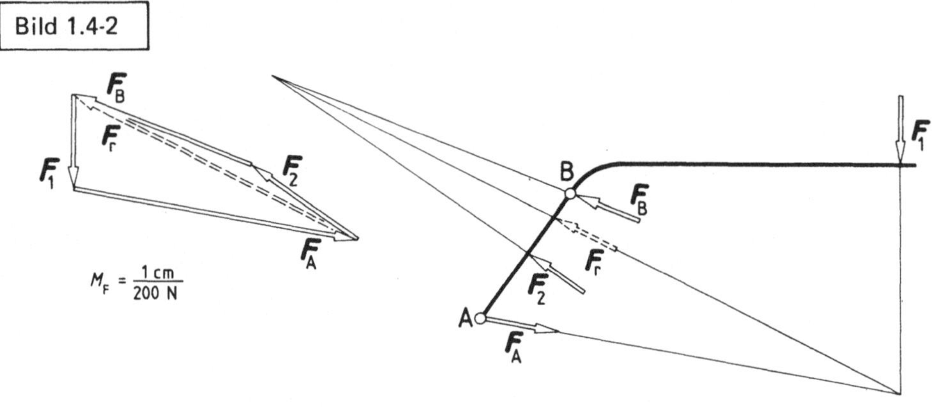

1.5 An der Briefwaage (Bild 1.5-1) lassen sich durch Umlegen des Hebels H ($180°$ – Drehung um D) zwei Meßbereiche einstellen:
Meßbereich I $\to$ 0 ... 50 Gramm; Meßbereich II $\to$ 0 ... 250 Gramm. In Bild 1.5-1 ist an der Waage Meßbereich II eingestellt. Man berechne die Lage des Nullpunktes von Meßbereich I und die Skalenteilung für $m = 10, 20, 30, 40$ und 50 Gramm. $a = 34\,\text{mm}$; $b = 24\,\text{mm}$; $\alpha = 135°$; $\delta = 5°$; $m_1 = 0{,}7$ Gramm; $m_2 = 8$ Gramm; $m_3 = 28$ Gramm; $m_4 = 60$ Gramm. (S)

Lösung: Hauptaufgabe der Statik starrer Körper ist die Ermittlung unbekannter Kräfte. Im vorliegenden Falle handelt es sich jedoch darum, die Gleichgewichtslage eines drehbar gelagerten Körpers bei verschiedenen Lasten zu finden. Die rechnerische Lösung ist dabei meist einfacher als die zeichnerische — manchmal der einzige gangbare Weg.
Bei leerer Waagschale wirkt am Gelenk B (Bild 1.5-2) die Kraft

$$\frac{1}{2}\,m_1 g_1 + m_2 g_2 + m_3 g_3.$$

Wegen der geringen Empfindlichkeit der Neigungswaage kann das Schwerefeld innerhalb des kleinen Raumbereiches ohne merklichen Fehler als homogen angesehen werden, weshalb die Indizes bei der Fallbeschleunigung überflüssig werden. Abkürzend kann dann für den Betrag obiger Kraft

$$m_0 g = \left(\frac{1}{2}\,m_1 + m_2 + m_3 \right) g \qquad \text{geschrieben werden.}$$

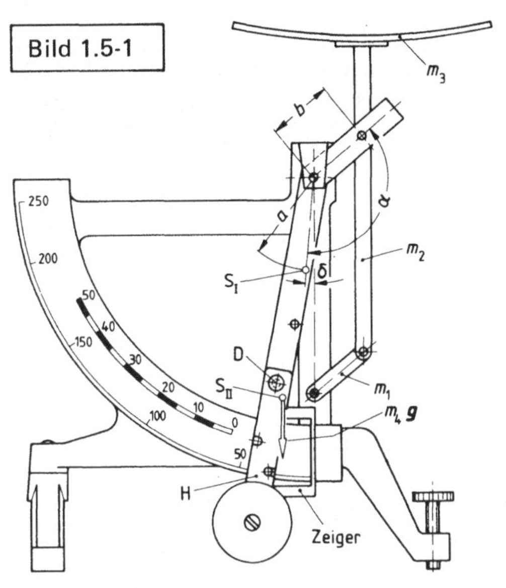

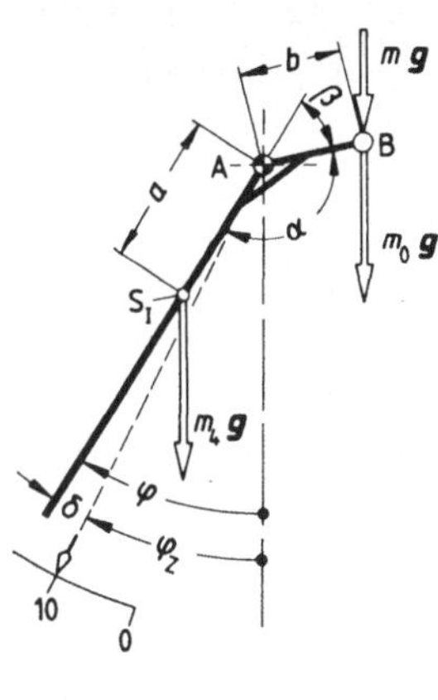

Das Momentengleichgewicht um die Achse A in Bild 1.5-2 bedingt bei einem auf die Waagschale gelegten Körper mit der Masse m

$$m_4 g a \sin \varphi - (m + m_0)\, g b \sin (\varphi + \beta) = 0.$$

Offensichtlich kann man g im folgenden weglassen.
Ferner ist bekanntlich $\sin (\varphi + \beta) = \sin \varphi \cos \beta + \cos \varphi \sin \beta$. Somit

$$m_4 a \sin \varphi = (m + m_0)\, b\, (\sin \varphi \cos \beta + \cos \varphi \sin \beta).$$

Dividiert durch $\sin \varphi$ $(\varphi > 0)$:

$$m_4 a = (m + m_0)\, b\, (\cos \beta + \cot \varphi \sin \beta).$$

Hieraus ergibt sich die Beziehung

$$\cot \varphi = \frac{m_4 a}{(m + m_0)\, b \sin \alpha} + \cot \alpha,$$

wenn der Hilfswinkel β durch den gegebenen Winkel α substituiert wird. (Es ist $\beta = \pi - \alpha$; $\alpha < \pi$).
Bei unbelasteter Waagschale ist $m = 0$ und man erhält aus obiger Gleichung φ_0; mit den gegebenen Zahlenwerten errechnet man für den Nullpunkt der Skala

$$\varphi_{Z0} = \varphi_0 - \delta = 18{,}4°.$$

Nachstehend ist die Skalenteilung angegeben:

m	0	10	20	30	40	50	Gramm
φ_Z	18,4	27,1	36,4	45,9	55,1	63,6	Grad

Aus der Tabelle erkennt man durch Differenzenbildung zweier aufeinanderfolgender Werte,
daß die Skalenteilung am Anfang und Ende etwas enger ausfällt als in der Mitte.
Gegenüber der grafischen Lösung hat die analytische Lösung noch den Vorzug, den Einfluß der einzelnen physikalischen Größen deutlich zu machen, d.h. eine optimale Konstruktion der Briefwaage zu ermöglichen.

1.6 Der Scherenstromabnehmer einer Modelleisenbahn besteht aus zwei in parallelen Ebenen befindlichen Hebelsystemen, von denen eines in Bild 1.6-1 sichtbar ist. Durch Querstreben und Mitnehmer wird eine symmetrische Auslenkung gewährleistet. Welchen Betrag hat die Federkraft in der gezeichneten Stellung, wenn die Druckkraft an der Kontaktstelle mit der Oberleitung bei ruhender Lok $F_1 = 20\,\text{cN}$ betragen soll?
Reibung und Hebelgewichte sind vernachlässigbar. Lösung grafisch. (S)

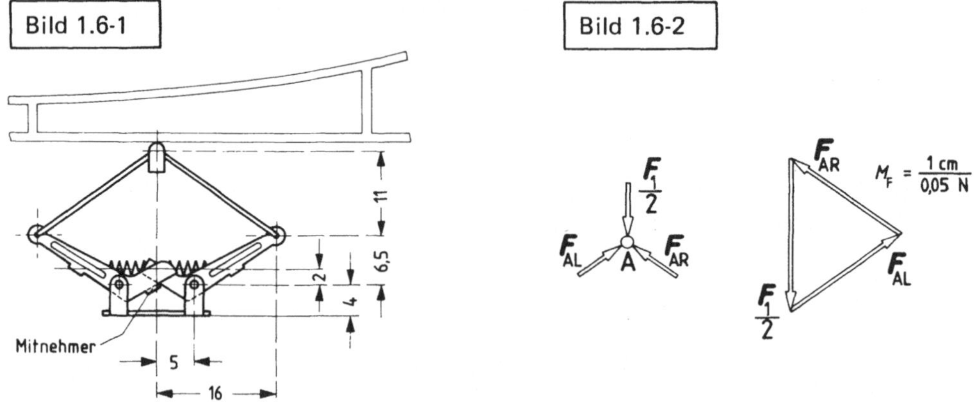

Lösung: Bei den vorangegangenen Beispielen genügte die Betrachtung eines einzigen „freigemachten" Körpers zur Ermittlung unbekannter Kräfte. Das vorliegende Problem ist ein besonders einfacher Fall eines Systems starrer Körper, wobei zunächst Kräfte an anderen Körpern bestimmt werden müssen, − die unter Umständen gar nicht interessieren − um an das eigentliche Ziel (z.B. hier die Ermittlung des Federkraft-Betrages) zu gelangen.
Bei ruhender Lok ist die Kontaktkraft vertikal. Wegen der symmetrischen Anordnung der vier oberen Druckstäbe entfällt auf das vordere Stabsystem $\frac{1}{2}\,F_1$. Die Gleichgewichtsbedingung für das Gelenk A des quer zur Oberleitung stehenden Kontaktbügels (Bild 1.6-2) ergibt die gleichen Beträge für die linke und rechte Stabkraft $F_{AL} = F_{AR} = 8,8\,\text{cN}$.

Am Winkelhebel sind bei vertikaler Kraft F_1 die Kurvengelenke K_v und K_h, d.h. die vorderen und hinteren Mitnehmer, kräftefrei. Der rechte Stab wirkt auf das Gelenk B mit der Kraft $F_B = -F_{AR}$; ferner ist die Richtung der Federkraft F_2 bekannt (Bild 1.6-3). Durch den Schnittpunkt der Wirkungslinien dieser Kräfte muß bei drei Kräften die Wirkungslinie von F_C gehen, wenn die Summe aller Momente Null sein soll.
Man findet den Betrag der Federkraft in der gegebenen Stellung des Stromabnehmers
$F_2 = 51\,\text{cN} \approx 0,5\,\text{N}$.

8

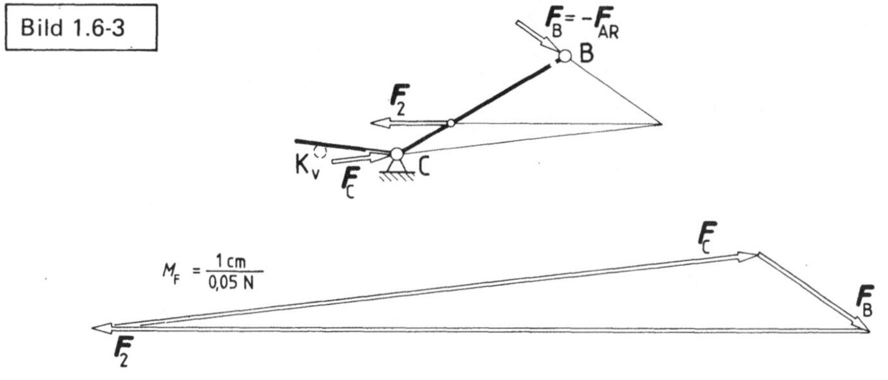

1.7 Die Geradführung für einen Linienschreiber formt die Drehbewegung der Drehspule in eine angenähert geradlinige Bewegung der Schreibfeder um. Die Reibung der Schreibfeder auf dem Registrierpapier ist bei solchen Geräten ein wesentlicher Störfaktor und muß bei der Auslegung des Drehspulmeßwerks berücksichtigt werden, Bild 1.7-1. Gesucht ist ein allgemeiner Ausdruck für das zur Überwindung der Schreibfederreibung erforderliche Moment an der Drehspule $M = M(F_R,\ \text{Abmessungen})$. Man betrachte nur Kräfte in der z, x-Ebene; alle Gelenke sind als reibungsfrei anzunehmen. (A)

Lösung: Man denke sich das System in die Bestandteile zerlegt und trage an den Gelenkstellen die dort wirkenden Kräfte an, Bild 1.7-2. Dann stelle man für jeden Einzelkörper die Gleichgewichtsbedingungen für die z, x-Ebene auf.

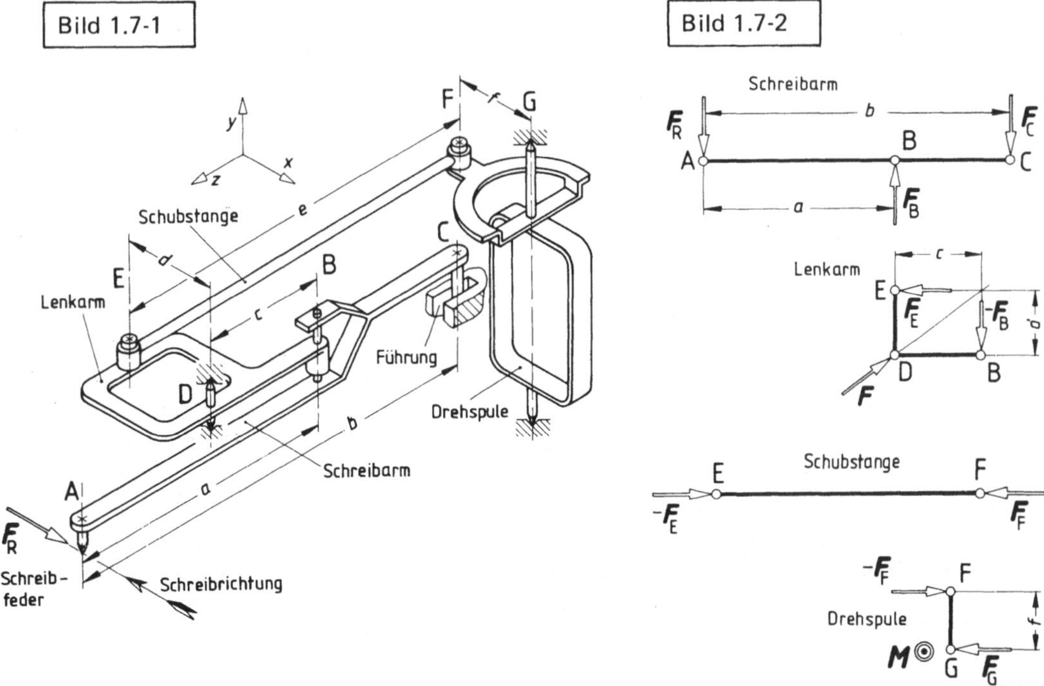

a) Schreibarm: $\Sigma F_x = 0: F_R + F_C - F_B = 0$,

$\Sigma M_A = 0: F_B\, a - F_C\, b = 0$,

daraus $F_B = \dfrac{b}{b-a} F_R$.

b) Lenkarm: $\Sigma M_D = 0: F_E\, d - F_B\, c = 0$,

daraus $F_E = \dfrac{c}{d} F_B = \dfrac{c}{d} \cdot \dfrac{b}{b-a} F_R$.

c) Schubstange: $\Sigma F_z = 0: F_F - F_E = 0$,

daraus $F_F = F_E = \dfrac{c\,b}{d(b-a)} F_R$.

d) Drehspule: $\Sigma M_G = 0: M - F_F f = 0$,

daraus $M = F_F f = \dfrac{c\,b\,f}{d(b-a)} F_R$.

1.8 Man ermittle grafisch die am Schaltschloß eines Sicherungsautomaten (Bild 1.8-1) erforderliche Einschaltkraft F_2 sowie die Lagerkräfte in A und B für die gezeichnete Stellung. Schwere und Massenträgheit sind unbedeutend; die Gelenkreibung kann ebenfalls außer Betracht bleiben. Betrag der Federkraft $F_1 = 25$ N.   (S)

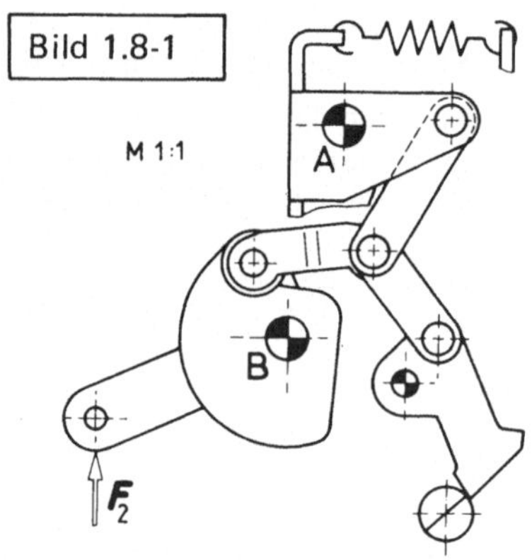

Lösung: Man zeichnet zuerst vereinfacht, aber maßstäblich die freigemachten Bauteile des Schaltschlosses (Bild 1.8-2).

Von wenigen Sonderfällen abgesehen erfolgt die erste Gleichgewichtsbetrachtung an demjenigen freigemachten Körper, an welchem die gegebene Kraft — hier die Federkraft F_1 — angreift. Außer der Federkraft ist noch die Richtung der Kraft F_C bekannt, weil der weggenommene Zweigelenkstab nur Kräfte in Richtung der Verbindungsgeraden der Lagermittelpunkte übertragen kann, wenn Schwere, Trägheit und Lagerreibung vernachlässigbar sind. Die Form des Körpers ist hierbei belanglos; sie ist jedoch wesentlich für die inneren Kräfte, d.h. für die Beanspruchung des Bauteils.

Durch den Schnittpunkt der Wirkungslinien dieser beiden Kräfte muß auch die durch A laufende Wirkungslinie der Lagerkraft F_A gehen. Damit läßt sich das Kräftedreieck I zeichnen.

Dem „Kraftfluß" folgend müßte als nächster Körper der anschließende Zweigelenkstab betrachtet werden. Betrag und Richtung der Stabkraft sind aber bereits aus Krafteck I bekannt, so daß sich das Zeichnen eines Kraftecks für den Zweigelenkstab erübrigt. Beiläufig entnimmt man aus Bild 1.8-2, daß man hier auch das Zeichnen des freigemachten Stabes unterlassen könnte. Zu beachten ist aber das Wechselwirkungsgesetz, wonach die Kraft des Winkelhebels auf den Stab entgegengesetzten Richtungssinn hat wie in I: statt F_C nun $-F_C$.

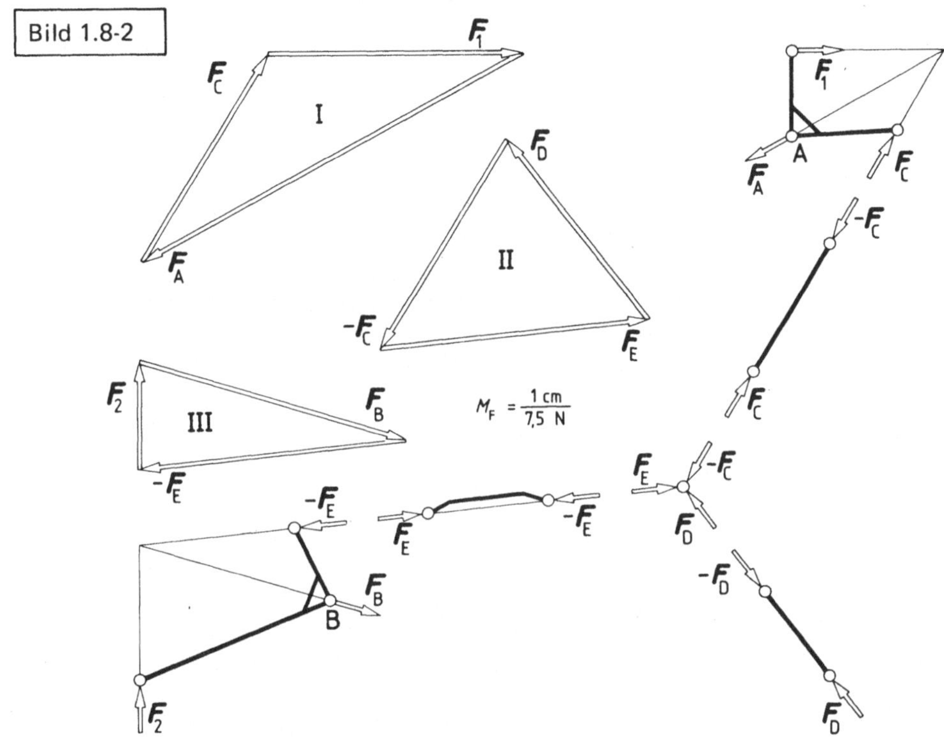

Danach setzt man Gleichgewicht am Kniehebelbolzen voraus, an dem außer $-F_C$ die Wirkungslinien durch die Mittelpunkte der beiden anderen Zweigelenkstäbe bekannt sind, weshalb Krafteck II konstruiert werden kann.

Am Einschalthebel ist nun $-F_E$ vollständig bekannt und F_2 der Richtung nach vorgegeben. Das letzte Kräftedreieck III läßt sich demnach wie das erste nach dem Drei-Kräfte-Verfahren zeichnen.

Man findet:

Betrag der Lagerkraft F_A = 43 N; Betrag der Lagerkraft F_B = 27,5 N. Die Einschaltkraft beträgt F_2 = 11 N; diese Kraft kann dem Finger zugemutet werden.

Anmerkung: Der als Lagerkraft in A gefundene Betrag gilt für die „repräsentative Ebene" der Kräftegruppe. Bei der vorliegenden Konstruktion rührt diese (resultierende) Kraft von einer zweistelligen Lagerung her; solche konstruktiven Einzelheiten werden in den folgenden Beispielen nicht immer ausdrücklich erwähnt.

1.9 Antriebssystem für ein Tonbandgerät, Bild 1.9-1. Betriebsweise: Umspulen im Vorlauf. Der ablaufende linke Wickelteller wird zur Erzeugung eines festen Bandwickels auf der aufwickelnden rechten Spule abgebremst. Geforderte Bandzugkraft F = 0,4 N, gleichbleibend für alle Wickelzustände. Augenblickliche Wickeldurchmesser: D_L = 80 mm, D_R = 120 mm. d_1 = 20 mm, d_2 = 30 mm, d_3 = 42 mm, d_4 = 42 mm, d_5 = 100 mm.

Gesucht sind für den augenblicklichen Wickelzustand

a) das Bremsmoment M_V am linken Wickelteller und

b) das Belastungsmoment M_I für den Antriebsmotor.

c) Für vollständig gefüllte rechte Spule ($D_{R\,max}$ = 140 mm) ist das maximale Belastungsmoment $M_{I\,max}$ für den Antriebsmotor zu ermitteln.

Die Reibung im Triebwerk ist zu vernachlässigen. (A)

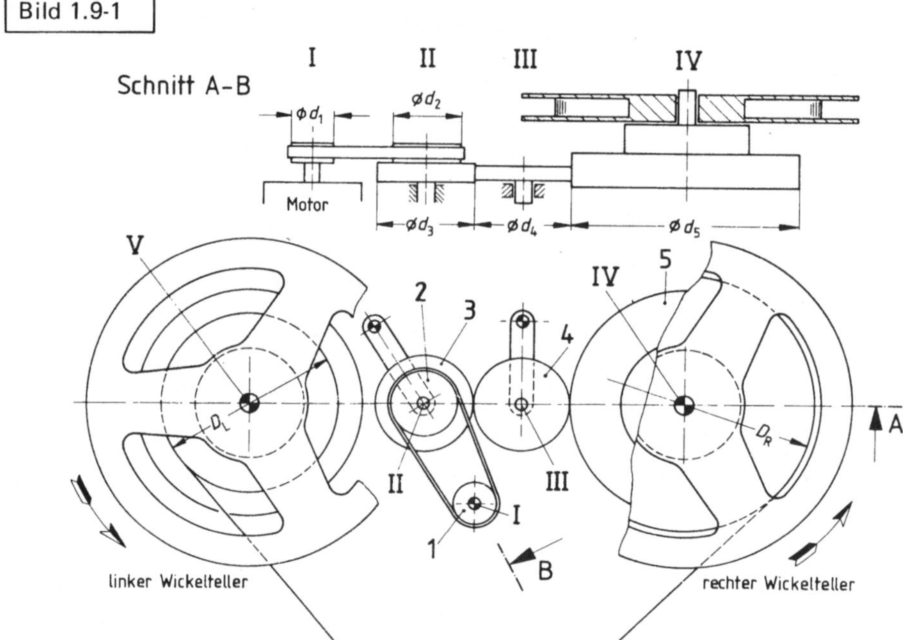

Lösung: a) Im stationären Betrieb ist für den linken Wickelteller

$$M_V = \frac{1}{2} \cdot F \cdot D_L = 1{,}6 \,\text{N cm}.$$

b) Für den rechten Wickelteller wird $M_{IV} = \frac{1}{2} F D_R$. Für die Momentübersetzung spielt das Zwischenrad keine Rolle. Mit $F_5 = \dfrac{2\,M_{IV}}{d_5} = F_3 = \dfrac{2\,M_{II}}{d_3}$ für die Umfangskräfte F_3, F_5 der Räder 3 bzw. 5 wird $M_{II} = \dfrac{d_3}{d_5} M_{IV} = \dfrac{1}{2} F D_R \dfrac{d_3}{d_5}$.

12

Entsprechend für den Riementrieb aus $\dfrac{M_I}{d_1} = \dfrac{M_{II}}{d_2}$:

$$M_I = \frac{d_2}{d_1} M_{II} = \frac{1}{2} F D_R \cdot \frac{d_1 d_3}{d_2 d_5} = 0,67 \text{ N cm}.$$

c) $\quad M_{I\,max} = \dfrac{1}{2} F D_{max} \cdot \dfrac{d_1 d_3}{d_2 d_5} = 0,78 \text{ N cm}.$

1.10 Der Synchronmotor mit angebautem Stirnradgetriebe nach Bild 1.10-1 wird zum Antrieb von Programmschaltwerken verwendet. Zwei für die Aufgabenstellung nicht erhebliche Einzelheiten sind in der Zeichnung weggelassen: eine Kupplung und ein Zahnrichtgesperre zur Erzwingung einer bestimmten Drehrichtung. Außertrittfallmoment des Motors $M = 0{,}88$ N mm. Getriebe: Geradstirnräder mit Evolventenverzahnung, Eingriffswinkel $\alpha = 20°$.

Rad Nr.	1	2	3	4	5	6	7	8	9
Zähnezahl z	12	60	12	60	15	60	9	36	28
Modul m/mm	0,32		0,32		0,32		0,55		0,9

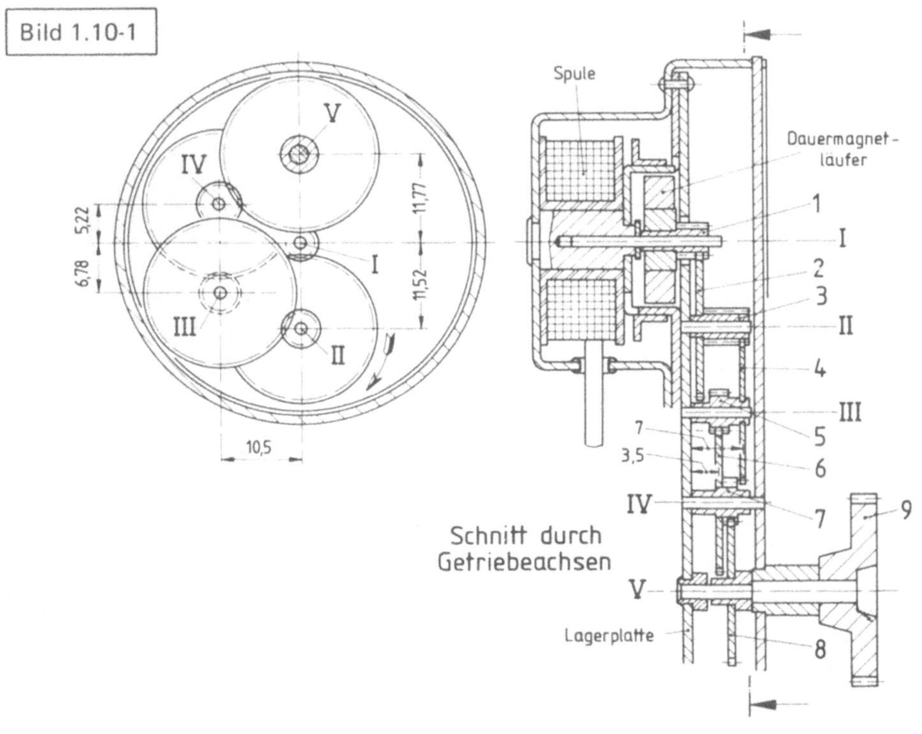

Es sind zu berechnen:

a) Das Moment M_V mit dem der Getriebeausgang höchstens belastet werden darf.

b) Die Zahnkräfte der Räder 4 und 5 für maximale Belastung.

c) Die Auflagerreaktionen für die Achse III. (Achse III: Zylinderstift; durch Preßsitz in Lagerplatte befestigt.)

d) Betrag und Angriffspunkt der Kraft F_{III}, die zur Simulation der Betriebsbelastung bei einer Versuchsausführung aufzubringen ist, um die Haltbarkeit des Preßsitzes der Achse in der Lagerplatte zu erproben.

Alle Reibungseinflüsse sind zu vernachlässigen. (A)

Lösung: a) Es wird angenommen, daß sich zwei Räder nur in einem Flankenpaar berühren. Dann wirken im Berührungspunkt C nach dem Wechselwirkungsprinzip auf die beiden Zahnflanken F bzw. $-F$, Bild 1.10-2. Für die gezeichnete und für alle anderen möglichen Lagen beider Radflanken zueinander geht die Wirkungslinie von F stets durch diesen Punkt C.

Es ist $M_1 = F\frac{1}{2}d_{b1}$ und $M_2 = F\frac{1}{2}d_{b2}$. Mit $d_{b1} = d_1\cos\alpha = m z_1\cos\alpha$ bzw.

$d_{b2} = m z_2\cos\alpha$ werden $M_1 = F\cdot\frac{1}{2}m z_1\cos\alpha$ und $M_2 = F\frac{1}{2}m z_2\cos\alpha$ und allgemein

$$\frac{M_2}{M_1} = \frac{z_2}{z_1}.$$

Damit werden hier $M_{II} = \frac{z_2}{z_1}M_I = 4{,}4\,\text{N mm}$; $M_{III} = \frac{z_4}{z_3}M_{II} = 22\,\text{N mm}$; $M_{IV} = \frac{z_6}{z_5}M_{III} =$
$88\,\text{N mm}$; $M_V = \frac{z_8}{z_7}M_{IV} = 352\,\text{N mm}$.

Bild 1.10-2

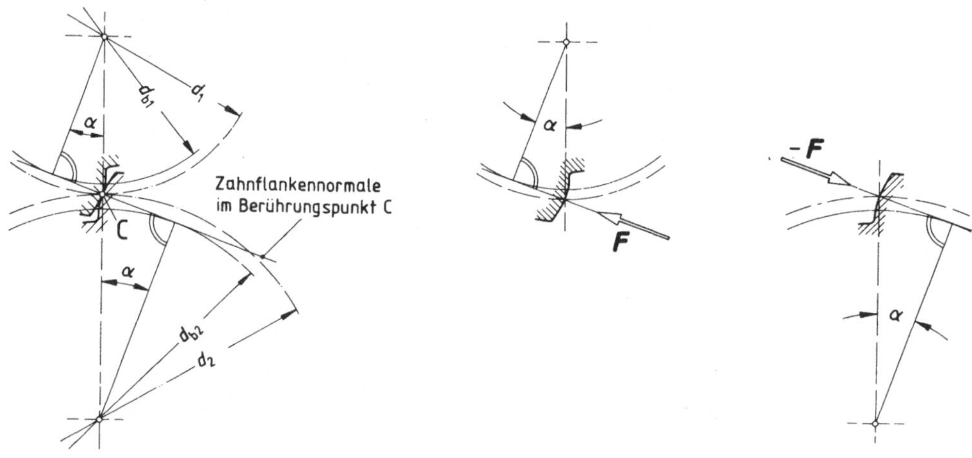

b) Aus a): $M_{III} = M_4 = M_5 = 22\,\text{N mm}$. Daraus die Zahnkräfte

$$F_4 = \frac{2M_4}{m z_4\cos\alpha} = 2{,}4\,\text{N}, \qquad F_5 = \frac{2M_5}{m z_5\cos\alpha} = 9{,}8\,\text{N}.$$

c) Der Block aus den Rädern 4 und 5 und damit auch die Achse III sind durch die Kräfte F_4 und F_5 belastet, Bild 1.10-3. Die Auflagerreaktionen erhält man durch Auswertung der Gleichgewichtsbedingungen für die Achse III, Bild 1.10-4. (In c) und d) ist z nicht mehr eine Zähnezahl, sondern eine Koordinate!)

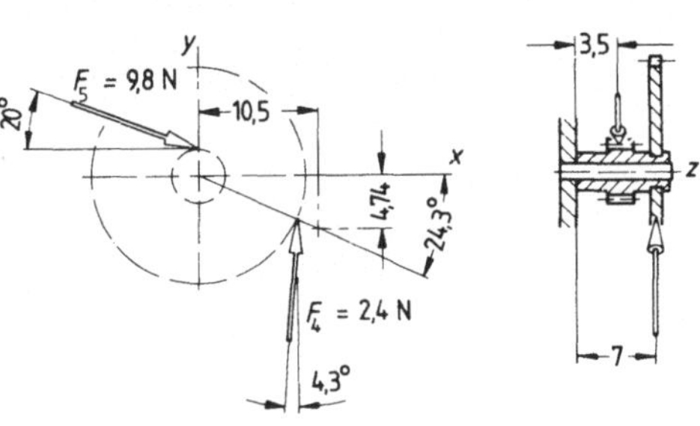

$$\Sigma F_x = 0 : F_{4x} + F_{5x} - F_{Ax} = 0,$$
$$F_{Ax} = 9,4\,\text{N};$$

$$\Sigma F_y = 0 : F_{4y} - F_{5y} + F_{Ay} = 0,$$
$$F_{Ay} = 1\,\text{N};$$

$$F_A = \sqrt{F_{Ax}^2 + F_{Ay}^2} = 9,5\,\text{N}.$$

$$\Sigma M_x = 0 : -F_{4y}\,z_4 + F_{5y}\,z_5 + M_{Ax} = 0,$$
$$M_{Ax} = 5\,\text{N mm};$$

$$\Sigma M_y = 0 : F_{4x}\,z_4 + F_{5x}\,z_5 - M_{Ay} = 0,$$
$$M_{Ay} = 33,5\,\text{N mm};$$

$$M_A = \sqrt{M_{Ax}^2 + M_{Ay}^2} = 34\,\text{N mm}.$$

d) Bedingung für die Belastung der Versuchsausführung ist, daß sie die gleiche Reaktionskraft und das gleiche Reaktionsmoment wie die Betriebsbelastung hervorruft; also

$$F = F_A = 9,5\,\text{N}, \quad z = \frac{M_A}{F} = 3,6\,\text{mm}, \text{Bild 1.10-5.}$$

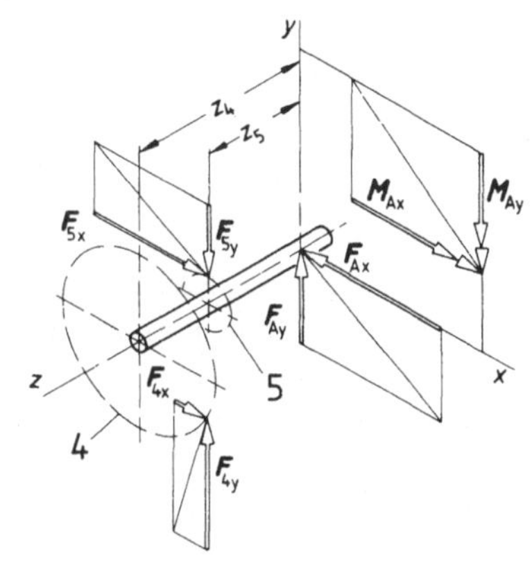

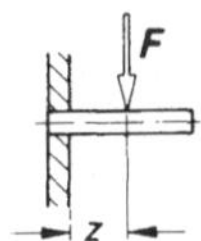

1.11 Ein Vergrößerungsgerät wird durch zwei gleiche, in parallelen Ebenen befindliche Parallelkurbel-Mechanismen vertikal geführt. Zum Ausgleich der Gewichtskraft G sollen zwei Schraubenfedern dienen, wovon eine in Bild 1.11-1 zu sehen ist.
Welchen Betrag muß die Kraft jeder Feder in der gezeichneten Stellung haben, wenn das Gerät auch ohne Gelenkreibung in Ruhe bleiben soll? (Nach erfolgter Einstellung wird ein Drehgelenk festgeklemmt.) Lösung grafisch!
Die Gewichtskräfte der Parallelkurbeln sollen vernachlässigt werden. $G = 80$ N.　　　　(S)

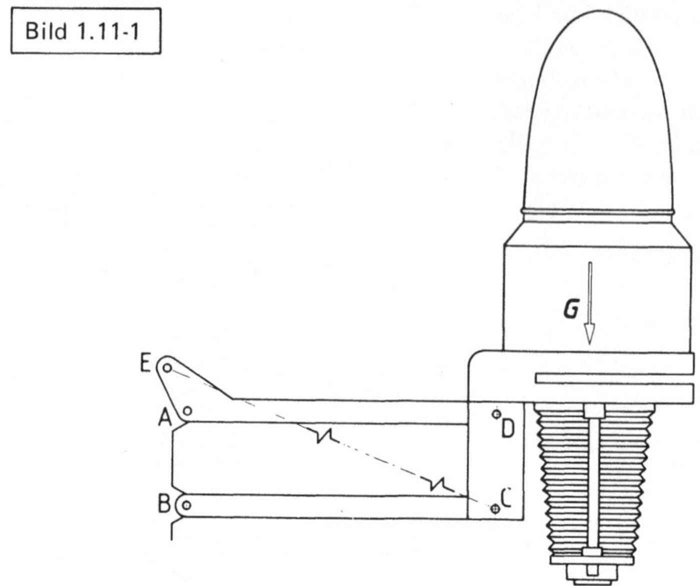

Lösung: Auf den Kamera- und Lampenträger wirken — auf die Symmetrieebene reduziert — insgesamt vier Kräfte. Das CULMANNsche Verfahren scheidet aus, weil nicht sämtliche Wirkungslinien bekannt sind.

Denkt man sich im Gleichgewichtszustand die Drehgelenke (D) beseitigt, d.h. die oberen Lenker starr mit dem Kameraträger verbunden, so wird hierdurch das Kräftegleichgewicht nicht gestört („Erstarrungsprinzip"). Die Federn sind dann überflüssig und können entfallen. Siehe Bild 1.11-2. (Statt vorstehender Methode hätte man auch gedanklich die Federn durch starre Stäbe ersetzen können.)

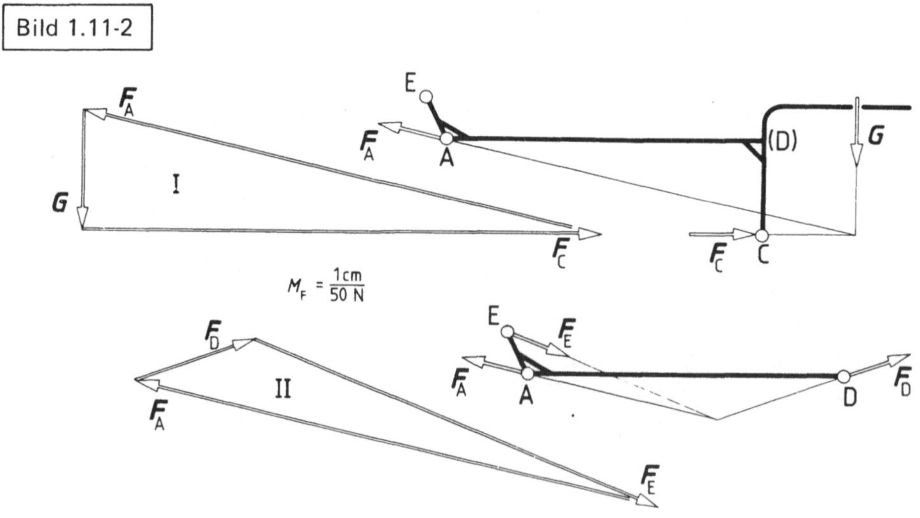

Die Kräftegruppe am erstarrt gedachten System ist nun auf drei Kräfte reduziert, wobei außer G noch die Wirkungslinie von F_C bekannt ist. Durch den Dreikräftesatz ist die Wirkungslinie von F_A bestimmt. Somit läßt sich Kräftedreieck I zeichnen.

Am freigemachten oberen Lenker (Bild 1.11-2) folgt aus den grafischen Gleichgewichtsbedingungen für drei Kräfte nach Kenntnis von F_A und der Wirkungslinie der resultierenden Federkraft F_E schließlich auch F_D. Man findet für den Betrag der Federkraft $F_1 = F_2 = 0{,}5 \cdot F_E = 143$ N aus Kräftedreieck II.

1.12 Bild 1.12-1 zeigt ein Planetengetriebe mit Geradstirnrädern für den Antrieb einer Bohrspindel. Die Antriebswelle I, auf die die Verzahnung des Sonnenrades 1 geschnitten ist, treibt über die beiden Planetenräder 2 den Steg, der über eine Keilwellenverbindung mit der Bohrspindel verbunden ist. Die Planetenräder stützen sich am feststehenden Zahnkranz 3 ab. Stirnräder: Evolventen-Normalverzahnung mit $m = 0{,}5$ mm, $\alpha = 20°$, $z_1 = 22$, $z_2 = 23$, $z_3 = 68$. Lastmoment an der Bohrspindel $M_{II} = 100$ N cm.

Gesucht ist das erforderliche Antriebsmoment M_I an der Antriebswelle unter Vernachlässigung aller Reibungswiderstände im Getriebe. Für die Ableitung kann angenommen werden, daß beide Planetenräder gleich stark belastet werden. (A)

Bild 1.12-1

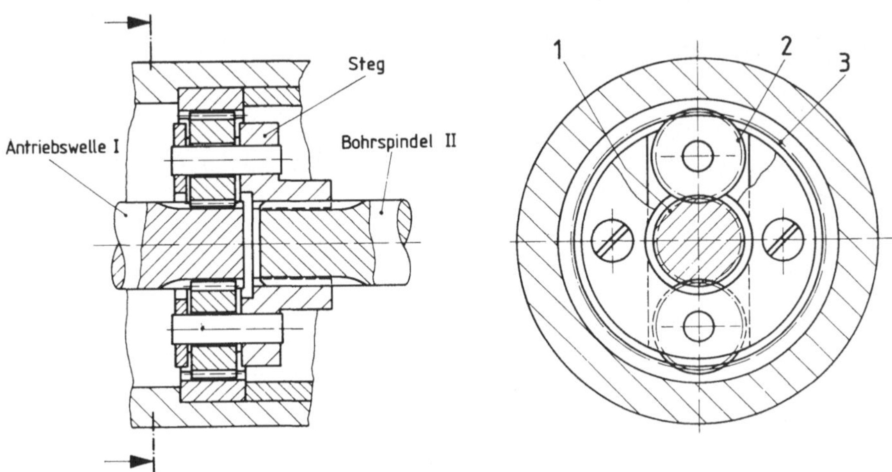

Lösung: Zunächst trage man in den Freikörperbildern der Getriebeeinzelteile an den Berührungsstellen die dort wirkenden Kräfte an, Bild 1.12-2. $\Sigma M = 0$ für den Steg:

$$M_{II} - 2\,F_S\,r_S = 0, \quad \text{also} \quad F_S = \frac{M_{II}}{2\,r_S}.$$

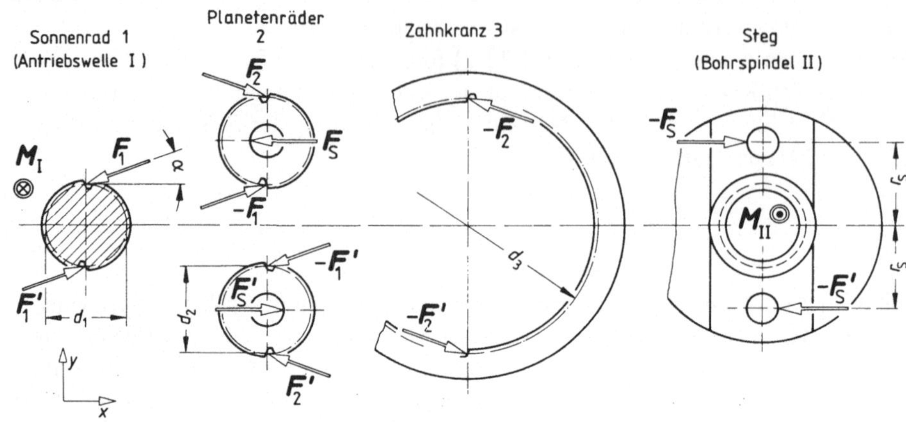

Mit den Gleichgewichtsbedingungen für das obere Planetenrad

$$\Sigma F_x = 0: \ F_1 \cos\alpha + F_2 \cos\alpha - F_s = 0,$$

$$\Sigma M = 0: \ F_1 \cos\alpha \frac{1}{2} d_2 - F_2 \cos\alpha \frac{1}{2} d_2 = 0,$$

wird $\quad F_1 = F_2 = \dfrac{F_S}{2\cos\alpha} = \dfrac{M_{II}}{4\cos\alpha\, r_S}.$ $\hspace{2cm}$ (1)

Das Moment auf die Antriebswelle aus $\Sigma M = 0$:

$$2\, F_1 \cos\alpha \frac{1}{2} d_1 - M_I = 0, \quad \text{also} \quad M_I = F_1 \cos\alpha\, d_1$$

oder mit Gl. (1)

$$M_I = \frac{d_1}{4\, r_S} M_{II}.$$

Darin sind $d_1 = m\, z_1$ und $r_S = \frac{1}{2} m\, (z_1 + z_2)$; damit wird

$$M_I = \frac{z_1}{2\,(z_1 + z_2)} \cdot M_{II} = 24{,}4 \ \text{N cm}.$$

1.13 Beim Planetengetriebe nach Bild 1.13-1 ist die zentrale Welle mit dem darauf befestigten Sonnenrad 1 festgehalten. Das Getriebegehäuse (Steg) mit der Planetenradachse wird angetrieben. Abtriebsglied ist das Sonnenrad 4. Alle Stirnräder haben gerade Evolventen-Normalverzahnung, $m = 0{,}8$ mm, $\alpha = 20°$, $z_1 = 32$, $z_2 = 20$, $z_3 = 22$, $z_4 = 30$. Gesucht ist für gegebenes Lastmoment M_{II} an der Antriebswelle das erforderliche Antriebsmoment M_I am Getriebegehäuse unter Vernachlässigung aller Reibungswiderstände im Getriebe, ferner das für das Festhalten der zentralen Welle mit dem Sonnenrad 1 erforderliche Stützmoment M_S. $\hspace{1cm}$ (A)

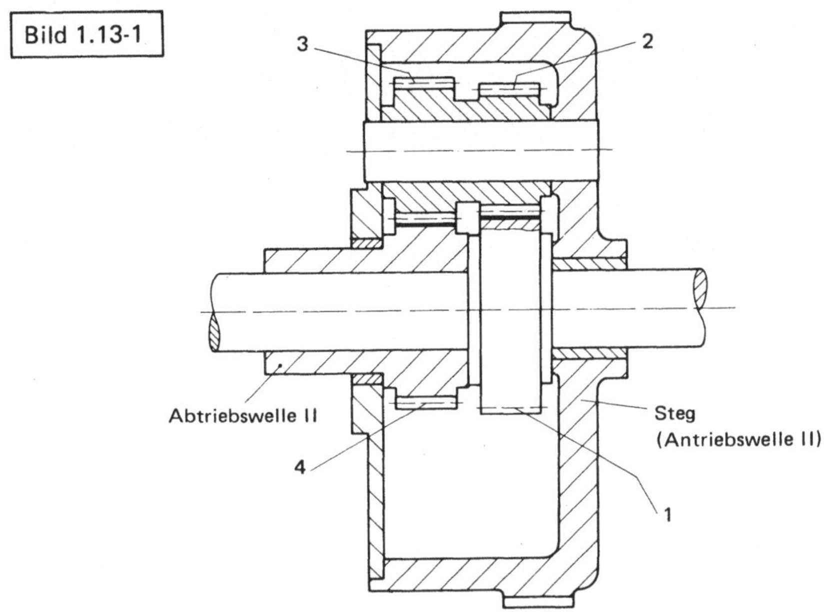

Lösung: Wie in 1.12 trage man auch hier wieder an den Freikörperbildern der Einzelteile die angreifenden Kräfte bzw. Momente an. Da nur nach den Momenten um die Zentralachse gefragt ist, dürfen alle Kräfte in einer Ebene angenommen werden. Wie die Lösung zu 1.12 zeigt, ist es dabei auch nicht notwendig, die tatsächlich auf die Zahnflanken wirkenden Kräfte in die Rechnungsansätze einzuführen; es ist ausreichend, die Tangentialkomponenten („Umfangskräfte") zu betrachten, Bild 1.13-2.

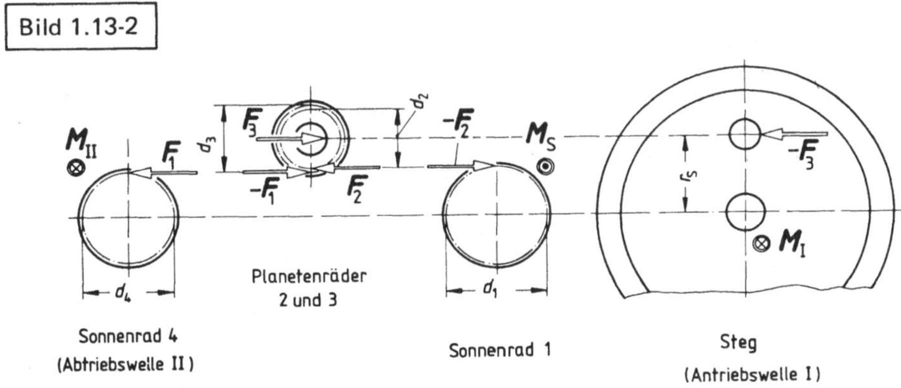

Gleichgewichtsbedingungen:

$$\text{Sonnenrad } 4 : \Sigma M = 0 : F_1 \frac{1}{2} d_4 - M_{II} = 0, \quad F_1 = \frac{2 M_{II}}{d_4};$$

Planetenräder 2 und 3:

$$\Sigma M \; = 0 : F_1 \frac{1}{2} d_3 - F_2 \frac{1}{2} d_2 = 0, \; F_2 = \frac{d_3}{d_2} F_1;$$

$$\Sigma F_x \; = 0 : F_1 - F_2 + F_3 = 0, \; F_3 = F_2 - F_1 = \left[\frac{d_3}{d_2} - 1 \right] F_1;$$

$$\text{Sonnenrad } 1 : \Sigma M = 0 : M_S - F_2 \frac{1}{2} d_1, \; M_S = \frac{1}{2} F_2 d_1;$$

$$\text{Steg}: \Sigma M = 0 : F_3 r_S - M_I = 0, \; M_I = F_3 r_S.$$

Mit $\dfrac{d_3}{d_2} = \dfrac{z_3}{z_2}$, $\; d_4 = m z_4$ und $r_S = \dfrac{m (z_3 + z_4)}{2}$ wird

$$M_I = \left[\frac{z_3}{z_2} - 1 \right] \left[\frac{z_3}{z_4} + 1 \right] \cdot M_{II}$$

und das Stützmoment $M_S = d_3 d_1/(d_2 d_4) M_{II}$ oder, da darin die Durchmesserverhältnisse durch die entsprechenden Zähnezahlverhältnisse ersetzt werden können,

$$M_S = \frac{z_1 z_3}{z_2 z_4} M_{II}.$$

Mit den gegebenen Zähnezahlen werden

$$M_I = 0{,}173 \, M_{II}, \quad M_S = 1{,}173 \, M_{II}.$$

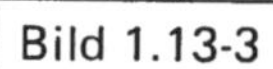

Eine Möglichkeit, die Rechnungsergebnisse zu überprüfen ist dadurch gegeben, daß für das System starrer Körper die Summe der äußeren Momente verschwinden muß:
$M_I + M_{II} - M_S = 0$, Bild 1.13-3. Durch Einsetzen der abgeleiteten Ergebnisse läßt sich die Richtigkeit leicht nachprüfen.

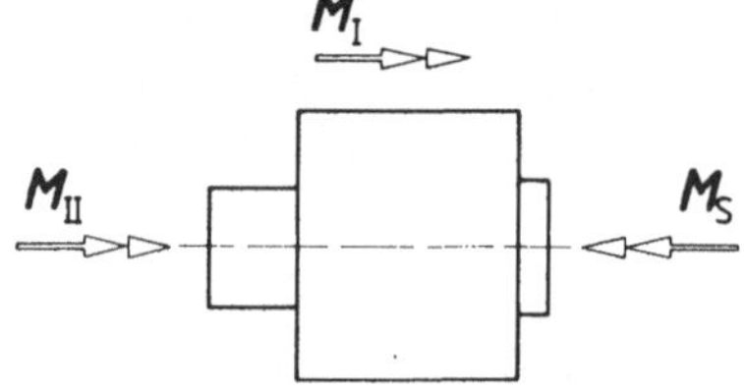

1.14 Bekannt seien die Kräfte F_1 und F_2 an der Koppel bzw. an der Schwinge eines Fadengebergetriebes. (Resultierende aus Trägheits- und Gewichtskräften). Gesucht sind die zugehörigen Gleichgewichtskräfte in den Gelenken A, B und C in der augenblicklichen Stellung gemäß Bild 1.14-1. Der Einfachheit halber darf angenommen werden, daß alle Kräfte in der Bildebene wirken und Reibungskräfte vernachlässigt werden können.
$F_1 = 6{,}4 \, \text{N}; F_2 = 2{,}4 \, \text{N}$. Lösung grafisch! (S)

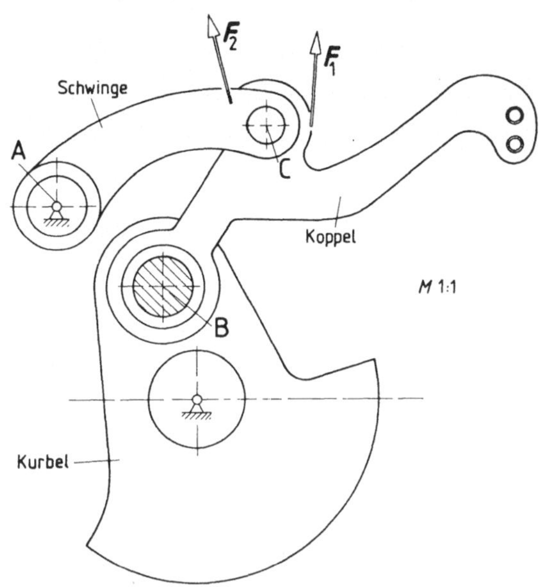

Lösung: Eigentlich handelt es sich hier um ein Problem aus der Kinetik; die Getriebeglieder Koppel und Schwinge sind beschleunigt bewegt. Nach dem Prinzip von D'ALEMBERT kann jedoch das Kinetik-Problem wie ein Statik-Problem gelöst werden, wenn man zu den äußeren Kräften des freigemachten Systems sog. „Trägheitskräfte" hinzufügt. Näheres hierüber in Kapitel 4.

Der naheliegende Gedanke, zunächst die beiden Kräfte F_1 und F_2 zu einer Resultierenden zu vereinigen, wäre deshalb unzulässig, weil die beiden Kräfte an verschiedenen, gelenkig verbundenen Körpern angreifen. (Wollte man das Erstarrungsprinzip verwenden, dann wäre das erstarrte System statisch unbestimmt!)

Hier führt das Überlagerungsprinzip — auch Superpositionsprinzip genannt — zum Ziel. Man betrachtet zunächst lediglich die Wirkung von F_1 und ermittelt die zugehörigen Lagerreaktionen in A und B; danach bestimmt man die Stützkräfte in A und B unter dem Einfluß von F_2 allein. (Bild 1.14-2). Geometrische Addition der Teil-Lagerreaktionen liefert die wirkliche Gelenkkraft.

Es ergibt sich zunächst nach dem Dreikräftesatz $F_1 + F_{A1} + F_{B1} = 0$; danach entsprechend $F_2 + F_{A2} + F_{B2} = 0$. Daraus bildet man die resultierenden Gelenkkräfte $F_{A2} + F_{A1} = F_A$ und $F_{B2} + F_{B1} = F_B$. Siehe Kräfteplan in Bild 1.14-2.

Die Kraft im Drehgelenk C folgt aus dem Gleichgewicht an der freigemacht gedachten Koppel aus der Bedingung $F_1 + F_C + F_B = 0$, oder aus der Gleichgewichtsbedingung an der freigemachten Schwinge: $F_2 + F_A + F_C' = 0$, wobei $F_C' = -F_C$ ist, wie der Kräfteplan zeigt.

F_C bzw. $-F_C$ sind innere Kräfte, wenn man Schwinge und Koppel aus den Lagern A und B löst, in C aber gelenkig miteinander verbunden läßt. Dann muß auch gelten:
$F_1 + F_2 + F_A + F_B = 0.$

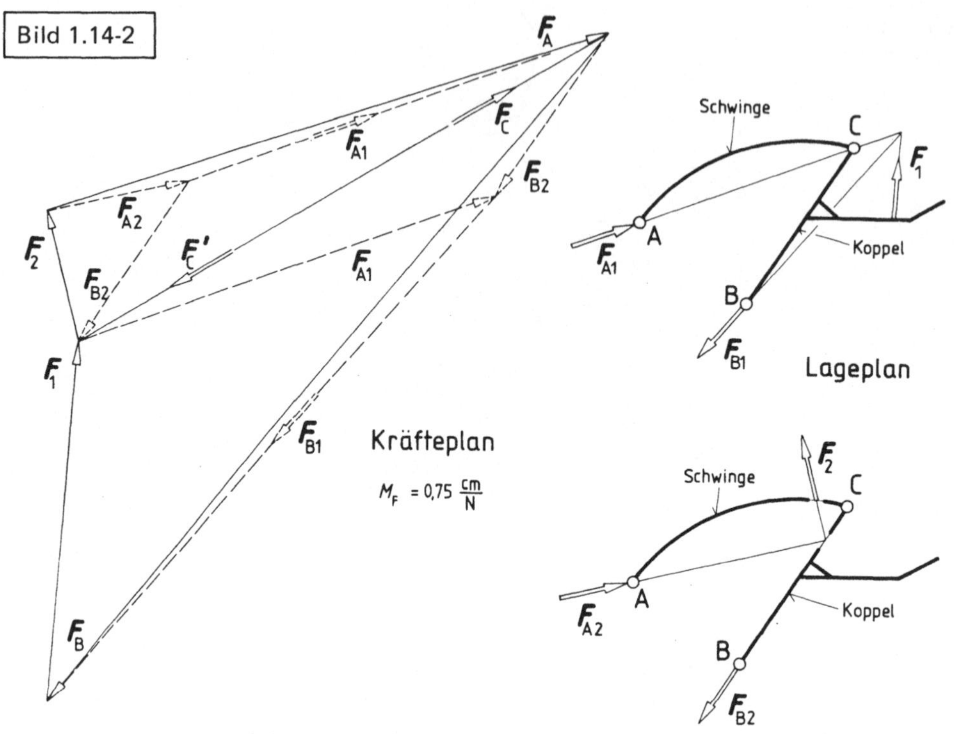

Man findet aus dem Kräfteplan:

$$F_A = 10,3\,\text{N}; \quad F_B = 15,3\,\text{N}; \quad F_C = 10,7\,\text{N}.$$

Im folgenden wird noch ein zweiter Lösungsweg gezeigt, welcher auch bei Statik-Problemen, bei denen das Überlagerungsprinzip nicht in Betracht kommt, hilfreich sein kann.
Nach dem sogenannten „Gelenkkraft-Verfahren" zerlegt man eine der beiden Kräfte, z.B. F_2, in zwei stereo-statisch gleichwertige Komponenten mit beliebiger Richtung, die in den (reibungsfreien) Gelenken A und C angreifen, wobei jedoch die Wirkungslinie der durch C gehenden Komponente F_{2C} diejenige von F_1 schneiden soll. Siehe Bild 1.14-3.
Nach Aufzeichnen von F_2 und der Komponentenzerlegung im Kräfteplan sind die Komponentenbeträge F_{2A} und F_{2C} bekannt.
Aus F_1 und F_{2C} bildet man im Kräfteplan die Resultierende F_r; ihre Wirkungslinie ist im Lageplan durch den Schnittpunkt der bekannten Wirkungslinien von F_1 und F_{2C} bestimmt.

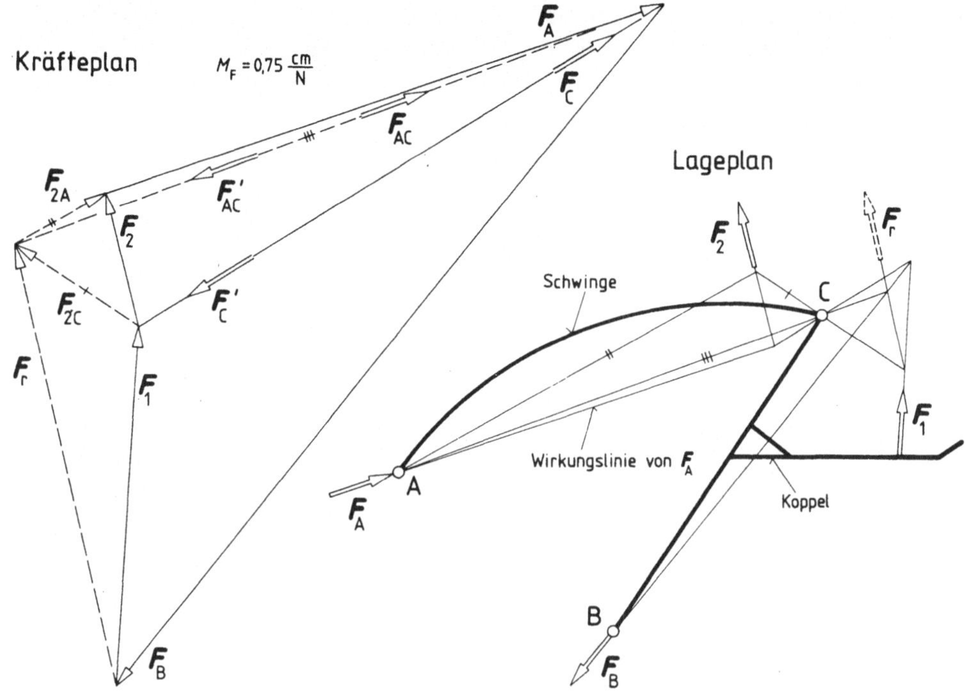

Da an der „Ersatzschwinge" nur noch Kräfte in den Gelenken wirken, kann diese lediglich eine Kraft F_{AC} in Richtung AC auf die Koppel ausüben. Nach dem Dreikräftesatz schneiden sich F_B, F_r und F_{AC} in einem Punkt, womit die Richtung von F_B gefunden ist.
Im Kräfteplan ist dann $F_r + F_{AC} + F_B = 0$, folglich F_B bekannt.
Die Gleichgewichtsbedingung am Gelenk A verlangt $F_{2A} + F_A + F'_{AC} = 0$, worin $F'_{AC} = -F_{AC}$ ist. Hiernach ist F_A im Kräfteplan konstruierbar.
Die Gelenkkraft F_C folgt aus $F_1 + F_C + F_B = 0$, oder $F_2 + F_A + F'_C = 0$ $(F'_C = -F_C)$.
Damit ist das Problem gelöst.
Man kann die Zeichengenauigkeit im Lageplan nachprüfen: die bekannte Wirkungslinie von F_1 muß sich mit denen von F_B und F_C im Lageplan in einem Punkt schneiden. Entsprechendes gilt für die Schnittpunkte der Wirkungslinien von F_2, F_A und $F'_C = -F_C$.
Die Beträge der Kräfte F_A, F_B und F_C stimmen mit den nach dem Überlagerungsprinzip gefundenen überein.

1.15 Exzentergetriebe mit·geradegeführten Stößeln, Bild 1.15-1. Die Stößel werden durch Federn gegen die Exzenterscheiben gedrückt. In der jeweils höchsten Stellung der Stößel ist die Federkraft pro Feder $F = 8$ N; Federrate $c = 0,4$ N/mm; $e_1 = 2$ mm; $e_2 = 3$ mm. Unter Vernachlässigung von Gewichts-, Reibungs- und Trägheitskräften ist eine Funktion $M(\varphi)$ für das Moment an der Welle zu entwickeln und der Funktionsverlauf in einem Diagramm darzustellen. (A)

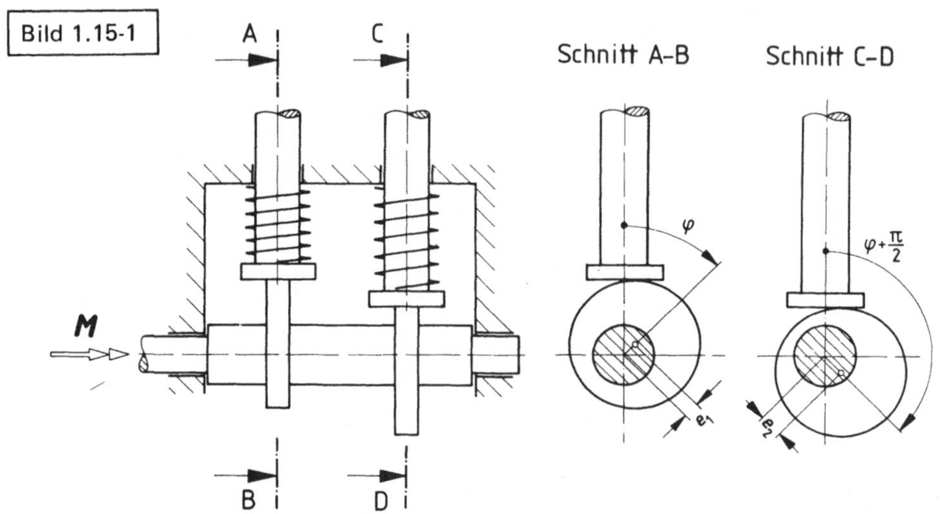

Lösung: Zur Aufstellung der Gleichgewichtsbedingungen unter Berücksichtigung der geometrischen Abhängigkeiten betrachte man zunächst die Freikörperbilder der beiden Exzenterscheiben, Bild 1.15-2.

Aus $\Sigma M = 0$ für jede Scheibe

$$-M_1 - F_1\, e_1 \sin\varphi = 0$$

$$-M_2 - F_2\, e_2 \sin(\varphi + \pi/2) = -M_2 - F_2\, e_2 \cos\varphi = 0$$

oder für beide Scheiben zusammen

$$M = M_1 + M_2 = -F_1\, e_1 \sin\varphi - F_2\, e_2 \cos\varphi. \tag{1}$$

Die Federkräfte F_1, F_2 sind Funktionen von φ, Bild 1.15-3: $F_{1,2} = F - s_{1,2}\, c$ oder mit $s_1 = e_1 - e_1 \cos\varphi = e_1(1 - \cos\varphi)$ bzw. $s_2 = e_2 - e_2 \cos(\varphi + \pi/2) = e_2(1 - \sin\varphi)$, $F_1 = F - e_1 c\,(1 - \cos\varphi)$, $F_2 = F - e_2 c\,(1 - \sin\varphi)$.

Diese Beziehungen in Gl. (1) eingesetzt:

$$M = -F\,(e_1 \sin\varphi + e_2 \cos\varphi) + c\,[e_1^2 \sin\varphi\,(1 - \cos\varphi) + e_2^2 \cos\varphi\,(1 - \sin\varphi)].$$

Funktionsverlauf in Bild 1.15-4.

Das vorliegende Kurvengetriebe ist das Modell einer häufig verwendeten Getriebeart. Meist sind die Kurvenscheiben keine Kreisexzenter; diese wurden hier nur deshalb angenommen, um mit einfachen Funktionen rechnen zu können.

24

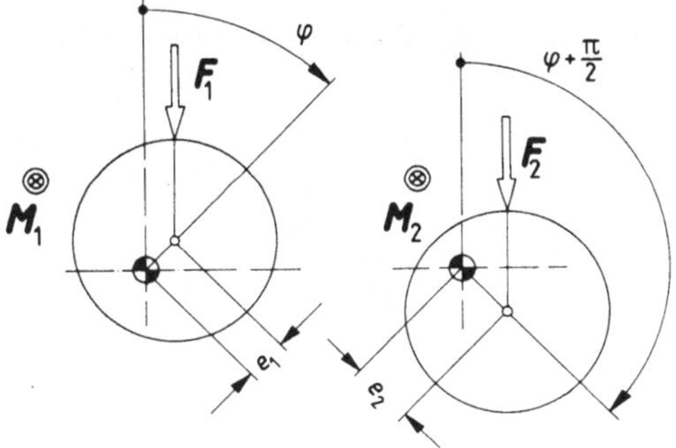

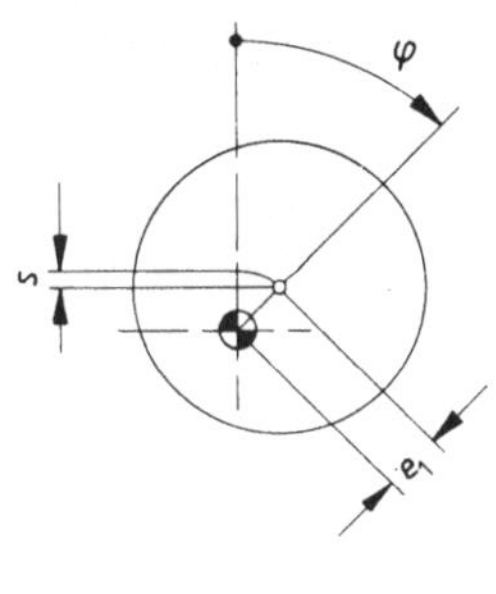

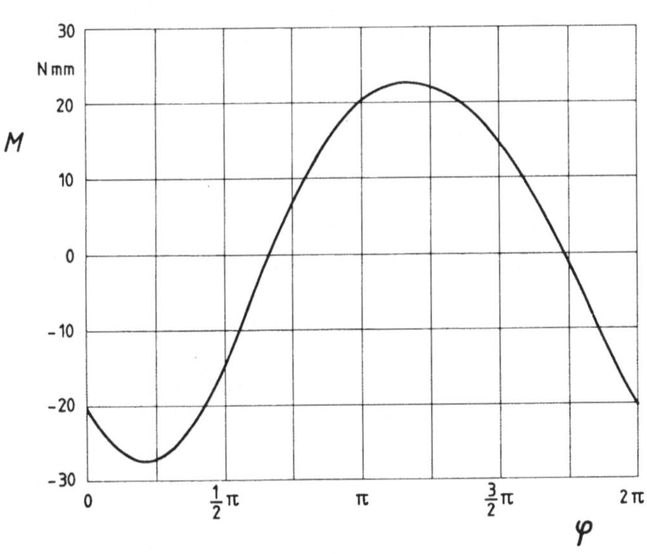

1.16 Bild 1.16-1 zeigt — etwas vereinfacht — ein Garagentor im Mittelschnitt. Welchen Betrag muß jede der beiden, die Gewichtskraft des Tores ausgleichenden Federkräfte haben, wenn in der gezeichneten Stellung auch ohne Reibung Gleichgewicht möglich sein soll? Gewichtskräfte der Hebel können unbeachtet bleiben. $G = 400\,\text{N}$. Lösung grafisch. (S)

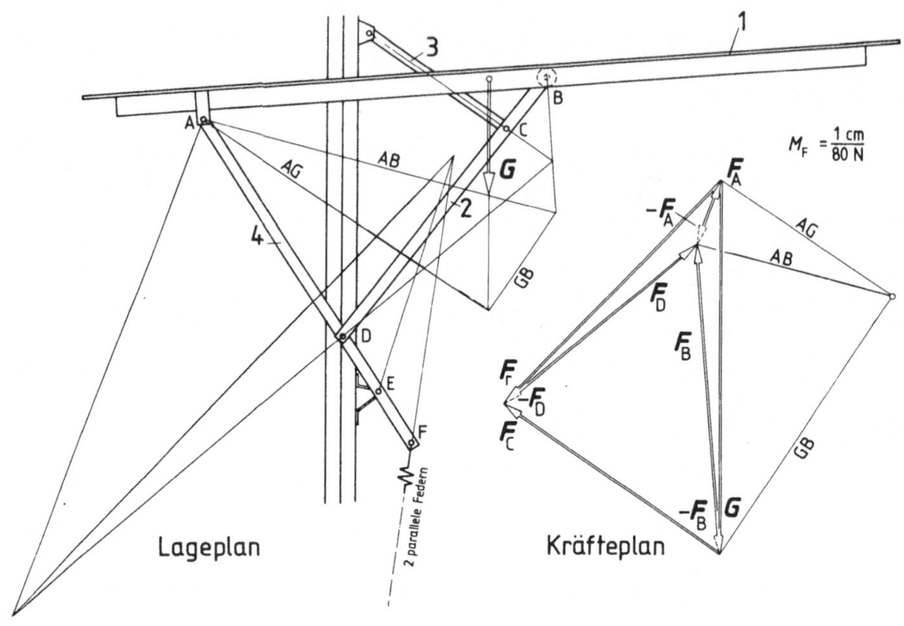

Lösung: Bisher wurden bei einem System von Körpern die jeweiligen Teilkörper etwas vereinfacht neu gezeichnet und die Gleichgewichtskräfte eingetragen. In der Praxis wird dieses Vorgehen im allgemeinen zu zeitraubend sein.

Im vorliegenden Beispiel wird das „Freimachen" nur noch gedanklich vollzogen, und die Wirkungslinien werden direkt in das gegebene Bild eingetragen, wobei auf das zusätzliche Einzeichnen der Kraftvektoren im Lageplan auch noch verzichtet werden kann. Die Kräfte sind bei diesem Beispiel durch Indizes entsprechend der Benennung der Gelenke, an denen sie wirken, gekennzeichnet. Die weitere Lösung erfolgt wie bisher.

Man beginnt mit der grafischen Gleichgewichtsbedingung für das Tor 1, von dem die Gewichtskraft gegeben ist. Alle übrigen Kräfte sind auf die vertikale Symmetrieebene reduziert und stellen somit jeweils die sich aus der zweistelligen Lagerung ergebende resultierende Kraft dar. Die Wirkungslinie der (resultierenden) Rollenkraft ist sofort angebbar (Loslager!). Sie schneidet diejenige der Gewichtskraft außerhalb des Zeichenblattes, weshalb man das Seileckverfahren zu Hilfe nimmt, das F_A und F_B liefert.

Am Hebelpaar 2 wirken außer $-F_B$ die Kräfte F_C und F_D, wobei die Richtung von F_C durch die Zweigelenkstäbe 3 bekannt ist. Da bei drei Kräften die Wirkungslinien einen gemeinsamen Schnittpunkt haben, ist auch die Wirkungslinie von F_D bestimmt. Das Kräftedreieck kann dem bereits vorliegenden Kräfteplan angefügt werden. Pfeilsinn beachten! An dem Hebelpaar 4 sind nun zwei Kräfte vollständig bekannt $(-F_A$ und $-F_D)$. Der Schnittpunkt ihrer Wirkungslinien ist ein geometrischer Ort für die Lage ihrer Resultierenden F_r, deren Betrag und Richtung aus dem Kräfteplan folgt. Die Wirkungslinie der Federkraft-Resultanden F_F schneidet die in den Lageplan übertragene Wirkungslinie von F_r, wonach F_E sowie F_F nach dem Drei-Kräfte-Verfahren gefunden werden können. Man entnimmt dem Kräftedreieck Bild 1.16-2 für den Kraftbetrag einer Feder

$$F = \frac{F_F}{2} = 450\ \text{N}.$$

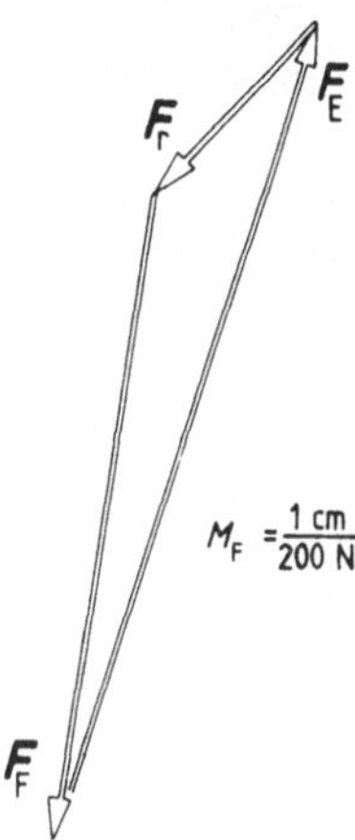

1.17 Beim Mikroschalter nach Bild 1.17-1 wird durch Niederdrücken des Betätigungsgliedes der Ruhekontakt geöffnet und der Arbeitskontakt geschlossen. Beim Rückgang wird durch die Rückstellfeder der Schaltvorgang umgekehrt. Das Umschalten geschieht jeweils schlagartig bei Erreichen definierter Stellungen des Betätigungsgliedes unabhängig von dessen Betätigungsgeschwindigkeit.

Rückstellfeder: Federrate $c_a = 0{,}2\ \text{N/mm}$, Länge im unbelasteten Zustand $L_{ao} = 13\ \text{mm}$, Einbaulänge in Ausgangslage $L_{a1} = 7\ \text{mm}$.

Sprungfedern: Federrate $c_b = 1\ \text{N/mm}$, Länge im unbelasteten Zustand $L_{bo} = 9\ \text{mm}$, Bild 1.17-2.

Gesucht sind die Kontaktkraft F_K für die Ruhe- und Arbeitskontakte und die zur Schalterbetätigung erforderliche Kraft F_B als Funktionen des Betätigungsweges s. Beide Funktionen $F_K(s)$ und $F_B(s)$ sind in Diagrammen übersichtlich darzustellen. Bei der Untersuchung muß hier der Schaltvorgang im engeren Sinne, also das Umschalten des Sprunggliedes mit Kontaktbrücke ausgeklammert bleiben; es ist dies ein Problem der Kinetik. (A)

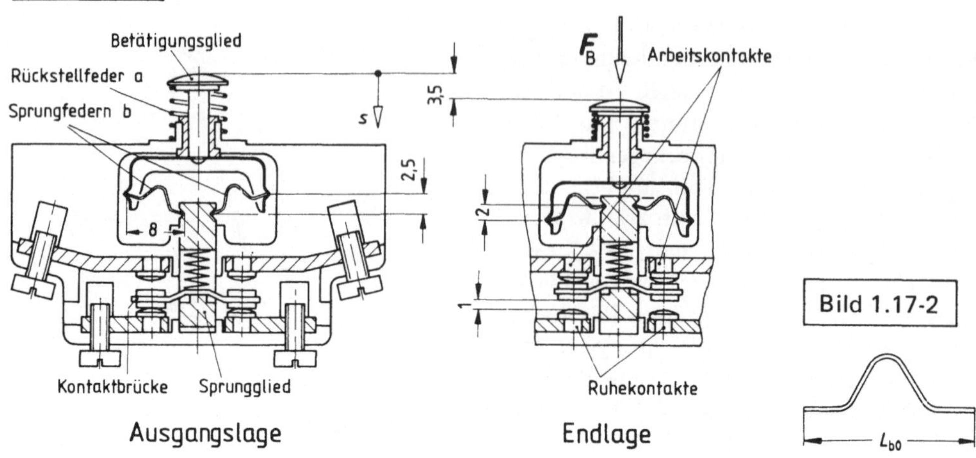

Lösung: In Bild 1.17-3 sind die charakteristischen Zustände im Ablauf eines vollständigen Schaltvorgangs dargestellt. Die Untersuchung zeigt, daß für den Hin- und Rückgang des Betätigungsgliedes das Umschalten des Sprungliedes jeweils bei verschiedenen Stellungen s stattfindet.

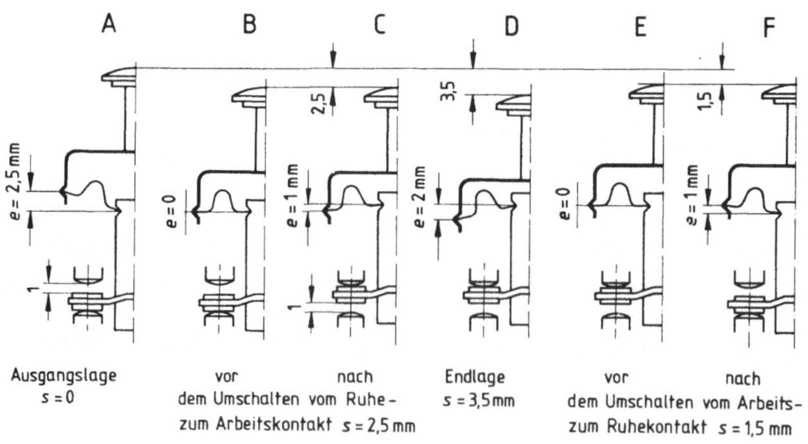

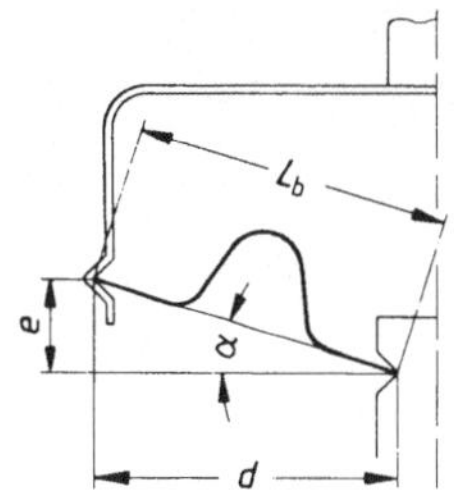

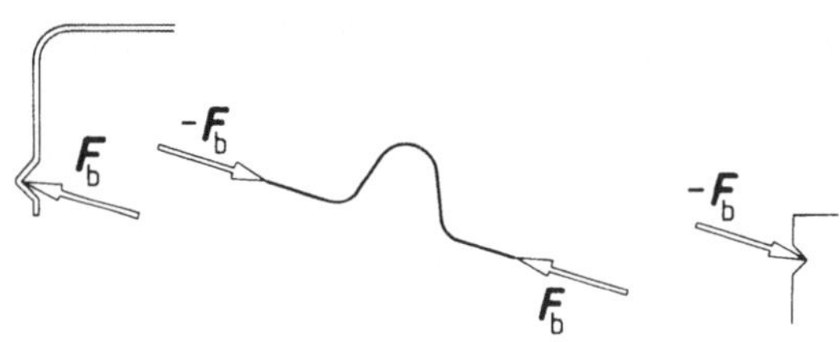

Von den Sprungfedern auf das Sprungglied ausgeübte Kraft F_b siehe Bild 1.17-4. Es ist
der Federweg der Sprungfeder $f_b = L_{b0} - L_b = L_{b0} - \sqrt{e^2 + d^2}$ und damit die Federkraft
einer Sprungfeder $F_b = c_b f_b = c_b [L_{b0} - \sqrt{e^2 + d^2}]$ und ihre Komponente in Bewegungsrichtung

$$F = F_b \cdot \sin \alpha = c_b\, e \left[\frac{L_{b0}}{\sqrt{e^2 + d^2}} - 1 \right].$$

Wertetabelle:

e/mm	0	0,5	1	1,5	2	2,5
F/N	0	0,06	0,12	0,16	0,18	0,18

Mit den Lagezuordnungen von Betätigungs- und
Sprungglied nach Bild 1.17-3 erhält man daraus
für die Kontaktkraft F_K = Federkraftkomponen-
te F die Werte nachstehender Tabelle.
Auf das Betätigungsglied wirkt in Bewegungsrichtung neben den entsprechenden Federkraftkompo-
nenten der Sprungfedern die Federkraft der Rückstellfeder $F_a = c_a (L_{a0} - L_{a1} + s)$, so daß für die
Betätigungskraft $F_B = F_a \pm 2F$, worin das (+)-Vor-
zeichen für geschlossenen Ruhekontakt und das
(−)-Vorzeichen für geschlossenen Arbeitskontakt
gilt. F_B (s) erhält man also, indem man der Kennlinie F_a (s) die doppelten Werte der Kennlinie nach
Bild 1.17-5 überlagert: Bild 1.17-6.
Mikroschalterbauarten mit anderen Ausführungs-
formen von Sprungwerken zeigen ähnliches Betriebs-
verhalten wie dieses System, das hier deshalb ausge-
wählt wurde, weil die Darstellung mit geringem
Aufwand an Rechnung möglich ist.

Lage nach Bild 1.17-3	Weg s/mm	Abstand e/mm	Kontaktkraft F_K/N
A	0	2,5	0,18
	0,5	2	0,18
	1	1,5	0,16
	1,5	1	0,12
	2	0,5	0,06
B	2,5	0	0
C	2,5	1	0,12
	3	1,5	0,16
D	3,5	2	0,18
	3	1,5	0,16
	2,5	1	0,12
	2	0,5	0,06
E	1,5	0	0
F	1,5	1	0,12
	1	1,5	0,16
	0,5	2	0,18

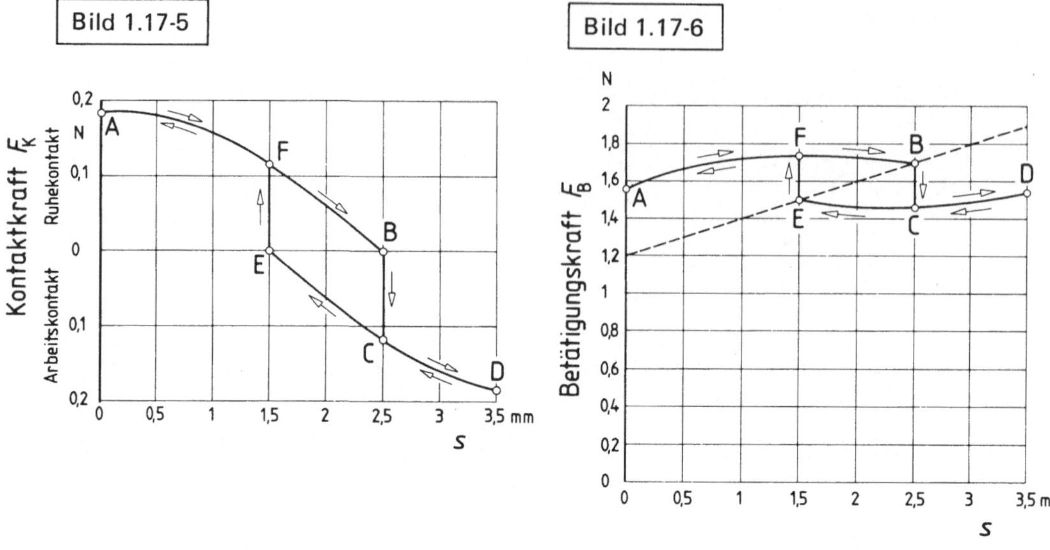

1.18 Welche Kräfte müssen die Drehgelenke der Stativbeine im Kopf eines Fotostativs aufnehmen, wenn die Gewichtskraft der Kamera (einschließlich Stativkopf) G = 15 N beträgt?

Die Gewichtskräfte der Stativbeine sollen unbeachtet bleiben. a = 400 mm; h = 1050 mm; α = 120°; β = 30°. Bild 1.18-1. Lösung grafisch und durch Rechnung.   (S)

Grafische Lösung: Die Wirkungslinien der drei Stützkräfte fallen mit den drei Stabachsen zusammen, wenn von den Gewichtskräften der Stäbe abgesehen wird. (Bild 1.18-1).

Man legt eine Hilfsebene durch die gegebene Kraft und eine der bekannten Wirkungslinien (z.B. Stabachse 3); eine zweite Hilfsebene durch die beiden anderen Wirkungslinien. Die Spuren dieser Ebenen sind durch die Verbindungsgeraden der Durchstoßpunkte der Wirkungslinien von G und F_3 sowie F_1 und F_2 im Grundriß bestimmt. Beide Spuren liefern den Schnittpunkt C′; die Verbindungslinie vom Schnittpunkt aller Kräfte zu C′ ist die Schnittgerade beider Ebenen im Grundriß. Damit ist auch die Schnittgerade im Aufriß mit Hilfe von C″ konstruierbar.

Nun läßt sich das erste Kräftedreieck (nach Wahl eines Kräftemaßstabs) im Aufriß durch Ziehen von Parallelen zur gegebenen Kraft, der mit ihr in gleicher Ebene liegenden Stabkraft F_3 und der Schnittgeraden zeichnen. Dies entspricht der Vektorgleichung

$$G + F_3 + F_r = 0,$$

wobei

$$F_r = F_1 + F_2$$

ist. Zwei der gesuchten Kräfte werden also zunächst durch ihre Resultierende dargestellt (CULMANNsche Gerade!). Danach kann das Kräfteviereck durch Ziehen von Parallelen zu den Stabachsen 1 und 2 vollendet werden.

30

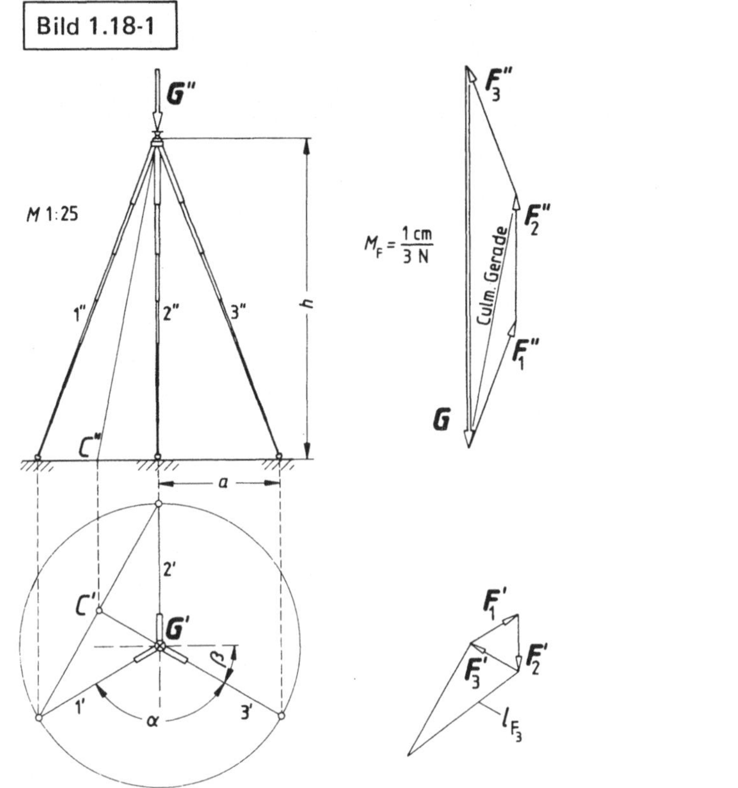

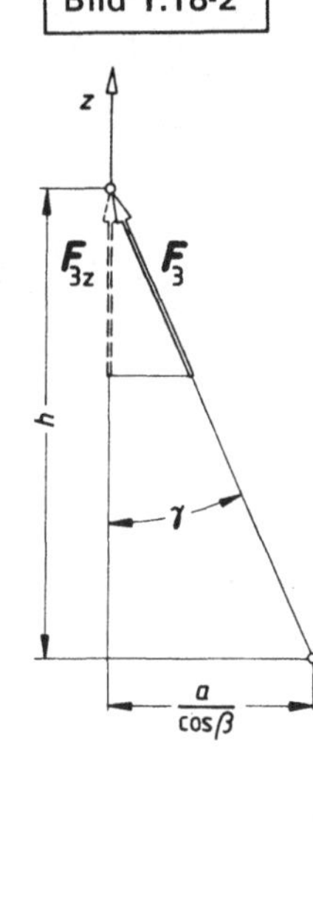

Im Grundriß hat man nur drei Kräfte. Da Anfangs- und Endpunkte der projizierten Vektoren in Grund- und Aufriß senkrecht übereinander liegen, ist das Kräftedreieck mit Hilfe des Aufrisses bestimmt.

Die wahre Länge einer Kraft (z.B. l_{F3}) findet man im Grundriß als Hypotenuse eines rechtwinkligen Dreiecks, dessen eine Kathete die Projektion F_3' ist, während die zweite Kathete der Höhendifferenz von Anfang und Endpunkt der Projektion F_3'' im Aufriß gleich ist. Man mißt $l_{F3} = 1{,}83\,\text{cm}$, folglich $F_3 = 5{,}5\,\text{N}$; die beiden anderen Stabkräfte sind aus Symmetriegründen gleich groß.

Rechnerische Lösung: Im allgemeinen würde man die Gleichgewichtsbedingungen
$\sum\limits_i F_{ix} = 0$; $\sum\limits_i F_{iy} = 0$; $\sum\limits_i F_{iz} = 0$ für eine zentrale räumliche Kräftegruppe ansetzen. Wegen der Symmetrie des Systems ist vorliegendes Problem jedoch wesentlich einfacher zu lösen. Jede Stabkraft hat eine Vertikalkomponente $F_{iz} = \frac{1}{3}\,G$ (Bild 1.18-2). Denkt man sich eine vertikale Ebene z.B. durch Stab 3 gelegt und diese parallel zur Aufrißebene gedreht, so hat man gemäß Bild 1.18-2 den wahren Neigungswinkel γ der Stabachse gegenüber der Lotrichtung.

Es ist

$$\tan\gamma = \frac{a}{h\cos\beta}\,,$$

wobei β aus Bild 1.18-1 zu entnehmen ist.

Somit ergibt sich wegen $F_3 = F_2 = F_1 = F$

$$F = \frac{F_{3z}}{\cos\gamma} = \frac{G}{3\cos\gamma}$$

oder wegen der bekannten Beziehung $\frac{1}{\cos\gamma} = \sqrt{1 + \tan^2\gamma}$

$$F = \frac{G}{3}\sqrt{1 + \left(\frac{a}{h\cos\beta}\right)^2}.$$

Man findet mit den gegebenen Zahlenwerten: $F = 5{,}46\,\text{N} \approx 5{,}5\,\text{N}$ wie zuvor.

1.19 Drehmomentmessung an einem Elektromotor. Der Motor ist zur Messung auf einem Spannwinkel verschraubt, der in A und B durch Kraftmeßdosen, in C durch ein einfaches Auflager gestützt ist, Bild 1.19-1. Es sind: S: gemeinsamer Schwerpunkt von Motor und Spannwinkel, G: Gewichtskraft von Motor und Spannwinkel, M: Lastmoment an der Motorwelle.

Gesucht: a) Auflagerkäfte F_A, F_B, F_C bei unbelastetem Motor im Stillstand; b) Auflagerkräfte F_A', F_B', F_C', wenn der Motor mit dem Moment M belastet ist, stationärer Betrieb $n = konst.$ vorausgesetzt. (A)

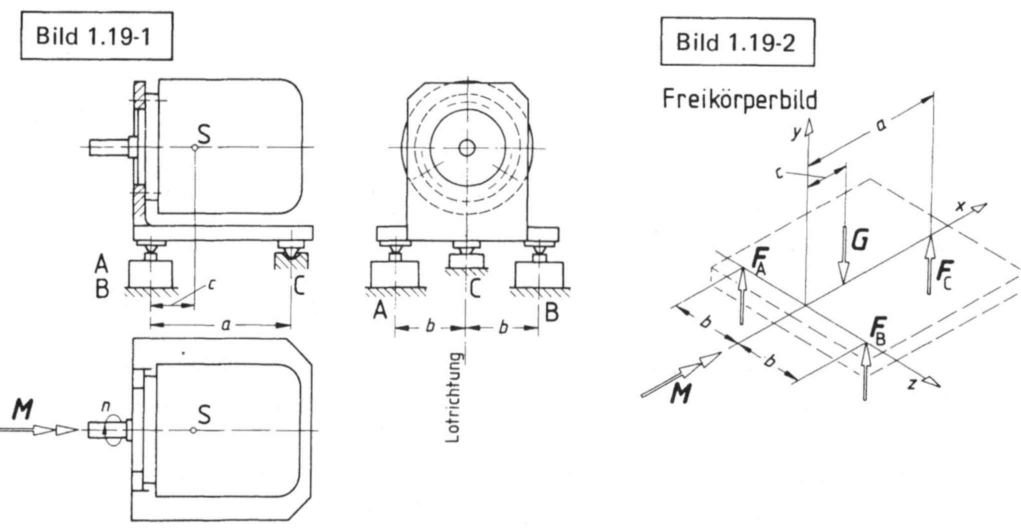

Lösung: a) Am Körpersystem Motor/Spannwinkel wirken nur lotrechte Kräfte, Bild 1.19-2. Das Lastmoment M ist für diesen Fall noch nicht vorhanden. Gleichgewichtsbedingungen:

$$\Sigma F_y = 0 : F_A + F_B + F_C - G = 0;$$

$$\Sigma M_x = 0 : F_A\,b - F_B\,b = 0;$$

$$\Sigma M_z = 0 : F_C\,a - G\,c = 0.$$

Daraus die Auflagerkräfte $F_C = \frac{c}{a}G$, $F_A = F_B = \frac{1}{2}\left(1 - \frac{c}{a}\right)G$.

b) Für stationären Betrieb gilt für den Motorläufer bezogen auf seine Drehachse $\Sigma M_x = 0$: $M_L - M = 0$, worin M_L das vom elektromagnetischen Feld auf den Läufer ausgeübte Moment ist. Nach dem Wechselwirkungsprinzip wirkt aber M_L in gleicher Größe im entgegengesetzten Sinn auf den Ständer. Also wird der Ständer mit einem Moment von derselben Größe und dem gleichen Drehsinn wie das Lastmoment M belastet, Bild 1.19-2. Gleichgewichtsbedingungen:

$$\Sigma F_y = 0 : F'_A + F'_B + F'_C - G = 0;$$

$$\Sigma M_x = 0 : F'_A \, b - F'_B \, b + M = 0;$$

$$\Sigma M_z = 0 : F'_C \, a - G \, c = 0.$$

Daraus die Auflagerkräfte $F'_C = \frac{c}{a}\, G = F_C$,

$$F'_A = \frac{1}{2}\left(1 - \frac{c}{a}\right) G - \frac{M}{2b} = F_A - \frac{M}{2b},$$

$$F'_B = \frac{1}{2}\left(1 - \frac{c}{a}\right) G + \frac{M}{2b} = F_B + \frac{M}{2b}.$$

Die Auflagerkraft F_C bleibt also unverändert; die Belastung bei A wird vermindert, bei B erhöht. Durch entsprechende Meßwertverarbeitung kann aus der Belastungsdifferenz $F_B - F'_B$ und $F_A - F'_A$ auf das Belastungsmoment M des Motors zurückgeschlossen werden.

1.20 Beim Kurvengetriebe nach Bild 1.20-1 ist die Welle in A und B gelagert. Bei Drehung der Exzenterscheibe wird die Welle oszillierend gedreht und damit die Schubstange hin- und herbewegt. Belastende Kraft an der Schubstange $F_1 = 10\,\text{N}$, Federkraft der Zugfeder $F_2 = 4\,\text{N}$. Für die gezeichnete Lage sind zu berechnen a) die Auflagerkräfte F_A, F_B der Welle in den Lagern A und B und b) das erforderliche Antriebsmoment M für die Exzenterscheibe. Gewichts-, Reibungs- und Trägheitskräfte sind zu vernachlässigen. (A)

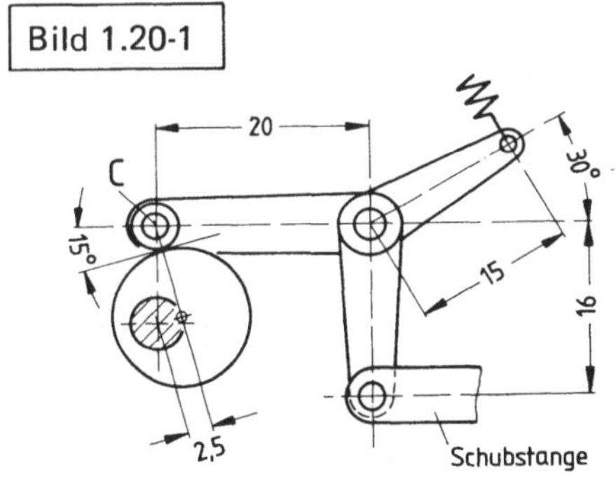

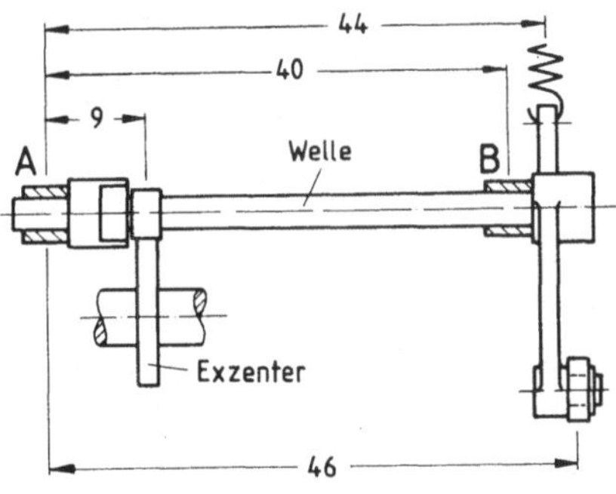

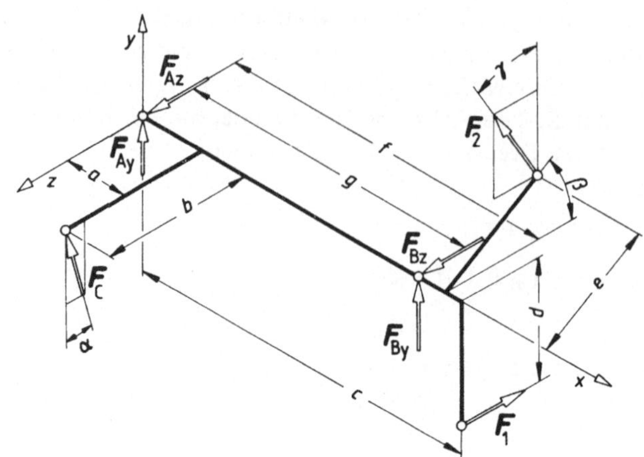

Lösung: Im Freikörperbild 1.20-2 werden die eingeprägten Kräfte F_1, F_2 und die Reaktionskräfte F_A, F_B, F_C angetragen. Von F_A und F_B sind weder Größe noch Richtung, von F_C nur die Richtung bekannt: normal zur Tangente im Berührungspunkt von Exzenterscheibe und Abtastrolle. Das Bezugssystem wird mit dem Ursprung im Lager A angenommen; dann sind in den Gleichgewichtsbedingungen für die Momente zwei unbekannte Lagerkräfte F_{Ay}, F_{Az} nicht enthalten.

a) Gleichgewichtsbedingungen:

$$\Sigma F_y = 0 : F_{Ay} + F_{By} + F_C \cos\alpha + F_2 \cos\gamma = 0;$$

$$\Sigma F_z = 0 : F_{Az} + F_{Bz} + F_C \sin\alpha - F_1 + F_2 \sin\gamma = 0;$$

$$\Sigma M_x = 0 : F_1 d + F_2 e - F_C \cos\alpha\, b = 0;$$

$$\Sigma M_y = 0 : F_1 c - F_2 \sin\gamma\, f - F_{Bz} g - F_C \sin\alpha\, a = 0;$$

$$\Sigma M_z = 0 : F_2 \cos\gamma\, f + F_{By} g + F_C \cos\alpha\, a = 0.$$

Daraus die Reaktionskräfte $F_C = 11{,}4\,\text{N}$;

$$F_{By} = -6{,}3\,\text{N}, \quad F_{Bz} = 8{,}6\,\text{N}, \quad F_B = \sqrt{F_{By}^2 + F_{Bz}^2} = 10{,}7\,\text{N};$$

$$F_{Ay} = -8{,}2\,\text{N}, \quad F_{Az} = -3{,}6\,\text{N}, \quad F_A = \sqrt{F_{Ay}^2 + F_{Az}^2} = 9\,\text{N}.$$

b) $\quad M = F_C \cdot 2{,}5\,\text{mm} = 2{,}85\,\text{N cm}.$

1.21 Der Drehmagnet ist in Bild 1.21-1 in der Hubanfangslage (also bei stromloser Erregerspule) gezeichnet. Fließt in der Spule ein Gleichstrom, wird der Anker in die Spule hineingezogen. Dabei wird ihm durch die in schraubenförmig verlaufenden Nuten in Ankerscheibe und Magnetgehäuse abrollenden Kugeln eine dem Ankerhub entsprechende Drehbewegung aufgezwungen. Bei stromloser Spule schraubt sich der Anker, angetrieben durch die Spiralfeder, wieder in die Hubanfangslage zurück. Anker, Ankerscheibe und -welle sind durch Preßsitze fest miteinander verbunden. Die Spiralfeder ist mit dem inneren Ende auf

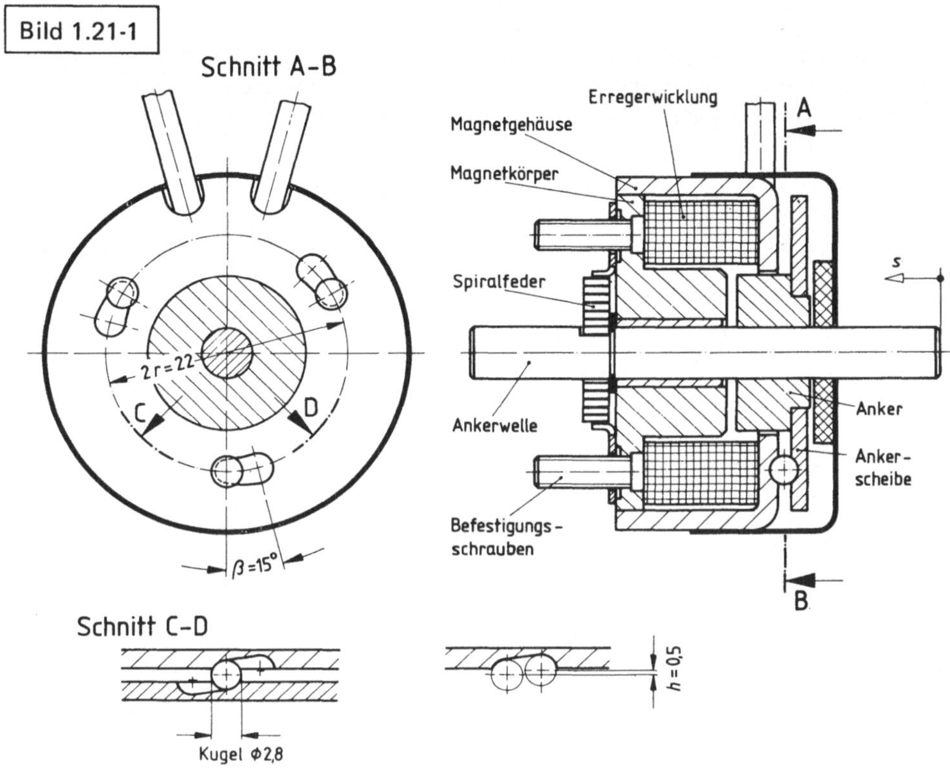

der Ankerwelle festgeklemmt; das äußere Ende ist im Einhängering eingehängt. Das Federmoment M_{F1} der Spiralfeder in der Hubanfangslage und die Federmomentrate c_M betrachte man als gegeben.

Unter Vernachlässigung aller Reibungswiderstände ist das zulässige Lastmoment M an der Ankerwelle als Funktion der Magnetzugkraft F_M und des Ankerweges s anzugeben. (A)

Lösung: Man betrachte den gesamten Anker in einem Gleichgewichtszustand zwischen Hubanfangs- und Hubendlage, Bild 1.21-2. Für die Achsrichtung muß dann $\Sigma F_x = 0$, d.h.

$$3\,F\cos\alpha - F_M = 0 \tag{1}$$

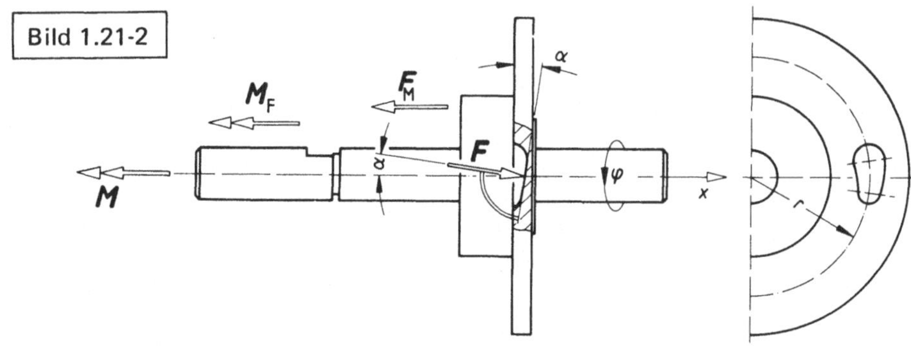

sein. Dabei ist angenommen, daß alle drei Kugeln gleich stark belastet sind. Das ist dann zulässig, wenn das Spiel der Ankerwelle in der Führungsbuchse des Magnetkörpers ausreichend groß ist, um kleine Form- und Lageabweichungen der Schraubennuten durch Kippen des Ankers auszugleichen. Die sehr kleine Verformungskraft, die zur Verformung der ebenen Spiralfeder in eine leicht kegelige Form erforderlich ist, kann in der Gleichgewichtsbedingung vernachlässigt werden. Für die Momente um die Ankerachse muß $\Sigma M_x = 0$ sein, d.h.

$$3\, r\, F \sin\alpha - M_\mathrm{F} - M = 0. \tag{2}$$

Aus (1) und (2) das Lastmoment

$$M = r \tan\alpha\, F_\mathrm{M} - M_\mathrm{F}. \tag{3}$$

Darin ist das Federmoment M_F eine Funktion des Ankerdrehwinkels

$$M_\mathrm{F} = M_{\mathrm{F}1} + \varphi\, c_\mathrm{M}. \tag{4}$$

Die Funktion $\varphi(s)$ kann nach Bild 1.21-3 leicht gefunden werden aus $s = b \tan\alpha = r\varphi \tan\alpha$ mit dem Steigungswinkel der Schraubennuten

$$\tan\alpha = h/(r\,\beta) \tag{5}$$

zu

$$\varphi = (\beta/h)\, s. \tag{6}$$

Damit das Federmoment

$$M_\mathrm{F} = M_{\mathrm{F}1} + (\beta/h)\, c_\mathrm{M}\, s \tag{7}$$

und das Lastmoment aus (3) mit (5) und (7)

$$M = (h/\beta)\, F_\mathrm{M} - (M_{\mathrm{F}1} + (\beta/h)\, c_\mathrm{M}\, s)$$

und mit den gegebenen Abmessungen

$$M = 1{,}91\,\mathrm{mm}\, F_\mathrm{M} - (M_{\mathrm{F}1} + 0{,}52\,\mathrm{mm}^{-1} \cdot c_\mathrm{M}\, s).$$

In diese Beziehung ist c_M in der Einheit N mm/rad bzw. N cm/rad einzusetzen. Bei bekannter Abhängigkeit der Magnetzugkraft vom Luftspalt, $F_\mathrm{M}(s)$, kann dann die Funktion $M(s)$ vollständig angegeben werden, doch ist dies nicht mehr Gegenstand der Technischen Mechanik.

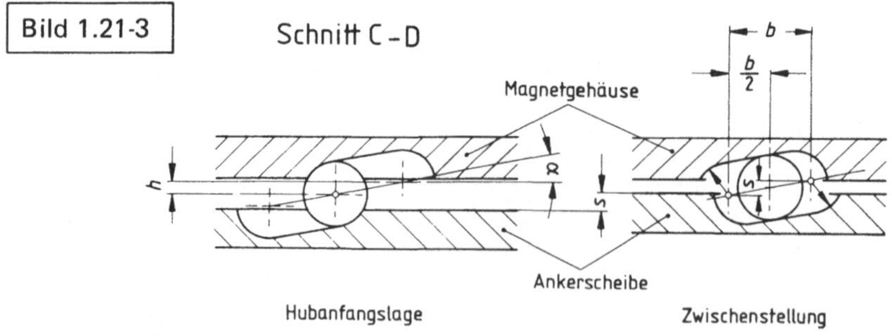

1.22 Gesucht ist der Massenmittelpunkt des Drehpendels eines mechanischen Drehzahl-
meßgerätes (Bild 1.22-1). Kleine Vereinfachungen des Körpers, welche die Rechnung er-
leichtern, ohne das Resultat wesentlich zu verfälschen, sind zulässig. Werkstoff:
Messing. (S)

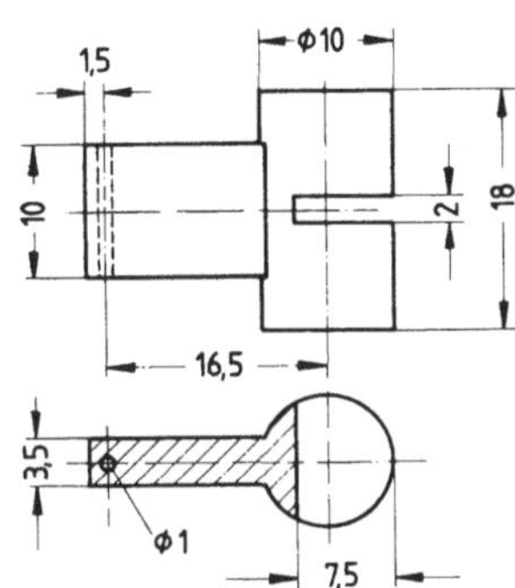

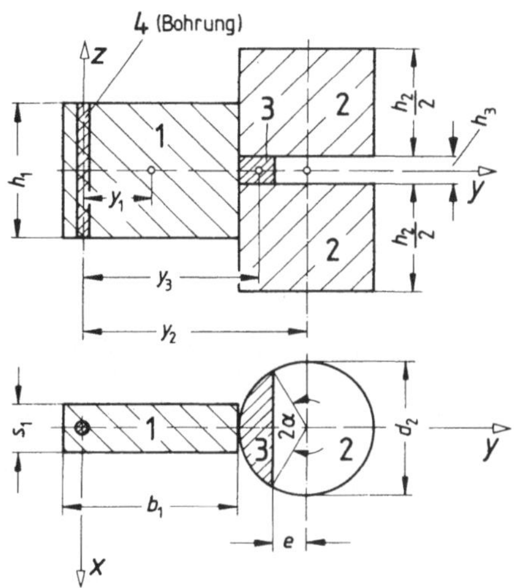

Lösung: Die rechnerische Ermittlung des Massenmittelpunktes beginnt stets mit der Wahl
eines zweckmäßigen Koordinatensystems. Hierbei sind evtl. vorhandene Symmetrieeigen-
schaften auszunutzen. Hat der Körper, wie im vorliegenden Beispiel, eine Symmetrieachse,
so wird diese zu einer Koordinatenachse gemacht — hier zur y-Achse. Man hat dann sofort
ohne Rechnung

$$x_0 = 0; \quad z_0 = 0.$$

Die z-Achse läßt man am besten mit der in einer Symmetrieebene liegenden Drehachse
(Bohrungsachse) zusammenfallen, was im Hinblick auf die spätere Nutzanwendung der
Rechnung (Vgl. Beispiel 4.16) sinnvoll ist.
Es muß jetzt lediglich der Abstand y_0 vom Koordinatenursprung berechnet werden. Da
der Werkstoff als homogen angesehen werden kann, ist die Dichte konstant und der Massenmittelpunkt mit dem Volumenmittelpunkt identisch.
Man zerlegt gedanklich den Körper in einfachere Teilkörper, deren Volumenmittelpunkte
bekannt oder leicht zu errechnen sind.
Zur Unterscheidung der Teilkörper 1 ... 4 sind diese in Bild 1.22-2 entgegen der sonst
üblichen genormten Darstellung durch verschiedene Schraffuren und durch Begrenzungs-
linien gekennzeichnet. Beim Übergang vom Quader (Teil 1) zum Zylinder entsteht bei
dieser Einteilung eine kleine Lücke, die vernachlässigt wird.

Mit den Bezeichnungen aus Bild 1.22-2 und den Maßen aus Bild 1.22-1 ergibt sich für das Volumen des Quaders

$$\Delta V_1 = b_1 \, h_1 \, s_1 = 455{,}00 \, \text{mm}^3.$$

Zylindervolumen (Teil 2)

$$\Delta V_2 = \frac{\pi}{4} d_2^2 \, h_2 = 1256{,}64 \, \text{mm}^3.$$

Am Zylinderabschnitt (Teil 3) ist

$$\cos\alpha = \frac{e}{d_2/2} = 0{,}5 \quad \Rightarrow \quad \alpha = \frac{\pi}{3}$$

$$\Delta V_3 = \left(\frac{1}{4} d_2^2 \, \alpha - \frac{1}{2} e \, d_2 \sin\alpha \right) h_3 = 30{,}71 \, \text{mm}^3.$$

Bohrungsvolumen (Teil 4)

$$\Delta V_4 = -\frac{\pi}{4} d_4^2 \, h_1 = -7{,}85 \, \text{mm}^3.$$

Gesamtvolumen

$$V = \Delta V_1 + \Delta V_2 + \Delta V_3 + \Delta V_4 = 1734{,}50 \, \text{mm}^3.$$

Es ist $y_1 = 5{,}00 \, \text{mm}$; $y_2 = 16{,}50 \, \text{mm}$; $y_4 = 0$;

$$y_3 = y_2 - \frac{1}{3} \frac{d_2 \sin^3 \alpha}{\alpha - \sin\alpha \cos\alpha} = 12{,}98 \, \text{mm}$$

(Formel aus Ingenieur-Taschenbüchern).
Damit errechnet man die gesuchte Koordinate zu

$$y_0 = \frac{\sum\limits_{i} y_i \, \Delta V_i}{V} = 13{,}5 \, \text{mm}.$$

1.23 In die Schubstange 1 aus einer Al-Knetlegierung sind ein Rillenkugellager 2 und zwei Sinterlagerbuchsen 3 als Lagerelemente eingepreßt, Bild 1.23-1. Die Schubstange gehört zu einem Schubkurbelgetriebe, für dessen dynamische Analyse der Gesamtschwerpunkt S der vollständigen Schubstange bekannt sein muß. Gewichtskräfte: Schubstange $G_1 = 0{,}13 \, \text{N}$, Kugellager $G_2 = 0{,}12 \, \text{N}$, Sinterlagerbuchse $G_3 = 0{,}03 \, \text{N}$. Für die Schubstange wurde in der Anordnung Bild 1.23-2 $F_A = 0{,}08 \, \text{N}$ gemessen. Gesucht ist der Schwerpunktsabstand y_S für die vollständige Schubstange. (A)

Lösung: Zunächst ist die Schwerpunktslage für die Schubstange alleine zu ermitteln. Aus

$$\Sigma M_B = 0 \ (\text{Bild 1.23-3}): \ -F_A a + G_1 b = 0 \ \text{wird} \ b = \frac{F_A}{G_1} a = 28{,}3 \, \text{mm} \ \text{und} \ y_{S1} = 17{,}7 \, \text{mm}.$$

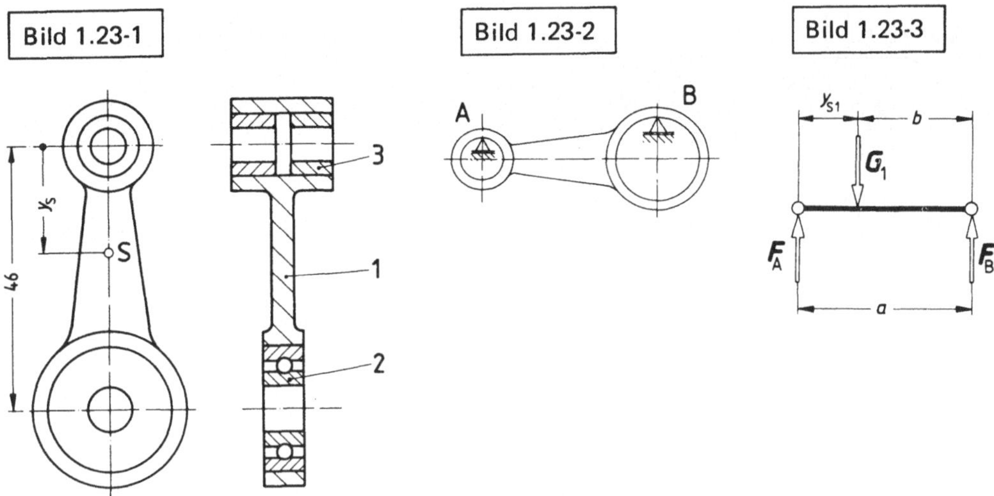

Die weitere Rechnung zweckmäßig in Tabellenform:

	i	G_i	y_{Si}	$G_i y_{Si}$
Schubstange	1	0,13 N	17,7 mm	2,30 N mm
Rillenkugellager	2	0,12 N	46 mm	5,52 N mm
2 Sinterlagerbuchsen	3	0,06 N	0	0

$$\Sigma G_i = 0,31\,\text{N} \qquad \Sigma G_i \cdot y_{Si} = 7,82\,\text{N mm}$$

und mit der bekannten Beziehung für die Schwerpunktskoordinate

$$y_S = \frac{\Sigma G_i \cdot y_{Si}}{\Sigma G_i} = 25,2\,\text{mm}.$$

1.24 Welches Maß s_2 ist für das Ausgleichsstück (Teil 2) vorzuschreiben, damit sich der Zeiger im indifferenten Gleichgewicht befindet? Die Vorderfläche von Teil 1 sei bereits vor der Befestigung auf der Zeigernabe lackiert. Lackschichtdicke $s_L = 0,05$ mm. Es genügt, der Rechnung den vor dem Formstanzen vorhandenen Umriß von Teil 1 zugrunde zu legen. (Bild 1.24-1)

$$\rho_{Al} = 2,7\,\text{g/cm}^3;\ \rho_{Ms} = 8,4\,\text{g/cm}^3;\ \rho_L = 1,1\,\text{g/cm}^3. \qquad\qquad (S)$$

Lösung: Im vorliegenden Falle können diejenigen Teilkörper unbeachtet bleiben, deren Schwerpunkte auf der Drehachse liegen. Es muß für die in Bild 1.24-2 dargestellten (etwas vereinfachten) restlichen Teilkörper die Bedingung erfüllt sein, daß ihre statischen Momente bezüglich der Drehachse verschwinden.

$$\sum_i y_i\,\Delta G_i = 0 \qquad \text{d.h.} \qquad \sum_i g_i\,\rho_i\,y_i\,\Delta A_i\,s_i = 0. \qquad\qquad (1)$$

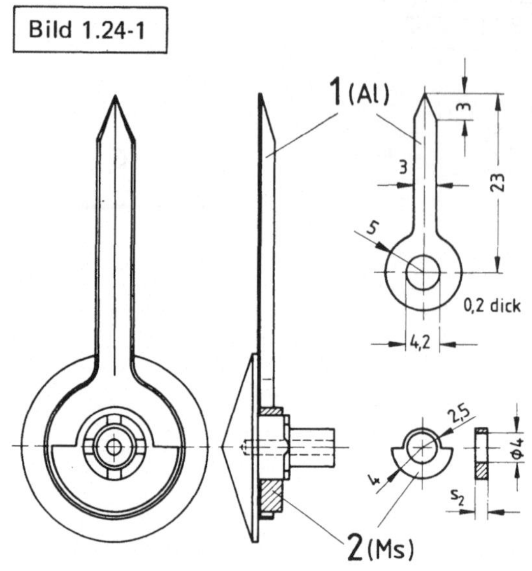

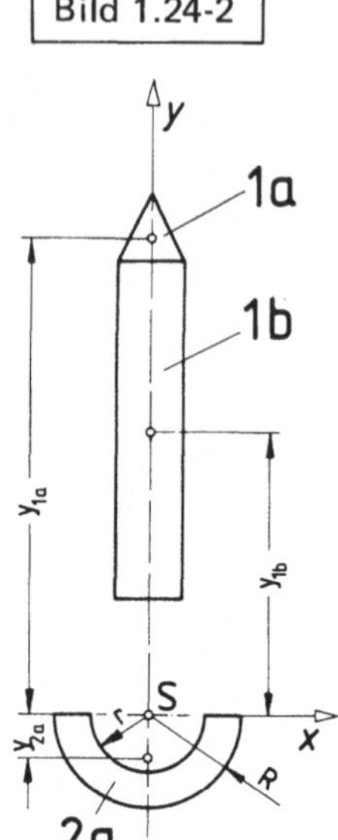

Das Schwerefeld kann genau genug als homogen angesehen werden, (sonst wäre die Lage der resultierenden Schwerkraft von der Stellung des Zeigers abhängig!) und vorige Gleichung vereinfacht sich zu

$$\sum_i \rho_i\, y_i\, \Delta A_i\, s_i = 0, \tag{2}$$

ausführlich geschrieben:

$$(y_{1a}\, \Delta A_{1a} + y_{1b}\, \Delta A_{1b})\,(s_{Al}\,\rho_{Al} + s_L\,\rho_L) + y_{2a}\, \Delta A_{2a}\, s_2\, \rho_{Ms} = 0,$$

daraus

$$s_2 = \frac{(y_{1a}\, \Delta A_{1a} + y_{1b}\, \Delta A_{1b})\,(s_{Al}\,\rho_{Al} + s_L\,\rho_L)}{-y_{2a}\, \Delta A_{2a}\, \rho_{Ms}}. \tag{3}$$

Aus den Bildern 1.24-1 und 1.24-2 entnimmt bzw. berechnet man leicht

$$y_{1a} = 21\,\text{mm}; \quad y_{1b} = 12,5\,\text{mm}; \quad R = 4\,\text{mm}; \quad r = 2,5\,\text{mm};$$

$$\Delta A_{1a} = 4,5\,\text{mm}^2; \quad \Delta A_{1b} = 45\,\text{mm}^2; \quad \Delta A_{2a} = 15,32\,\text{mm}^2;$$

und in einem Ingenieur-Taschenbuch findet man die Formel

$$y_{2a} = -\frac{4\,(R^3 - r^3)}{3\,\pi\,(R^2 - r^2)} = -2,11\,\text{mm}.$$

Mit vorstehenden Werten ergibt sich die Dicke des Ausgleichsstückes aus Gl. (3):
$s_2 = 1,44\,\text{mm}.$
Zum Ausschneiden von Teil 2 würde man auf der Fertigungszeichnung eine Blechdicke von 1,5 mm vorschreiben und das Ausgleichsstück im Bedarfsfalle abschleifen.

40

1.25 Der Zeiger eines Manometers (Bild 1.25-1) ist aus 0,3 mm dickem Aluminiumblech ausgeschnitten. Man berechne das Maß c anhand der bereits festgelegten übrigen Abmessungen derart, daß er sich bezüglich seiner Drehachse im indifferenten Gleichgewicht befindet. (S)

Lösung: Der Zeiger ist im indifferenten Gleichgewicht, wenn sein Schwerpunkt dauernd mit der Drehachse zusammenfällt. Für das Mittelteil trifft dies bereits zu; es kann deshalb im folgenden außer Betracht bleiben.

Da der Zeiger eine Symmetrieachse hat, die senkrecht durch die Drehachse geht, muß nur noch die Bedingung

$$\sum_i z_i \, \Delta G_i = g \rho s \sum_i z_i \, \Delta A_i = 0$$

erfüllt sein. (Dicke s, Dichte ρ und g sind als konstant anzusehen, daher unwesentlich.)

Damit verbleibt die Forderung

$$\sum_i z_i \, \Delta A_i = 0. \tag{1}$$

Man hat, wenn man die Trapezflächen in je zwei Dreiecksflächen zerlegt — auch ohne Formelsammlung — die Teilflächenmittelpunkte

$$z_1 = r + \frac{1}{3}c; \quad z_2 = r + \frac{2}{3}c; \quad z_3 = -\left(r + \frac{1}{3}a\right);$$

$$z_4 = -\left(r + \frac{2}{3}a\right)$$

und die Teilflächen

$$\Delta A_1 = \frac{bc}{2}; \quad \Delta A_2 = 2\,\frac{bc}{2}; \quad \Delta A_3 = \frac{ab}{2}; \quad \Delta A_4 = \frac{ba}{16}.$$

Somit nach Gl. (1)

$$\left(r + \frac{c}{3}\right)\frac{bc}{2} + \left(r + \frac{2}{3}c\right)bc - \left(r + \frac{a}{3}\right)\frac{ab}{2} - \left(r + \frac{2}{3}a\right)\frac{ba}{16} = 0.$$

Durch Ausmultiplizieren und Vereinfachen entsteht eine quadratische Bestimmungsgleichung für c

$$c^2 + \frac{9}{5}rc - \left(\frac{27}{40}ar + \frac{1}{4}a^2\right) = 0$$

mit der Lösung

$$c = -\frac{9}{10}r + \sqrt{\left(\frac{9}{10}r\right)^2 + \frac{27}{40}ar + \frac{1}{4}a^2}\,,$$

wobei nur das positive Vorzeichen der Wurzel in Betracht kommt, weil $c > 0$ sein muß.

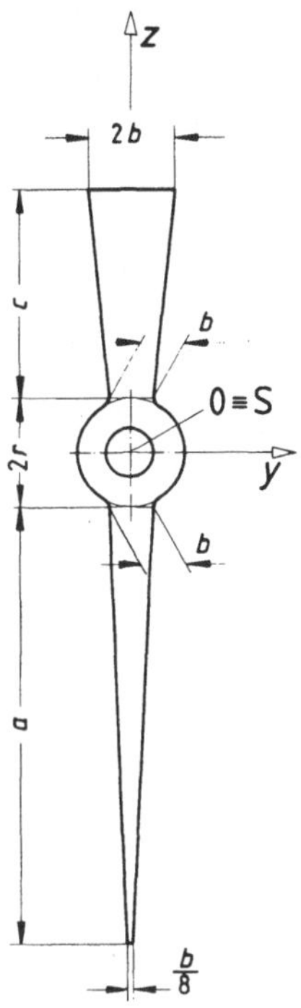

1.26 Fliehsegment für einen drehzahlabhängigen Schalter nach Bild 1.26-1. Werkstoff: G-Cu Zn 16 Si 4 (Feingußteil) mit $\rho = 8,8\,\text{g/cm}^3$. Gesucht: Schwerpunktskoordinaten x_S, y_S. (A)

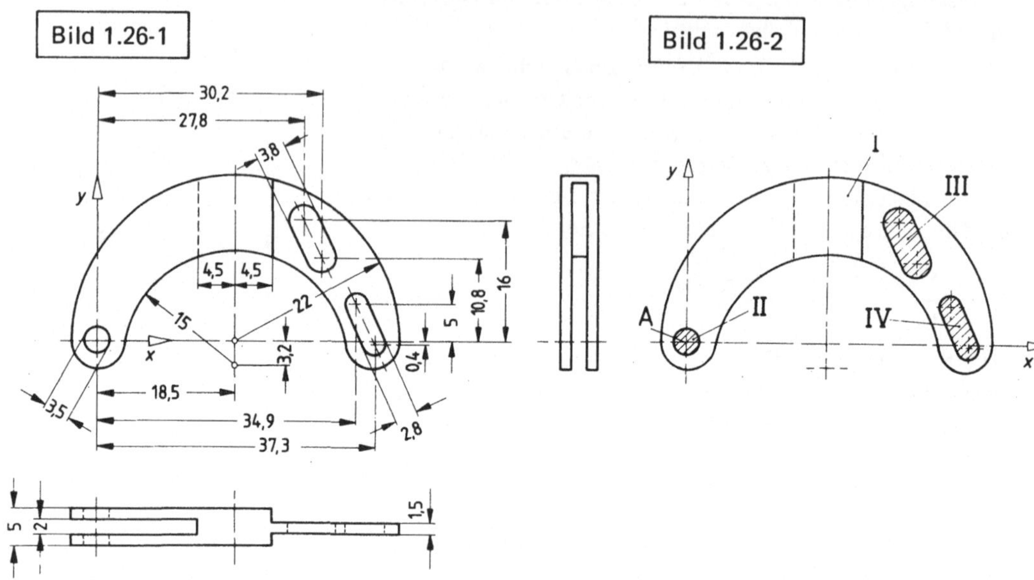

Lösung: Mit einer für praktische Zwecke ausreichenden Genauigkeit fallen bei diesem homogenen Körper Schwerpunkt und Volumenmittelpunkt zusammen, deshalb genügt hier das Verfahren für die Volumenmittelpunktskoordinaten. Es ist zweckmäßig, das Segment in die Teilkörper nach Bild 1.26-2 zerlegt zu denken und zunächst das Verfahren für den Teilkörper I durchzuführen. Dazu wird I in quaderförmige Elemente i aufgeteilt, Bild 1.26-3. Auswertung in Tabelle 1.

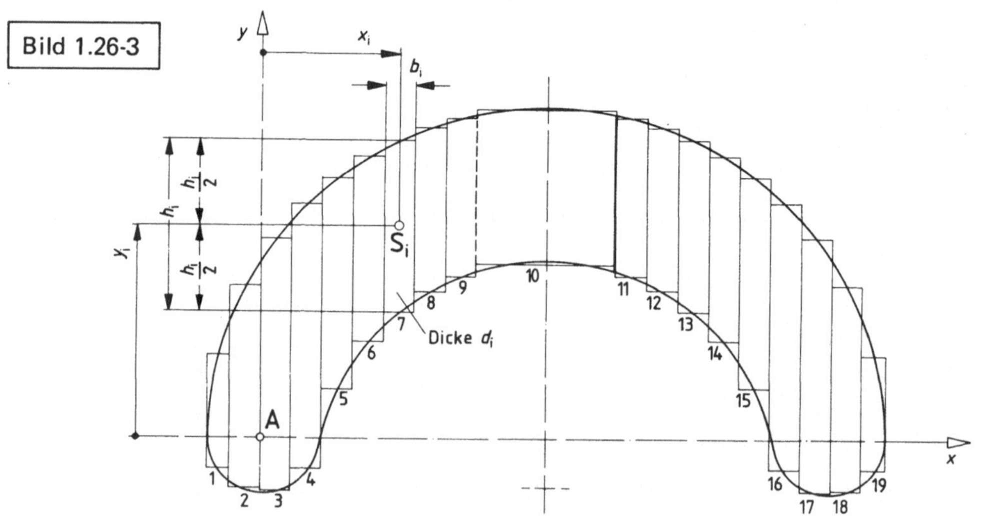

Tabelle 1

i	b_i mm	h_i mm	d_i mm	V_i mm^3	x_i mm	y_i mm	$V_i \cdot x_i$ mm^4	$V_i \cdot y_i$ mm^4
1	1,5	7,5	3	33,75	− 2,75	+ 1,75	− 92,81	+ 59,06
2	2	13,5	3	81,00	− 1	+ 3,4	− 81,0	+ 275,40
3	2	16,7	3	100,20	+ 1	+ 4,93	+ 100,2	+ 493,99
4	2	17,6	3	105,60	+ 3	+ 6,81	+ 316,8	+ 719,14
5	2	14,0	3	84,00	+ 5	+ 10,31	+ 420,0	+ 866,04
6	2	12,4	3	74,40	+ 7	+ 12,64	+ 520,8	+ 940,42
7	2	11,5	3	69,00	+ 9	+ 14,13	+ 621,0	+ 974,97
8	2	10,9	3	65,40	+ 11	+ 15,24	+ 719,4	+ 996,70
9	2	10,5	3	63,00	+ 13	+ 16,03	+ 819,0	+ 1009,89
10	9	10,2	5	459,00	+ 18,5	+ 16,66	+ 8491,5	+ 7646,94
11	2	10,5	1,5	31,50	+ 24	+ 16,03	+ 756,0	+ 504,95
12	2	10,9	1,5	32,70	+ 26	+ 15,24	+ 850,2	+ 498,35
13	2	11,5	1,5	34,50	+ 28	+ 14,13	+ 966,0	+ 487,49
14	2	12,4	1,5	37,20	+ 30	+ 12,64	+ 1116,0	+ 470,21
15	2	14,0	1,5	42,00	+ 32	+ 10,31	+ 1344,0	+ 433,02
16	2	17,6	1,5	52,80	+ 34	+ 6,81	+ 1795,2	+ 359,57
17	2	16,7	1,5	50,10	+ 36	+ 4,93	+ 1803,6	+ 247,00
18	2	13,5	1,5	40,50	+ 38	+ 3,4	+ 1539,0	+ 137,70
19	1,5	7,5	1,5	16,88	+ 39,75	+ 1,75	+ 670,88	+ 29,54

Aus Tabelle 1: $V_I = \Sigma V_i = 1473,53 \text{ mm}^3$, $\Sigma V_i \cdot x_i = + 22\,675,87 \text{ mm}^4$,
$\Sigma V_i \cdot y_i = + 17\,150,38 \text{ mm}^4$.
Berechnung des Gesamtschwerpunkts nach Tabelle 2.

Tabelle 2

Nr. n	V_n mm^3	x_{Sn} mm	y_{Sn} mm	$V_n x_{Sn}$ mm^4	$V_n y_{Sn}$ mm^4
I	+ 1473,53	−	−	+ 22675,87	+ 17150,38
II	− 28,86	0	0	0	0
III	− 49,66	+ 29,0	+ 13,4	− 1440,14	− 665,44
IV	− 34,06	+ 36,1	+ 2,3	− 1229,57	− 78,34

$\Sigma V_n = + 1360,95 \text{ mm}^3$ $\qquad \Sigma V_n x_{Sn} = + 20006,16 \text{ mm}^4$
$$\Sigma V_n y_{Sn} = + 16406,6 \text{ mm}^4.$$

Daraus die Schwerpunktskoordinaten

$$x_S = \frac{\Sigma V_n x_{Sn}}{\Sigma V_n} = 14,7 \text{ mm}, \qquad y_S = \frac{\Sigma V_n y_{Sn}}{\Sigma V_n} = 12,1 \text{ mm}$$

und die Körpermasse $m = \rho \cdot \Sigma V_n = 12 \text{ g}$.

1.27 Wickeltellerbremse für ein Tonbandgerät, Bild 1.27-1. Federkraft der Zugfeder $F_F = 3\,\text{N}$, Reibungszahl für die Reibpaarung Bremsbelag/Wickelteller $\mu = 0{,}36$. Gesucht sind die Bremsmomente M_r, M_l am Wickelteller für Rechts- bzw. Linksdrehung. Lösung zeichnerisch. (A)

Lösung: Von den drei am Bremshebel angreifenden Kräften sind die Federkraft F_F nach Größe und Richtung und der Punkt A der Wirkungslinie von F_A bekannt. Am Bremsbelag wirken auf den Hebel die Normalkraft F_n (in der Berührungsnormalen) und die Reibungskraft F_R (in der Berührungstangente). F_R wirkt am Wickelteller entgegen der Bewegungsrichtung, am Bremsbelag also umgekehrt. Mit der Reibungszahl μ ist auch der Reibungswinkel $\rho = \arctan\mu = 20°$ bekannt; damit liegt Richtung von F_B fest $(F_B = F_n + F_R)$. Die Wirkungslinie von F_A findet man als Verbindungslinie von A zum Schnittpunkt der Wirkungslinien von F_F und F_B. Mit drei bekannten Wirkungslinien und dem Betrag von F_F können jeweils die Kräftepläne gezeichnet werden: Bilder 1.27-2 und -3.

Für Rechtsdrehung: $F_R = 2{,}8\,\text{N}$, $M_r = 13{,}2\,\text{Ncm}$;
für Linksdrehung: $F_R = 0{,}8\,\text{N}$, $M_l = 3{,}8\,\text{Ncm}$.

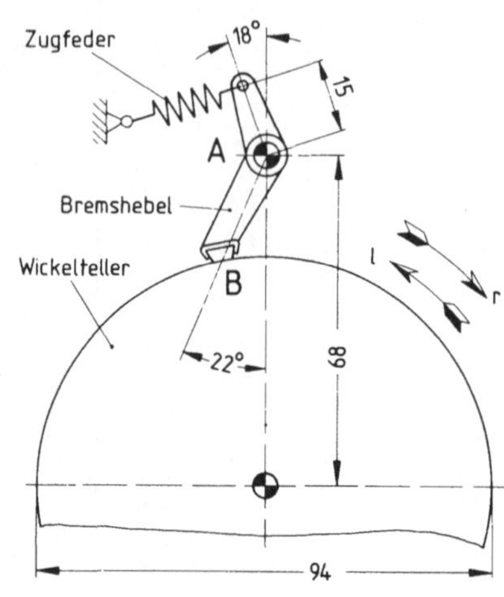

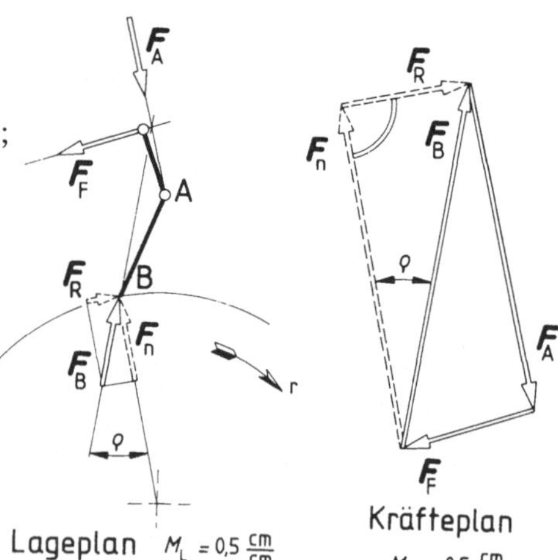

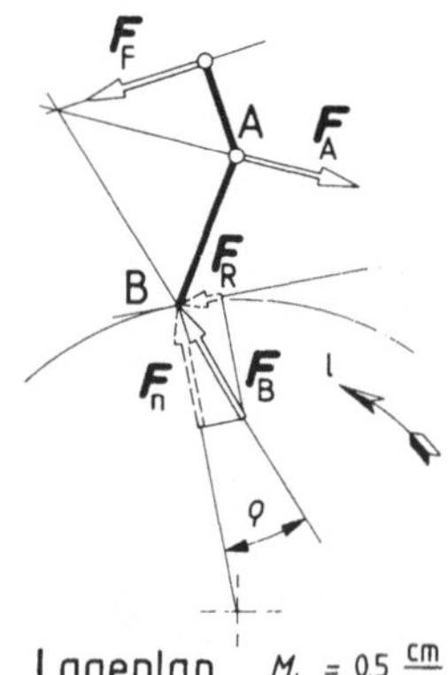

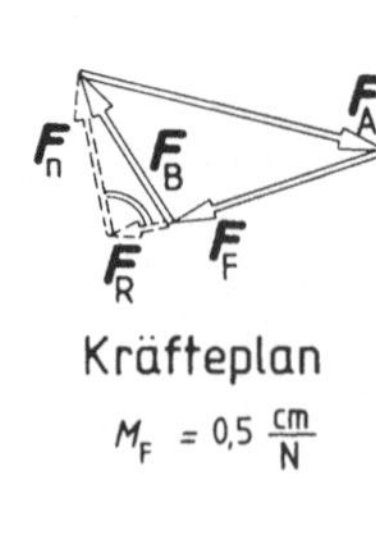

1.28 Beim Reibradgetriebe nach Bild 1.28-1 wird das in der Scheibenebene frei beweglich aufgehängte Zwischenrad 2 durch die Zugfeder gegen die Räder 1 und 3 gepreßt. Federkraft der Zugfeder $F_F = 3\,\mathrm{N}$, Ruhereibungszahl für beide Reibpaarungen $\mu_0 = 0{,}36$. Die Reibung in den Radlagern kann vernachlässigt werden. Man ermittle die vom Getriebe übertragbaren größten Motormomente M_r, M_l für Rechts- bzw. Linksdrehung der Motorscheibe; Lösung zeichnerisch. Wo müßte der gehäuseseitige Federeinhängepunkt liegen, damit das übertragbare Moment maximal wird? (A)

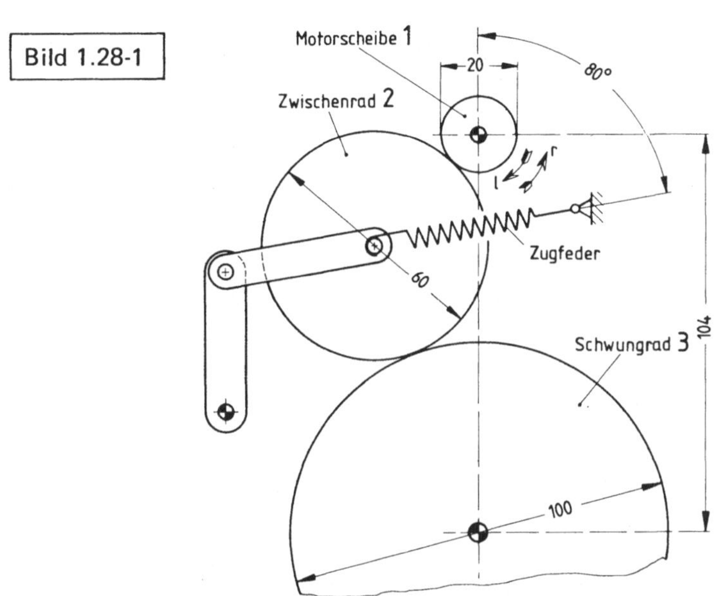

Lösung: Für die zwischen zwei Rädern durch Reibschluß übertragbare Tangentialkraft gilt allgemein: $F_{R\max} = \mu_0 \cdot F_n$, mit der Normalkraft F_n in der Berührungsnormalen der beiden Räder. Bei Überschreiten dieses Grenzwertes werden die Räder relativ zueinander rutschen. Da das vorliegende Getriebe zwei Reibpaarungen enthält, muß vorab geklärt werden, für welche Paarung dieser Grenzwert der kleinere von beiden ist. Bei gleichen Werten μ_0 wird dieser kleinere Wert dort auftreten, wo die anpressende Normalkraft die kleinere ist. Für das gegebene Getriebe ist $F_{Bn} < F_{An}$; also wird die Ruhereibungsgrenze der Räderpaarung 2|3 für das übertragbare Moment maßgebend sein. An der Ruhereibungsgrenze ist $F_{BR} = \mu_0 \cdot F_{Bn}$, die Richtung der Resultierenden $F_B = F_{Bn} + F_{BR}$ ist also durch den Reibungswinkel $\rho_0 = \arctan \mu_0 = 20°$ gegeben. Die Orientierung von F_{BR} richtet sich nach dem jeweiligen Drehsinn. Die Forderung $\Sigma M = 0$ für Rad 2 führt auf die Bedingung, daß sich die Wirkungslinien aller am Zwischenrad angreifenden Kräfte in einem Punkt schneiden müssen. Mit drei bekannten Kraftrichtungen und dem Betrag der Federkraft können dann die Kräftepläne für beide Drehrichtungen aufgezeichnet und die Umfangskomponenten F_{AR}, F_{BR} durch Zerlegung ermittelt werden, Bilder 1.28-2 und -3.

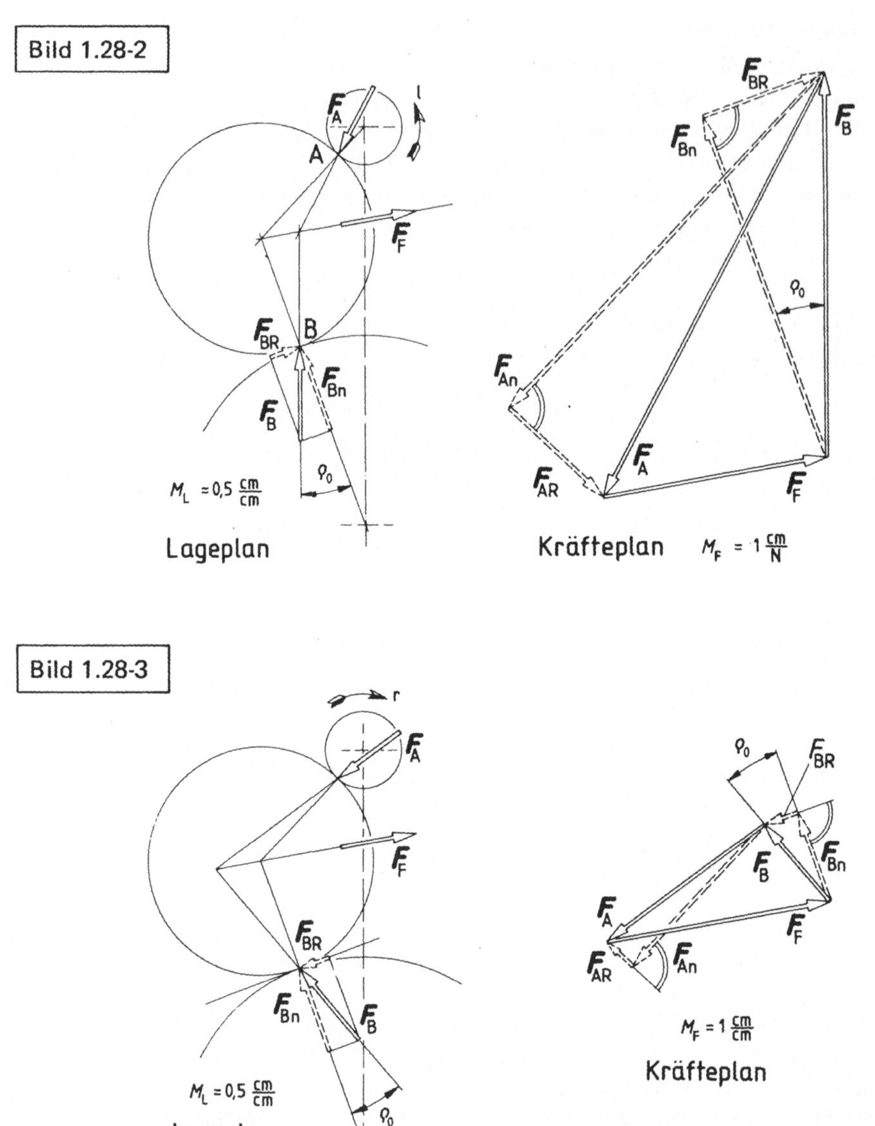

Es werden für Linksdrehung $F_{AR} = F_{BR} = 1{,}7\,\text{N}$; $M_l = 1{,}7\,\text{N cm}$ und für Rechtsdrehung $F_{AR} = F_{BR} = 0{,}45\,\text{N}$; $M_r = 0{,}45\,\text{N cm}$. Bei der gegebenen Anordnung ist $F_{An} > F_{Bn}$. Maßgebend für das übertragbare Moment ist aber die kleinere Normalkraft; die stärkere Anpressung an anderer Stelle ist nutzlos. Liegt die Wirkungslinie der Federkraft in der Winkelhalbierenden des Winkels, den die Verbindungsgeraden (12) und (23) der Radmittelpunkte bilden, werden beide Anpreßkräfte gleich groß. Für beide Berührungsstellen liegt dann die Rutschgrenze gleich hoch.

1.29 Klemmrollenfreilauf (Klemmrichtgesperre), Bild 1.29-1. Die Druckfedern legen in jeder Stellung des Freilaufs die Rollen an die Nabenwand und die Klemmflächen der Welle an. Die Federkraft ist klein und kann im folgenden vernachlässigt werden. Ruhereibungszahl für beide Reibpaarungen $\mu_0 = 0{,}25$. Es ist zeichnerisch nachzuprüfen, ob die Anordnung in der angegebenen Weise als Gesperre wirkt. (A)

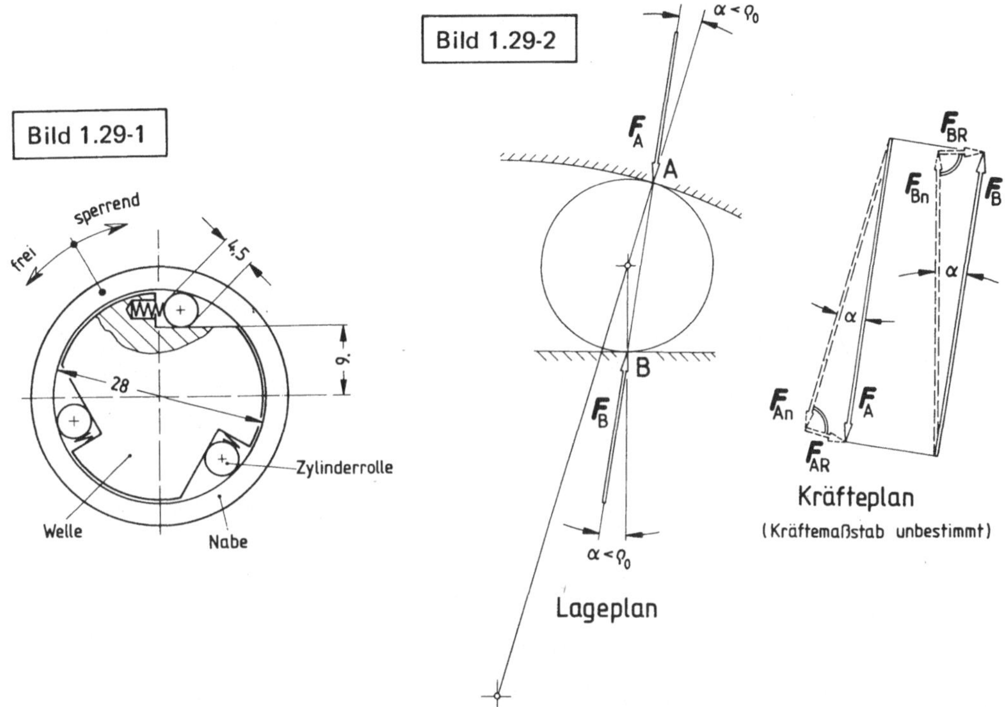

Lösung: Aus den Gleichgewichtsbedingungen $\Sigma \boldsymbol{F} = \boldsymbol{0}$, $\Sigma M = 0$ für die Klemmrolle ergibt sich für die Kräfte an den Berührungsstellen mit der Nabe und der Welle: $\boldsymbol{F}_A + \boldsymbol{F}_B = \boldsymbol{0}$. Die Wirkungslinie beider Kräfte ist die Verbindungslinie der Berührungspunkte A und B. Aus der maßstäblichen Aufzeichnung erhält man so die Richtungen von F_A und F_B sowie die der jeweiligen Normal- und Tangentialkomponenten. Ein Kräftemaßstab kann nicht angegeben werden; tatsächlich ist dieser auch überflüssig. Aus der Aufzeichnung in Bild 1.29-2 erhält man

$$\alpha = \arctan \frac{F_{AR}}{F_{An}} = \arctan \frac{F_{BR}}{F_{Bn}} = 8{,}5°.$$

Dieser Winkel ist kleiner als der größtmögliche

$$\alpha < \rho_0 = \arctan \mu_0 = 14°,$$

die Rolle wird also nicht rutschen; die Anordnung wirkt in dieser Richtung sperrend.

1.30 Bei der Mehrzahl der zur Zeit üblichen Tonarme von Plattenspielern wird die Abtast-
nadel auf einem Kreisbogen geführt — im Gegensatz zur radialen Bewegung des Schneid-
stichels bei der Herstellung der Schallplatte.
Um den hierdurch bedingten tangentialen Spurfehlwinkel klein zu halten, macht man den
Abstand von der vertikalen Drehachse des Tonarmes bis zur Nadelkuppe größer als den
Abstand zur Plattenmitte (Überhang) und kröpft außerdem den Tonarm derart, daß die
Spur der vertikalen Tonabnehmer-Symmetrieebene in der Draufsicht (Bild 1.30-1) mit guter
Annäherung tangential zu den als konzentrische Kreise gedachten Schallrillen gerichtet ist.

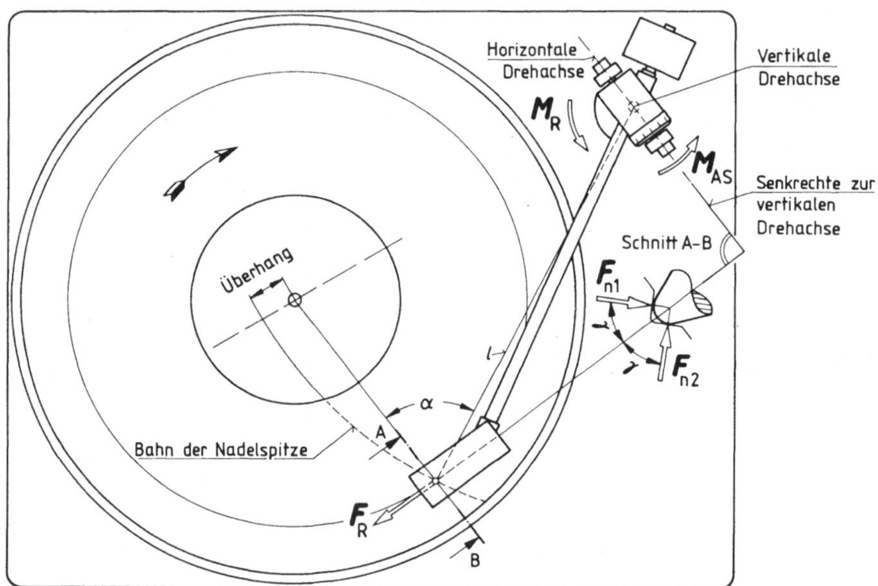

Rotiert der Plattenteller, so liefert die resultierende Reibungskraft F_R an der Abtastnadel
(zusammen mit der Lagerreaktion) ein Drehmoment, das den Tonarm zur Plattenmitte zu
drehen sucht, weshalb die innere Rillenflanke stärker beansprucht wird als die äußere. Mit
einer sog. „Antiskating-Einrichtung" wird bei hochwertigen Plattenspielern ein kompen-
sierendes Gegenmoment erzeugt, wodurch einseitige Abnutzung von Schallrille und Nadel
vermieden und überdies die erforderliche Mindestauflagekraft kleiner gemacht werden
kann.
Man ermittle den Betrag M_{AS} dieses Drehmomentes unter Vernachlässigung des Reibungsmomentes der horizontalen Tonarmlagerung, der Trägheit des Tonarmes und des tangentialen Spurfehlwinkels.
Der Tonarm ist so ausbalanciert, daß die Wirkungslinie seiner Gewichtskraft durch den
Schnittpunkt von horizontaler und vertikaler Drehachse geht. Eine Spiralfelder übt auf ihn
ein (einstellbares) Moment um die horizontale Drehachse aus; bei ruhendem Plattenteller

habe die hierdurch bedingte Auflagekraft der Nadel in vertikaler Richtung den (absoluten) Betrag F_0. Der Höhenunterschied zwischen horizontaler Drehachse und Nadelkuppe sei h^*, deren Abstand von der vertikalen Drehachse l. Von der Rillenmodulation und der Spiralform der Rille soll abgesehen werden. (S)

Lösung: In Bild 1.30-1 bedeutet M_R das Reibungsmoment um die vertikale Drehachse des Tonarmes. Das Momentengleichgewicht um diese Achse ergibt, sofern die beiden Rillenwandkräfte von der Antiskating-Einrichtung gleich groß gehalten werden und ihre horizontalen Komponenten sich dadurch aufheben:

$$M_{AS} + M_R - F_R\, l \cos\alpha = 0. \tag{1}$$

Hierin ist der Betrag der resultierenden Reibungskraft

$$F_R = (F_{n1} + F_{n2})\,\mu.$$

Das vorstehend benutzte COULOMBsche Reibungsgesetz hat wegen der Kleinheit des Nadelkuppenradius' nur eingeschränkte Gültigkeit. (Siehe hierzu die Bemerkungen am Ende dieses Beispiels.)

F_{n1} und F_{n2} sind die Beträge der von den Rillenwänden auf die Nadel ausgeübten Stützkräfte.

Mit dem vorausgesetzten, richtigen Antiskatingmoment M_{AS} ist

$$F_{n1} = F_{n2} = F_n.$$

Unter dieser Voraussetzung gilt auch (siehe Schnitt A–B)

$$F_R = 2F_n\,\mu = 2\,\frac{F_v}{\cos\gamma}\,\mu, \tag{2}$$

worin F_v der Betrag der vertikalen Komponente von F_{n1} (oder F_{n2}) ist.
Aus Gl. (1) und Gl. (2) folgt

$$M_{AS} = \frac{2F_v}{\cos\gamma}\,\mu\, l \cos\alpha - M_R. \tag{3}$$

Läge die waagrechte Drehachse mit der resultierenden Reibungskraft in gleicher Ebene, so wäre Gl. (3) bereits die gesuchte Lösung. In Wirklichkeit liegt jedoch diese Achse um die Höhe $h \approx h^*$ über F_R. Aus dem Verschwinden der Summe aller Drehmomente um die horizontale Tonarmachse folgt, weil der tangentiale Spurfehlwinkel vernachlässigt werden darf, die einfache Bedingung

$$F_R\, h + 2F_v\, l \sin\alpha - F_0\, l \sin\alpha = 0. \tag{4}$$

Aus Gl. (4) ergibt sich mit Gl. (2)

$$2F_v l = F_0\, l - \frac{F_R\, h}{\sin\alpha} = F_0\, l - \frac{2F_v\,\mu\, h}{\cos\gamma\,\sin\alpha}$$

oder

$$2F_v \left(l + \frac{h\,\mu}{\sin\alpha\,\cos\gamma} \right) = F_0\, l,$$

d.h.
$$2F_v = \frac{F_0\, l}{1 + \dfrac{\mu\, h}{\sin\alpha\,\cos\gamma}}. \tag{5}$$

Demnach sind die Vertikalkomponenten der beiden Nadelstützkräfte bei rotierender Platte
($\mu > 0$) i.a. kleiner als im Ruhezustand, sofern die Tonarmträgheit vernachlässigt werden
darf.

Aus Gl. (3) wird mit Gl. (5)

$$M_{AS} = \frac{\mu F_0 \, l \cos \alpha}{\cos \gamma + \mu \frac{h}{l \sin \alpha}} - M_R. \tag{6}$$

Im Sonderfall $h = 0$ folgt aus Gl. (5), daß $2 F_v = F_0$ wird, d.h. Gl. (6) geht dann in Gl. (3)
über.

Man sieht aus Gl. (6), daß der Betrag des Reibungsmomentes der vertikalen Tonarmlagerung

$$M_R < \frac{\mu F_0 \, l \cos \alpha}{\cos \gamma + \mu \frac{h}{l \sin \alpha}} \tag{7}$$

sein muß, wenn die Antiskating-Einrichtung wirksam sein soll.

Da der Winkel α bei kleinem tangentialem Spurfehlwinkel nahezu konstant ist, hängt laut
Gl. (6) das einzustellende Moment M_{AS} hauptsächlich von der eingestellten Nadelauflage-
kraft F_0 und von μ ab; h ist bei einer ebenen Platte konstant, bei aufeinandergestapelten
Platten zwar veränderlich, jedoch ist der zweite Summand im Nenner von Gl. (6) ohnehin
nur klein gegenüber dem ersten. Mit abnehmender Höhe h nimmt der Abstand l (unwesentlich) zu.

μ hängt seinerseits auch bei den geringen zulässigen Auflagekräften und trockener Platte
merklich vom Abrundungsradius bzw. der Form der Nadel ab. Verschiedene Abtastnadeln
erfordern deshalb verschiedene Antiskating-Momente.

Anmerkung: Der tangentiale Spurfehlwinkel ist ein veränderlicher, von der Tonarmstellung
bzw. dem zugehörigen Rillenradius abhängiger, kleiner Winkel (i.a. $< 1{,}8°$), gemessen zwischen der vertikalen Tonabnehmer-Symmetrieebene und den Rillentangenten in den Nadel-
berührungspunkten. Bei der speziellen Tonarmstellung in Bild 1.30-1 ist dieser Winkel Null.

1.31 Reibradgetriebe mit schwenkbarem Antriebsmotor, schematisch dargestellt in
Bild 1.31-1. Der Motor ist in A drehbar gelagert; die Zugfeder preßt die Motorscheibe gegen
die anzutreibende Scheibe. Man berechne die größten übertragbaren Motormomente M_l,
M_r für Links- bzw. Rechtsdrehung des Motors unter folgenden Voraussetzungen: $F_F = 10\,\text{N}$;
$a = 50\,\text{mm}$, $b = 100\,\text{mm}$, $d = 20\,\text{mm}$, $D = 100\,\text{mm}$; Ruhereibungszahl für Reibpaarung
$\mu_0 = 0{,}5$. Alle Lager sind als reibungsfrei anzunehmen; Gewichtskräfte können vernachlässigt werden.

(A)

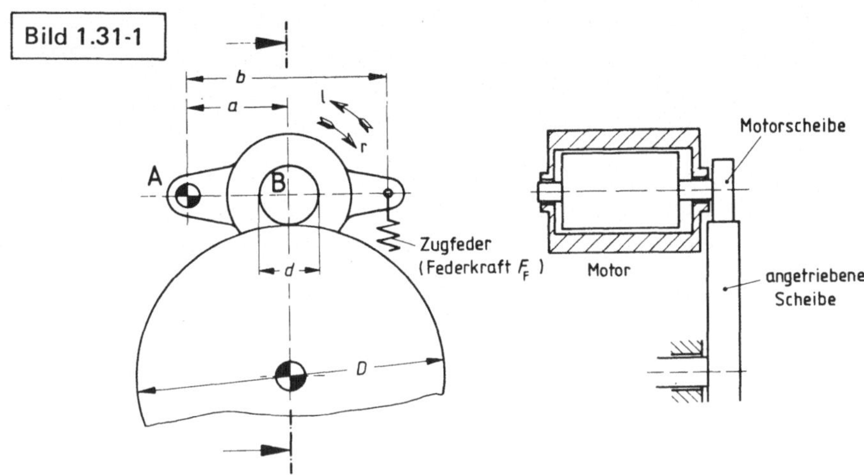

Lösung: Für die vorliegende Fragestellung genügt die Behandlung der Anordnung als ebenes System. Die in den Gleichungen angegebenen Größen gelten für die Rutschgrenze der Reibpaarung. Zunächst Ableitung für Linksdrehung des Motors.

Gleichgewichtsbedingungen

a) für Motorläufer mit -scheibe (Bild 1.31-2)

$$\Sigma F_x = 0 : F_{Bx} - F_R = 0; \tag{1}$$

$$\Sigma F_y = 0 : F_n - F_{By} = 0; \tag{2}$$

$$\Sigma M_B = 0 : M_l - F_R \cdot d/2 = 0; \tag{3}$$

b) für Motorgehäuse (Bild 1.31-3)

$$\Sigma F_x = 0 : F_{Ax} - F_{Bx} = 0; \tag{4}$$

$$\Sigma F_y = 0 : F_{By} - F_{Ay} - F_F = 0; \tag{5}$$

$$\Sigma M_A = 0 : F_{By} \cdot a - F_F \cdot b - M_l = 0. \tag{6}$$

Größtwert der Umfangskraft der Reibräder $F_R = \mu_0 F_n$. $\tag{7}$

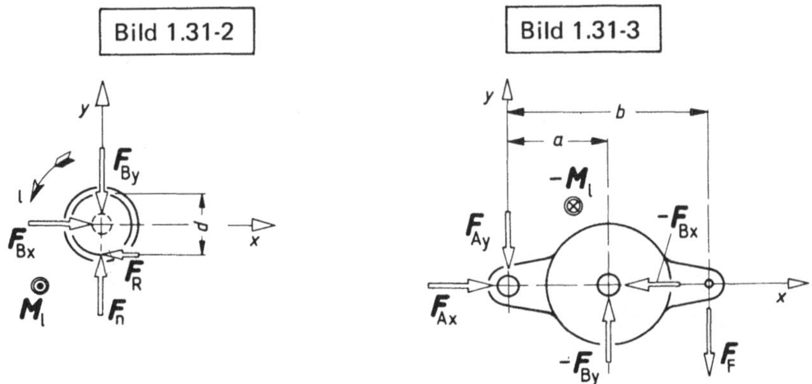

Aus den Gleichungen (2), (3), (6) und (7) das größte übertragbare Moment für Linksdrehung

$$M_l = \frac{b}{\dfrac{2 \cdot a}{d \cdot \mu_0} - 1} \cdot F_F = 11 \,\text{N cm.}$$

Für Rechtsdrehung ändert sich in den Gleichungen (1), (3) und (4) das Vorzeichen der
Kraft F_R; in (3) und (6) wird anstelle von M_l hier M_r mit umgekehrtem Vorzeichen eingesetzt. Daraus das größte übertragbare Moment für Rechtsdrehung

$$M_r = \frac{b}{\dfrac{2 \cdot a}{d \cdot \mu_0} + 1} \cdot F_F = 9 \,\text{N cm.}$$

1.32 Objektklemme eines Mikroskopes. Welche Länge l ist vorzuschreiben — unter Beachtung eines Sicherheitsfaktors S —, wenn uner-
wünschtes Lösen der Objektklemme vermieden werden soll? (Bild 1.32-1)
Die Reibung zwischen Blattfeder und Glas-
platte sowie die Gewichtskraft der Klemme
sind zu vernachlässigen. Lösung durch Rechnung. (S)

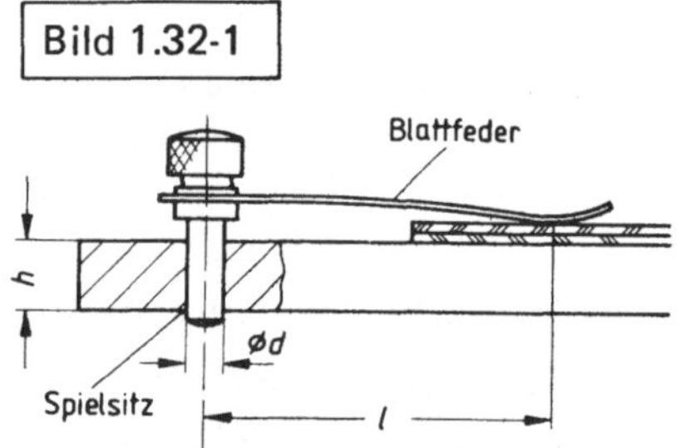

Lösung: Infolge der bei gespannter Blattfeder wirkenden Kraft F tritt ein geringes Verkan-
ten des Zylinders ein, derart, daß er die Bohrungsränder oben links und unten rechts berührt. Siehe Bild 1.32-2.

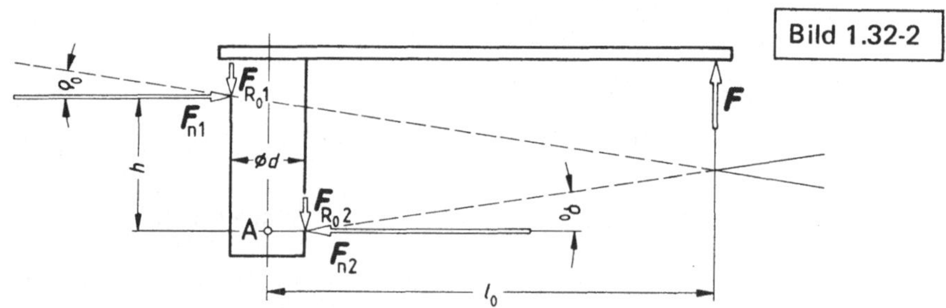

Die Gleichgewichtsbedingung in horizontaler Richtung lautet

$$F_{n1} - F_{n2} = 0,$$

oder

$$F_{n1} = F_{n2} = F_n.$$
(1)

Außerdem gilt im Grenzfall der Ruhe

$$F_{Ro} = \mu_0' F_n.$$
(2)

Somit ergibt die zweite Gleichgewichtsbedingung in vertikaler Richtung mit Gl. (1) und (2)

$$F - \mu_0' F_n - \mu_0' F_n = 0,$$

hieraus

$$F = 2 \mu_0' F_n. \qquad (3)$$

Momentenpunkt in A; l_0 = Grenzlänge;

$$l_0 F - h F_n + \frac{d}{2} (\mu_0' F_n - \mu_0' F_n) = 0;$$

demnach ist

$$F = \frac{h}{l_0} F_n , \qquad (4)$$

mit Gl. (3)

$$2 \mu_0' F_n = \frac{h}{l_0} F_n.$$

Grenzfall der Ruhe bei

$$l_0 = \frac{h}{2 \mu_0'}.$$

Unter Beachtung des Sicherheitsfaktors S ist die vorzuschreibende Länge

$$l = l_0 S = \frac{h}{2 \mu_0'} S.$$

1.33 Welchen Betrag F_S hat die maximale Spindelkraft, die durch die Gewindespindel (Bild 1.33-1) beim Spannen eines Werkstückes auf den um A drehbaren Winkelhebel der Schraubzwinge (sog. „Spannhand") ausgeübt werden kann, wenn an diesem Handgriff mit den Fingern höchstens ein Drehmoment vom Betrage $M = 240\,\mathrm{N\,cm}$ erzielbar ist? Die Reibungsmomente am Trapezgewinde und am Axiallager sind zu berücksichtigen!
Mittlerer Gewindedurchmesser $d_m = 8{,}5\,\mathrm{mm}$; Gewindesteigung $h = 3\,\mathrm{mm}$; fiktiver Reibungswinkel am Gewinde $\rho' = 10°$. Axiallager: Außendurchmesser $D = 10\,\mathrm{mm}$; Zapfendurchmesser $d = 5\,\mathrm{mm}$; Reibungszahl $\mu = 0{,}16$.

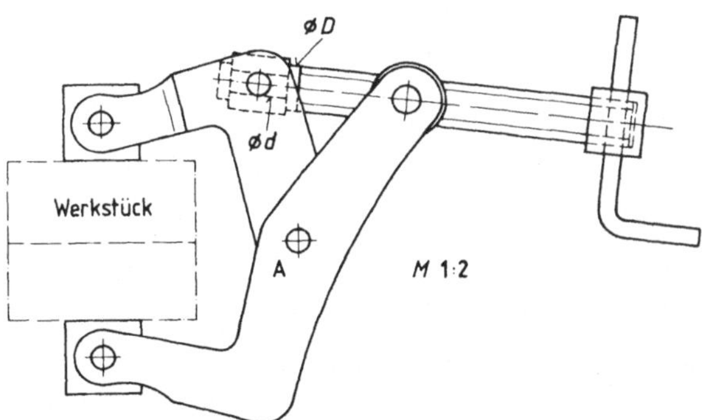

Wie hängt der Spannkraftbetrag F bei den vorliegenden Abmessungen: $a = 34$ mm; $b = 37,5$ mm; $e = 8$ mm; $\beta = 45°$; $\gamma = 205°$ von der Öffnungsweite w (Werkstückdicke) ab? (Bild 1.33-2) Von der Gelenkreibung kann hierbei abgesehen werden. Man stelle das Verhältnis F/F_S durch ein Schaubild dar im Bereich $0 \leq w \leq 54$ mm und gebe den Zahlenwert der Spannkraft für $w = 33,5$ mm an. (S)

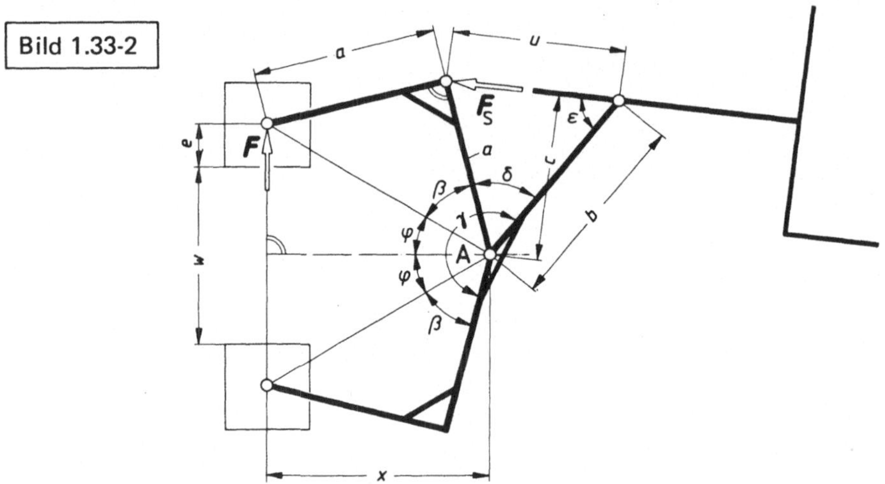

Lösung: Das Drehmoment am Handgriff hat den Betrag

$$M = F_S \cdot \tan(\alpha_m + \rho')\,\frac{d_m}{2} + F_S\,\mu\,\frac{D+d}{4}. \tag{1}$$

(Da die genaue Normalkräfteverteilung in den Gewindegängen ebensowenig bekannt ist wie am Axiallager, rechnet man am einfachsten mit den mittleren Radien, was im „eingelaufenen Zustand" der Wirklichkeit ziemlich nahekommt.)
Aus Gl. (1) folgt der Spindelkraft-Betrag

$$F_S = \frac{M}{\dfrac{d_m}{2}\tan(\alpha_m + \rho') + \mu\,\dfrac{D+d}{4}}, \tag{2}$$

wobei $\tan\alpha_m = \dfrac{h}{\pi \cdot d_m} = 0{,}1123 \Rightarrow \alpha_m = 6{,}41°$ und somit $\tan(\alpha_m + \rho') = \tan 16{,}41° = 0{,}2945$ zu setzen ist. Man findet mit den oben angegebenen Werten den maximalen Spindelkraftbetrag zu $F_S = 1{,}3$ kN.
Das Momentengleichgewicht um die Drehachse A fordert

$$F = F_S\,\frac{c}{x}. \tag{3}$$

c und x sind nun durch die gegebenen Größen auszudrücken.
Aus Bild 1.33-2 liest man ab (Kosinus-Satz)

$$u = \sqrt{a^2 + b^2 - 2\,a\,b\,\cos\delta}\ . \tag{4}$$

54

Ferner gilt nach dem Sinus-Satz

$$\frac{\sin \epsilon}{a} = \frac{\sin \delta}{u} \Rightarrow \sin \epsilon = \frac{a}{u} \sin \delta. \tag{5}$$

Der Hebelarm der Spindelkraft ist mit Gl. (5)

$$c = b \sin \epsilon = b \frac{a}{u} \sin \delta, \tag{6}$$

in Verbindung mit Gl. (4)

$$c = \frac{a\,b\,\sin \delta}{\sqrt{a^2 + b^2 - 2\,a\,b\,\cos \delta}}. \tag{7}$$

Der Winkel δ ist eine Funktion des veränderlichen Öffnungswinkels $2\,\varphi$ und damit von w.
Nach Bild 1.33-2 gilt $\delta = \gamma - 2\beta - 2\,\varphi(w),$ (8)
worin

$$\varphi = \mathrm{arc}\,\sin \frac{e + \frac{w}{2}}{\sqrt{2}\,a} = \mathrm{arc}\,\sin \frac{2e + w}{\sqrt{8}\,a} \tag{9}$$

zu setzen ist.
Der Hebelarm der Spannkraft ergibt sich nach Pythagoras

$$x = \sqrt{2a^2 - \left(e + \frac{w}{2}\right)^2}. \tag{10}$$

Damit wird der Betrag der Spannkraft aus Gl. (3) mit den Gl. (7), (8), (9) und (10)

$$F = F_S \frac{c}{x} = F_S \frac{a\,b\,\sin \left(\gamma - 2\beta - 2\,\mathrm{arc}\,\sin \frac{2e+w}{\sqrt{8}\,a}\right)}{\sqrt{\left[a^2 + b^2 - 2\,a\,b\,\cos \left(\gamma - 2\beta - 2\,\mathrm{arc}\,\sin \frac{2e+w}{\sqrt{8}\,a}\right)\right]\left[2a^2 - \left(e + \frac{w}{2}\right)^2\right]}}$$

Aus vorstehender Beziehung läßt sich nun mit den gegebenen Zahlenwerten das verlangte Schaubild zeichnen. Siehe Bild 1.33-3. Man erkennt, daß der Spannkraftbetrag mit zunehmender Spannweite w nahezu linear wächst, beginnend bei $F/F_S = 0{,}5$ für $w = 0$ bis zum Maximalwert $F/F_S \approx 1$.
Speziell bei einer Werkstückdicke $w = 33{,}5\,\mathrm{mm}$ beträgt die Spannkraft (bei $F_S = 1{,}3\,\mathrm{kN}$) $F = 1\,\mathrm{kN}$.

Anmerkung: Der Wert der rechnerischen Lösung zur zweiten Frage liegt vor allem in der Möglichkeit, die einzelnen Parameter variieren und damit die Abmessungen des Mechanismus mittels Elektronenrechners optimieren zu können.

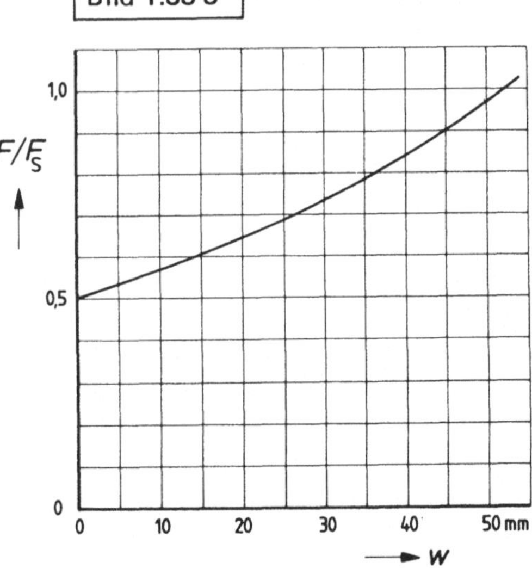

Den Verlauf der Funktion $F/F_S = \mathrm{f}(w)$ hätte man sonst in viel kürzerer Zeit genau genug durch Aufzeichnen eines Schemabildes der Spannhand (entsprechend dem oberen Teil von Bild 1.33-2) in Anfangs-, Mittel- und Endstellung und Abmessen des jeweiligen Streckenverhältnisses c/x finden können. (Dies empfiehlt sich ohnehin zur Rechenkontrolle!)

1.34 In Bild 1.34-1 sind Teile des Zeiger-Rückstellmechanismus' einer Großstoppuhr dargestellt. Durch Betätigung der Taste 1 dreht die Herzkurve den Zeiger in die Nullage zurück.
Bei gleichförmiger Bewegung der Taste ist in der gezeichneten Stellung eine Fingerkraft vom Betrage $F_1 = 0{,}27$ N erforderlich. Welchen Betrag F_K' hat demnach die von der Rolle 3 auf die Herzkurve ausgeübte Druckkraft?
Gewichtskraft und Trägheit von Teil 2 sowie die Zapfenreibung im Lager D und die Reibung an der Rolle können vernachlässigt werden. Betrag der Federkraft $F_E = 2$ N. Betrag der Gewichtskraft von Teil 1: $G_1 = 0{,}2$ N. Reibungszahl zwischen Teil 1 und Teil 3 $\mu = 0{,}2$. Reibungszahl zwischen Teil 1 und Stangenführung in A bzw. B $\mu' = 0{,}2$. Lösung grafisch! (S)

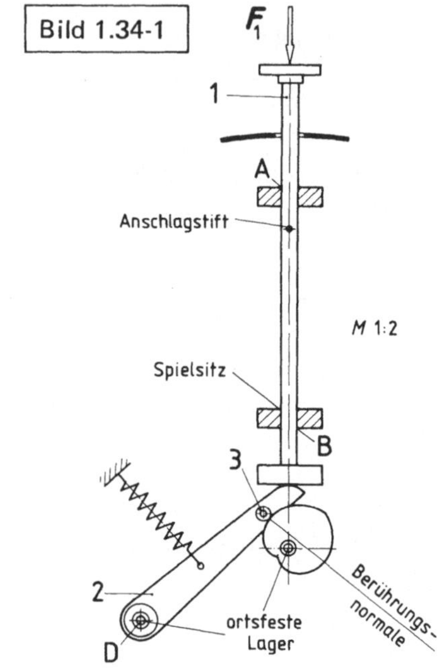

Lösung: An der Taste wirken die eingeprägten Kräfte F_1 und G_1 — die man sich auf eine Kraft reduziert denken kann — wodurch zunächst an der Traverse die Reaktionskraft F_C hervorgerufen wird (Bild 1.34-2), deren Wirkungslinie unter dem bekannten Reibungswinkel gegenüber der Berührungsnormalen geneigt ist ($\rho = \arctan \mu$). Infolge dieser außerhalb der Führung wirkenden, schrägen Kraft F_C und des (reichlichen) Spiels legt sich die zylindrische Stange an den Lagerkanten A und B an. Die Wirkungslinien der Reaktionskräfte F_A und F_B sind ebenfalls durch den Reibungswinkel ρ' bekannt. Demnach sind alle Wirkungslinien bekannt, und die Lösung kann nach CULMANN erfolgen.
Man bringt die Wirkungslinien von F_A und ($F_1 + G_1$) zum Schnitt, ebenso die Wirkungslinien von F_B und F_C. Die Verbindungsgerade der Schnittpunkte ist die CULMANNsche Gerade.
Das Zeichnen des ersten Kräftedreiecks muß mit der bekannten Kraft ($F_1 + G_1$), der CULMANNschen Geraden und derjenigen Kraft erfolgen, die mit der gegebenen Kraft zum Schnitt gebracht wurde — hier also mit F_A. F_B und F_C schließen das Kräftepolygon I.

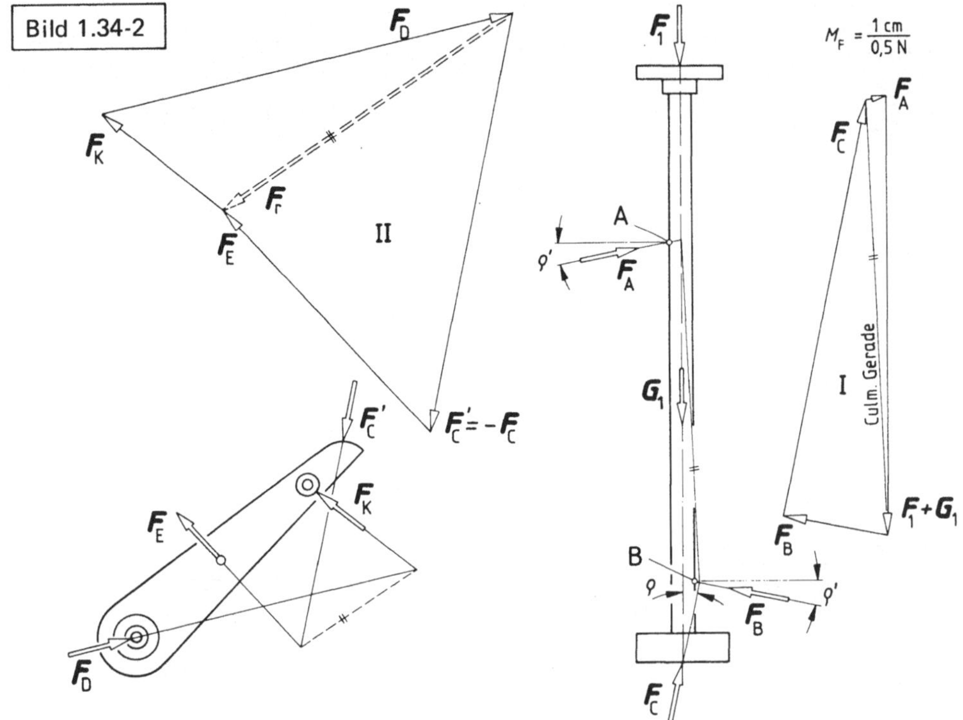

Am Hebel 2 wirken vier Kräfte. Hiervon sind $F_C' = -F_C$ und die Federkraft F_E bekannt;
sie sind der Resultierenden F_r äquivalent. Deren Lage ist durch den Schnittpunkt der Wirkungslinien von F_E und F_C' definiert. Somit verbleiben noch drei Kräfte.
Nach dem Gleichgewichtssatz für drei Kräfte muß die Wirkungslinie der Lagerkraft F_D
durch den Schnittpunkt von F_r und F_K gehen. Damit ist auch das Kräftepolygon II konstruierbar.
Man findet für den Betrag der Druckkraft F_K' an der Herzkurve $F_K' = F_K = 1\,N$.

1.35 Der in Bild 1.35-1 dargestellte Rollenstößel wird durch den auf einem Schlitten befestigten Nocken gegen die Kraft einer Druckfeder verschoben. Das Bild zeigt den Zustand im Augenblick der ersten Berührung zwischen Rolle und Nocken. Ruhereibungszahl
zwischen Stößel und Stößelführung $\mu_0' = 0{,}2$; Rollreibung zwischen Rolle und Nocken,
Reibung im Rollenlager und Gewichtskraft des Stößels vernachlässigbar. Die Schlittenführung ist als reibungsfrei anzunehmen.
Gesucht sind a) ein allgemeiner Ausdruck für die zur Betätigung des Stößels erforderlichen Kraft F_2 als Funktion der Abmessungen, der Reibungszahl μ_0' und der Federkraft F_1;
b) eine allgemeine Bedingung für den zulässigen Wert des Nockensteigungswinkels φ.
c) Mit den gegebenen Zahlenwerten sind die abgeleiteten Beziehungen für $\varphi = 30°, 45°$
auszuwerten.

(A)

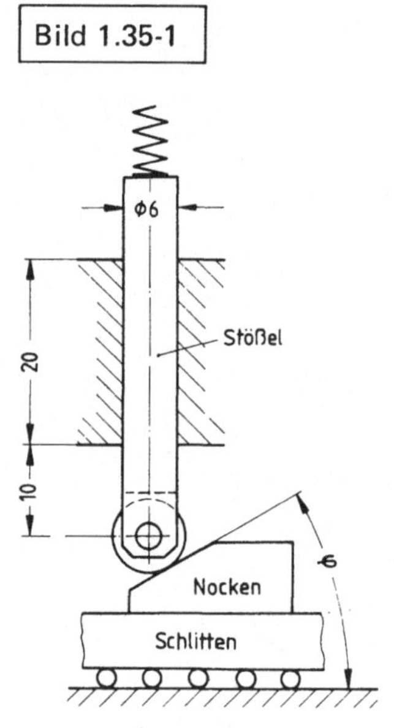

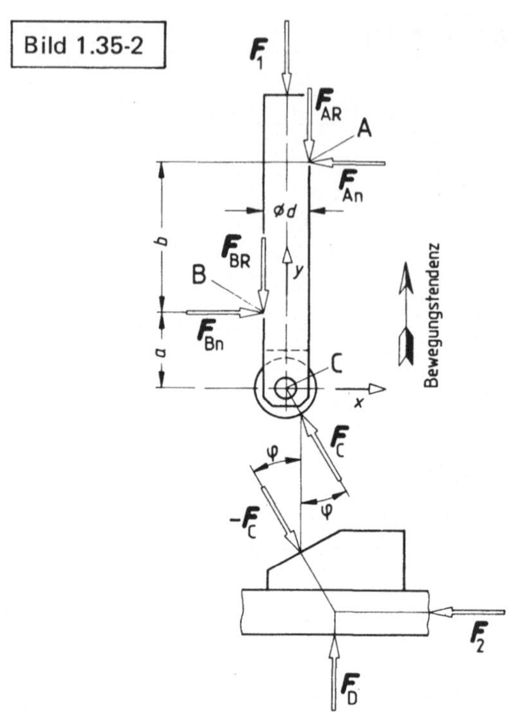

Lösung: a) Wenn der Nocken an die Rolle anfährt, wird der Stößel soweit kippen, wie es das Führungsspiel zuläßt; er liegt also bei A und B an. Dort wirken die Reibungskräfte entgegen der Bewegungstendenz auf den Stößel. Maßgebend für die Betätigungskraft ist der Zustand der Ruhereibung vor dem Einsetzen der Stößelbewegung.

Gleichgewichtsbedingungen für den Stößel (Bild 1.35-2):

$$\Sigma F_x = 0 : F_{Bn} - F_{An} - F_C \sin\varphi = 0; \tag{1}$$

$$\Sigma F_y = 0 : F_C \cos\varphi - F_1 - F_{AR} - F_{BR} = 0; \tag{2}$$

$$\Sigma M = 0 : F_{An}(a+b) - F_{Bn}\,a - F_{AR}\,d/2 + F_{BR}\,d/2 = 0. \tag{3}$$

Reibungsansatz:

$$F_{AR} = \mu_0' F_{An}; \quad F_{BR} = \mu_0' F_{Bn}. \tag{4}\,(5)$$

Gleichgewichtsbedingung für den Nocken:

$$\Sigma F_x = 0 : F_C \sin\varphi - F_2 = 0. \tag{6}$$

Daraus die gesuchte Funktion

$$F_2 = \frac{\sin\varphi}{\cos\varphi - \mu_0' \sin\varphi \left(1 + 2\,\dfrac{a - \mu_0'\,d/2}{b}\right)} \cdot F_1 \tag{7}$$

bzw.

$$F_2 = \frac{1}{\cot\varphi - \mu_0' \cdot \left(1 + \dfrac{2a - \mu_0' d}{b}\right)} F_1 \qquad (\varphi > 0).$$
(8)

Mit verschwindendem Nenner in Gl. (8) wächst F_2 über alle Grenzen. Das heißt, daß auch bei kleiner Federkraft F_1 eine beliebig große Betätigungskraft F_2 den Stößel nicht mehr verschieben kann: Selbsthemmung. Damit dieser Effekt nicht auftritt, muß

$$\cot\varphi > \mu_0' \left(1 + \frac{2a - \mu_0' d}{b}\right)$$

d.h.

$$\varphi < \mathrm{arc\,cot} \left[\mu_0' \left(1 + \frac{2a - \mu_0' d}{b}\right)\right].$$
(9)

b) Aus den gefundenen Beziehungen wird mit den gegebenen Werten

$$F_2 = 0{,}74\, F_1 \qquad \text{für} \qquad \varphi = 30°;$$
$$F_2 = 1{,}63\, F_1 \qquad \text{für} \qquad \varphi = 45°;$$
$$\varphi < 68{,}8°.$$

Tatsächlich wird man aber mit dem Steigungswinkel φ weit unter dieser Grenze bleiben, einmal um allzu große Betätigungskräfte zu vermeiden, zum anderen aus Gründen der Funktionssicherheit wegen des unsicheren Wertes für die Reibungszahl. Es lohnt sich nicht, die Momente der Reibungskräfte in Gl. (3) zu berücksichtigen. Wie man sich durch Weglassen des Gliedes $(-\mu_0' d)$ in Gl. (8) und Gl. (9) leicht überzeugen kann, ist bei den vorliegenden Größenverhältnissen der Einfluß des Stößeldurchmessers d für praktische Zwecke vernachlässigbar.

1.36 Der in Bild 1.36-1 in der Hubanfangslage dargestellte Gleichstrom-Betätigungsmagnet sei lotrecht eingebaut. Bei stromdurchflossener Erregerspule wirkt auf den Anker die Magnetkraft F_M; der Anker wird aus der Anfangs- in die Endlage gezogen. Die äußere Belastung F führt zusammen mit dem Ankergewicht G bei stromloser Wicklung den Anker wieder in die Hubanfangslage zurück. Für die gezeichnete Lage ist die maximal zulässige äußere Belastung F als Funktion der Magnetkraft F_M und des Winkels φ zu ermitteln. Welcher Anteil der Magnetkraft ist für $\varphi = 0°, 5°, 10°, 15°$ zur Verrichtung von Hubarbeit nutzbar? Reibungszahl für die Führungen $\mu' = 0{,}2$.
(A)

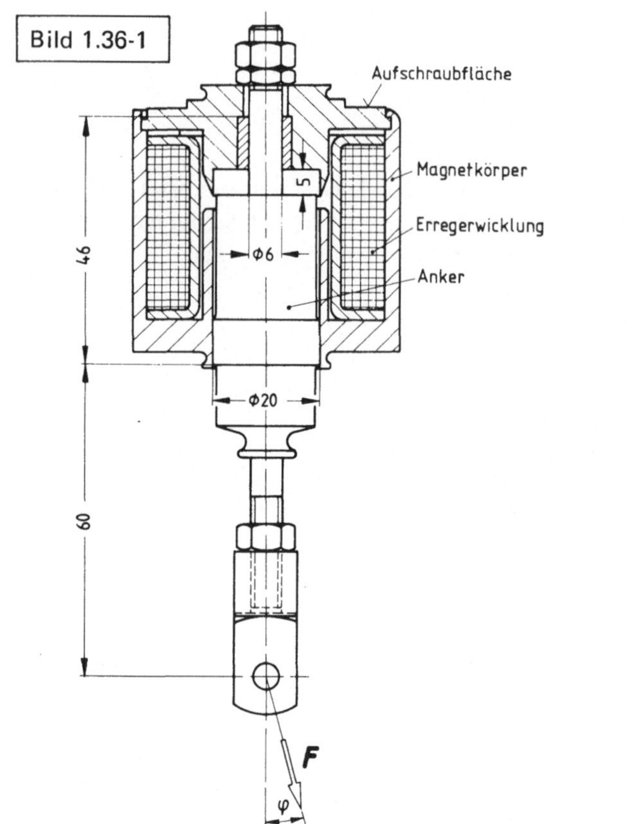

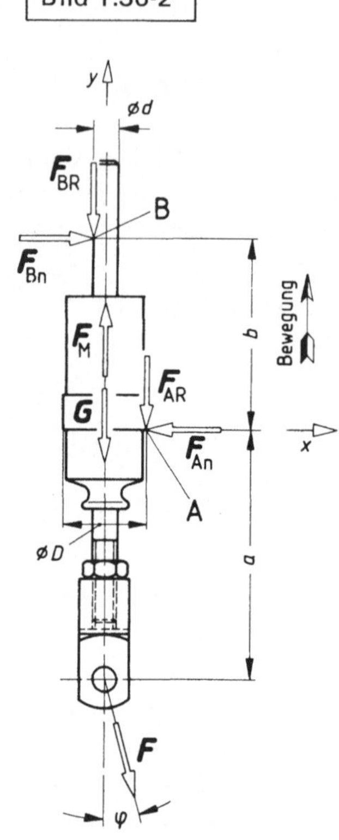

Lösung: Ankergewicht G und Magnetkraft F_M wirken in Achsrichtung. Die quer zur Achse gerichtete Lastkomponente kippt den Anker soweit es das Lagerspiel zuläßt. Er liegt dann bei A und B an den Wänden der Führungsbohrungen an: Reaktionskräfte F_{An}, F_{Bn}. Entgegen der Ankerbewegung wirken in A und B die Reibungskräfte F_{AR}, F_{BR}; Bild 1.36-2.

Gleichgewichtsbedingungen:

$$\Sigma F_x = 0 : F \sin \varphi - F_{An} + F_{Bn} = 0;$$

$$\Sigma F_y = 0 : F_M - G - F \cos \varphi - F_{AR} - F_{BR} = 0;$$

$$\Sigma M = 0 : F \sin \varphi\, a - F_{AR} \frac{D}{2} - F_{Bn}\, b + F_{BR} \frac{d}{2} = 0.$$

Reibungsansatz:

$$F_{AR} = \mu' F_{An}; \quad F_{BR} = \mu' F_{Bn}.$$

Daraus die zulässige Belastung

$$F = \frac{F_M - G}{\cos \varphi + \mu' \sin \varphi \left[1 + 2\, \dfrac{a - \mu' \dfrac{D}{2}}{b + \mu' \dfrac{D-d}{2}} \right]}.$$

Bei den vorliegenden Größenverhältnissen wird man diese Beziehung unter Verzicht auf übertriebene Rechnungsgenauigkeit angesichts der meist unsicheren Reibungszahlen vereinfacht schreiben können

$$F \approx \frac{F_M - G}{\cos\varphi + \mu' \sin\varphi \left[1 + 2\frac{a}{b}\right]} \, .$$

Daraus die Werte für die zulässige Belastung

$$F = F_M - G \quad \text{für} \quad \varphi = 0, \quad F = 0{,}93 \, (F_M - G) \quad \text{für} \quad \varphi = 5°,$$

$$F = 0{,}87 \, (F_M - G) \quad \text{für} \quad \varphi = 10°, \quad F = 0{,}83 \, (F_M - G) \quad \text{für} \quad \varphi = 15°.$$

Da neben der Verminderung der Nutzlast durch Schrägzug auch Verschleiß der Führungsflächen (Anker aus Weicheisen) auftritt, sollten solche Magnete nur in axialer Richtung belastet werden.

1.37 Warum kann man den Betrag des Lagerreibungsmomentes an einem gleichförmig mit geringem Spiel in einem ungeschmierten Kunststofflager rotierenden Lagerzapfen einer Welle aus Stahl nicht mit der an ebenen, ungeschmierten Gleitflächen dieser Werkstoffpaarung ermittelten Reibungszahl μ nach der Beziehung $M_R = \mu r F$ berechnen? Siehe Bild 1.37-1. (Die Lagerreaktionen seien in jedem Querschnitt gleich.) (S)

Bild 1.37-1

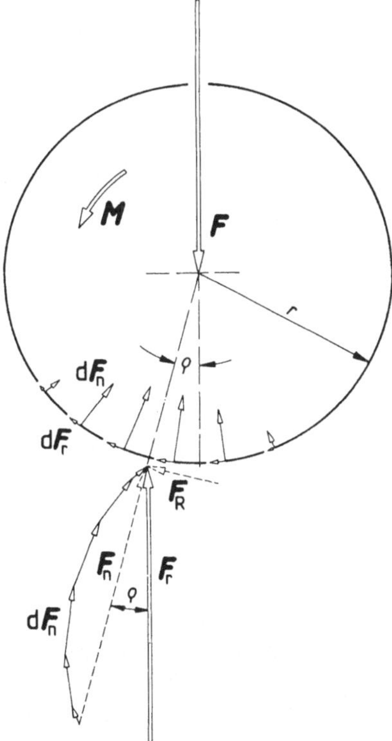

Lösung: Wird ein gerader Kreiszylinder aus Stahl gegen eine Zylinderschale (Lagerschale, Bremsbacke) aus Kunststoff gedrückt und gleichzeitig durch ein Drehmoment vom Betrage M um die Zylinderachse gedreht, so kann bei geringem Lagerspiel (bzw. guter Anpassung der Bremsbacke) die Berührungsfläche auch nicht angenähert als vernachlässigbar angesehen, d.h. durch eine „Berührungslinie" ersetzt werden.

Im stationären Zustand ist $M = M_\mathrm{R}$. Bei einer Stützkräfteverteilung etwa nach Bild 1.37-1 ergibt sich der Betrag des Reibungsmomentes zu

$$M_\mathrm{R} = \int_A r \, |\mathrm{d}F_\mathrm{R}|. \tag{1}$$

Hierin ist A die gesamte tragende Fläche. Nimmt man an, daß das COULOMBsche Reibungsgesetz $F_\mathrm{R} = \mu F_\mathrm{n}$ (μ = konst.) auch für ein Flächenelement in der Form

$$|\mathrm{d}F_\mathrm{R}| = \mu \, |\mathrm{d}F_\mathrm{n}| \tag{2}$$

gilt, dann wird mit Gl. (1) der Betrag des Reibungsmomentes

$$M_\mathrm{R} = \mu r \int_A |\mathrm{d}F_\mathrm{n}| = \mu r \int_A |\mathrm{d}F_\mathrm{n}| \, \frac{F_\mathrm{n}}{F_\mathrm{n}}. \tag{3}$$

Gemäß Bild 1.37-1 ist aus Gleichgewichtsgründen $F_\mathrm{r} = F$, (und weil μ = konst.) der Betrag der resultierenden Normalkraft $F_\mathrm{n} = F_\mathrm{r} \cos\rho$. Daraus folgt

$$M_\mathrm{R} = \mu r \, \frac{\int_A |\mathrm{d}F_\mathrm{n}|}{F_\mathrm{n}} \, F \cos\rho. \tag{4}$$

Mit $\mu = \tan\rho$ und der Abkürzung

$$\kappa = \frac{\int_A |\mathrm{d}F_\mathrm{n}|}{F_\mathrm{n}} \qquad \kappa > 1 \tag{5}$$

kann man schreiben

$$M_\mathrm{R} = (\sin\rho) \, \kappa \, r \, F = \frac{\mu \kappa}{\sqrt{1 + \mu^2}} \, r F. \tag{6}$$

Führt man noch zur weiteren Abkürzung eine „Zapfenreibungszahl"

$$\mu_\mathrm{z} = (\sin\rho) \, \kappa = \frac{\mu \kappa}{\sqrt{1 + \mu^2}} \tag{7}$$

ein, so hat man

$$M_\mathrm{R} = \mu_\mathrm{z} \, r F, \tag{8}$$

wobei jedoch μ_z nicht mit μ verwechselt werden darf!

Vorstehende Rechnung gilt auch noch mit guter Näherung bei Mischreibung und metallischen Lagerwerkstoffen, jedoch nicht bei reiner Flüssigkeitsreibung, weil dann das COULOMBsche Reibungsgesetz auch nicht mehr angenähert zutrifft.

Die Berechnung des Faktors κ setzt eine plausible Annahme oder Kenntnis der (statisch unbestimmten) Normalkräfteverteilung voraus. Meist ist es bequemer und auch ausreichend, die Zapfenreibungszahl durch

$$\mu_z = \frac{M_R}{r F} \tag{9}$$

zu definieren und durch Messen der drei Größen M_R, r und F aus Gl. (9) zu errechnen. Die Ergebnisse können dann auf vergleichbare Fälle übertragen werden.

Der Hauptunterschied der Zapfenreibungszahl μ_z nach Gl. (7) gegenüber der Reibungszahl μ beruht also auf dem von der Normalkräfteverteilung abhängigen „Keilwirkungsfaktor" κ, der den Einfluß derjenigen Stützflächenelemente zum Ausdruck bringt, deren Normalen gegen die Wirkungslinie der resultierenden Normalkraft geneigt sind.

Wenn auch in praxi fast ausschließlich mit der nach Gl. (9) empirisch ermittelten Zapfenreibungszahl μ_z gerechnet wird, so ist doch durch vorstehende Betrachtung verständlicher, warum z.B. das Lagerspiel bei der Zapfenreibung von Bedeutung ist, oder weshalb eine unrunde Lagerbohrung je nach Kraftrichtung verschiedene Reibungsmomente ergeben kann (Bild 1.37-2).

Bild 1.37-2

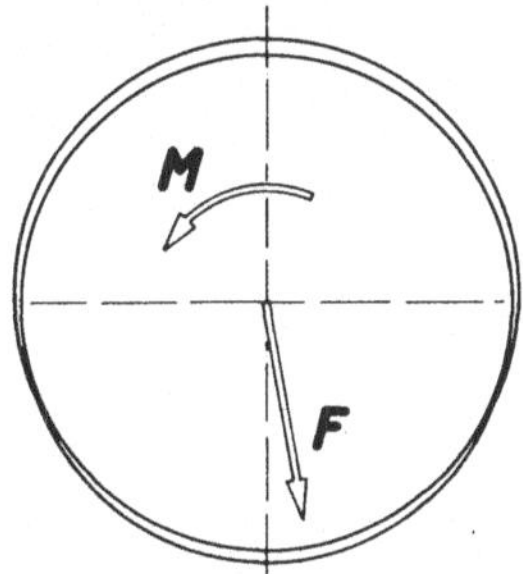

Die resultierende Reibungskraft F_R tangiert *nicht* den Zapfen (oder die Bremstrommel); ihre Wirkungslinie hat von der Drehachse den Abstand $r^* > r$.

Aus dem Satz vom statischen Moment der einer Kräftegruppe äquivalenten Resultierenden und der Gleichgewichtsbedingung $F_r = F$ folgt mit Gl. (7) und (8)

$$M_R = r^* F_R = r^* F \sin \rho = \mu_z r F$$

$$r^* = r \frac{\mu_z}{\sin \rho} = r \kappa. \tag{10}$$

Bei experimentell gefundenem μ_z ist κ bereits darin enthalten, aber im allgemeinen unbekannt. Es ist deshalb nicht richtig, bei engem Laufspiel bzw. großem Umschlingungswinkel α (Bild 1.37-3) ohne zusätzliche Annahmen mit den Komponenten F_n und F_R zu rechnen, jedoch exakt, mit der resultierenden Reaktionskraft F_r und dem Radius des Reibungskreises $\mu_z r$ das Reibungsmoment zu ermitteln.

Um zu einer Vorstellung über die Größe von κ zu gelangen, werde angenommen:

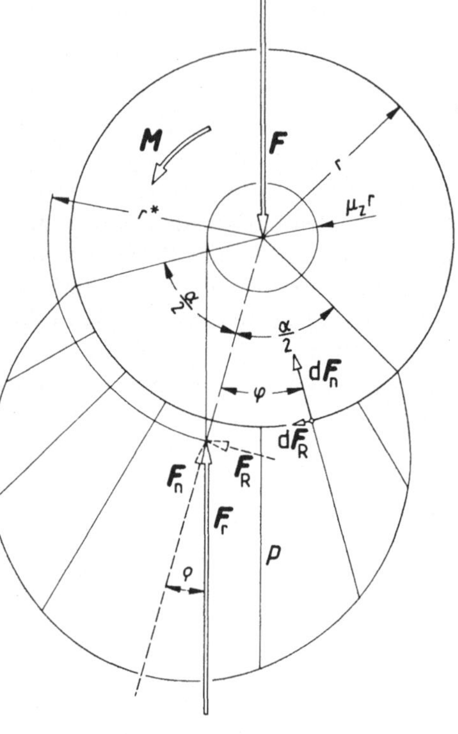

1. Die Normalkräfte in jeder Querschnittsebene des tragenden Zapfens sind gleich und symmetrisch zur resultierenden Normalkraft verteilt.
2. Die Flächenpressung folgt einem Kosinus-Gesetz

$$p = p_{max} \cos\left(\frac{\pi}{\alpha}\varphi\right),$$

wobei der den Druckbereich kennzeichnende Zentriwinkel durch $\alpha \leqq \pi$ begrenzt sei (Bild 1.37-3).

Mit $|\mathrm{d}F_\mathrm{n}| = p\,\mathrm{d}A$ und $\mathrm{d}A = rl\,\mathrm{d}\varphi$ (l = Lagerlänge) hat man

$$\int_A |\mathrm{d}F_\mathrm{n}| = 2lr \int_0^{\alpha/2} p\,\mathrm{d}\varphi$$

$$= 2lr\,p_{max} \int_0^{\alpha/2} \cos\left(\frac{\pi}{\alpha}\varphi\right)\mathrm{d}\varphi$$

$$= \frac{2}{\pi}\alpha\,lr\,p_{max}.$$

Wegen der vorausgesetzten Symmetrie ist $\int_A \sin\varphi\,|\mathrm{d}F_\mathrm{n}| = 0$ und es verbleibt

$$F_\mathrm{n} = \int_A \cos\varphi\,|\mathrm{d}F_\mathrm{n}|$$

$$= 2lr\,p_{max} \int_0^{\alpha/2} \cos\varphi \cos\left(\frac{\pi}{\alpha}\varphi\right)\mathrm{d}\varphi$$

$$= 2lr\,p_{max}\frac{\frac{\pi}{\alpha}}{\left(\frac{\pi}{\alpha}\right)^2 - 1}\cos\frac{\alpha}{2}.$$

Die allgemeine Lösung dieses Integrals entnimmt man im Bedarfsfalle einem Ingenieur-Taschenbuch.[1]

---

[1] Z.B. Taschenbuch Feingerätetechnik, VEB Verlag Technik Berlin

Somit

$$\kappa = \frac{\int_A |\mathrm{d}F_\mathrm{n}|}{F_\mathrm{n}} = \frac{1 - \left(\frac{\alpha}{\pi}\right)^2}{\cos\frac{\alpha}{2}} \,.$$

Man findet hieraus

α	π	$\frac{2}{3}\pi$	$\frac{1}{2}\pi$	$\frac{1}{3}\pi$	$\frac{1}{6}\pi$
κ	1,27	1,11	1,06	1,02	1,007

Mit der angenommenen Normalkräfteverteilung läge bei einem Zentriwinkel $\alpha = 30°$
$\Rightarrow r^* = 1,007\,r$ die resultierende Reibungskraft nur unwesentlich außerhalb des Zapfens
(bzw. der Bremstrommel); κ könnte jedoch bei anderer Normalkräfteverteilung auch sehr
groß werden.

Anmerkung: Beim Einsetzen des Wertes $\alpha = \pi$ in vorstehende, für den Keilwirkungsfaktor κ
hergeleitete (spezielle) Beziehung ergibt sich zunächst der sinnlose Ausdruck $\kappa\,(\pi) = \frac{0}{0}$.
Nach der Regel von „BERNOULLI und DE L'HOSPITAL" leitet man Zähler- und Nennerfunk-
tion getrennt (d.h. nicht nach der Quotientenregel!) ab und erhält dann als Grenzwert
$\kappa = 4/\pi \approx 1,27$.

1.38 Zur spielfreien Lagerung von Zapfen
werden in der Feinwerktechnik gelegentlich
symmetrische Keilnuten benutzt (z.B. beim
Rollieren, Auswuchten u.a.). Man formuliere
allgemein das Reibungsmoment am Zapfen
bei gleichförmiger Drehung. Die eingeprägten
Kräfte seien — auf den Zapfenmittelpunkt
reduziert — durch den Kraftwinder $\{F, M\}$
gegeben, und die Gleitreibungszahl μ bzw.
der Reibungswinkel ρ sei für beide Stützflächen gleich. (S)

Lösung: (Bild 1.38-1) Man beachte zunächst
lediglich die unmittelbar am Zapfen einge-
zeichnete Kräftegruppe!
Im stationären Zustand gelten die Gleichgewichtsbedingungen, und mit Benutzung des
COULOMBschen Reibungsgesetzes $F_\mathrm{R} = \mu F_\mathrm{n}$
hat man die beiden Komponentengleichun-
gen in waagrechter und senkrechter Richtung:

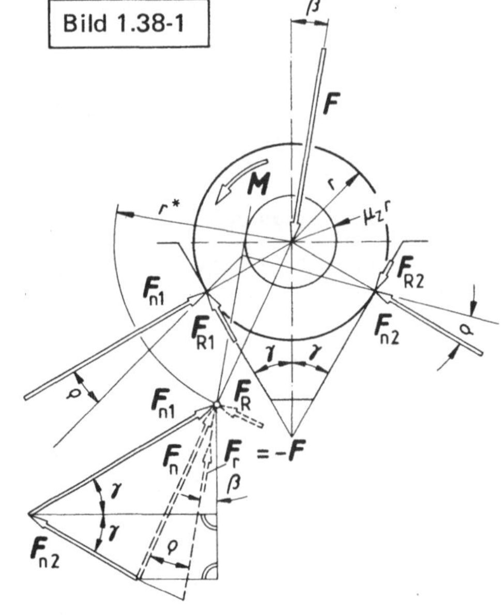

$$(F_{\mathrm{n}1} - F_{\mathrm{n}2})\cos\gamma - \mu\,(F_{\mathrm{n}1} + F_{\mathrm{n}2})\sin\gamma - F\sin\beta = 0 \qquad (1)$$

$$(F_{\mathrm{n}1} + F_{\mathrm{n}2})\sin\gamma + \mu\,(F_{\mathrm{n}1} - F_{\mathrm{n}2})\cos\gamma - F\cos\beta = 0 \qquad (2)$$

65

und die Momentengleichung mit Momentenpunkt im Zapfenmittelpunkt

$$M - \mu r F_{n1} - \mu r F_{n2} = 0. \tag{3}$$

Aus Gl. (1) ergibt sich nach Multiplikation mit $(-\mu)$ und Addition von Gl. (2)

$$(F_{n1} + F_{n2})(1 + \mu^2) \sin\gamma = F(\cos\beta - \mu\sin\beta). \tag{4}$$

Im Beharrungszustand ist

$$M = M_R, \tag{5}$$

womit schließlich aus Gl. (3) und (4) folgt

$$M_R = \frac{\mu}{1 + \mu^2} \frac{\cos\beta - \mu\sin\beta}{\sin\gamma} r F$$

oder

$$M_R = \sin\rho \, \cos\rho \, \frac{\cos\beta - \mu\sin\beta}{\sin\gamma} r F. \tag{6}$$

Nun ist $\mu = \sin\rho/\cos\rho$, wonach vorstehender Ausdruck unter Benutzung des bekannten Additionstheorems für $\cos(\beta + \rho)$ zum Resultat

$$M_R = \sin\rho \, \frac{\cos(\beta + \rho)}{\sin\gamma} r F \qquad (\gamma > 0) \tag{7}$$

führt.

Zu dem gleichen Ergebnis gelangt man mit weniger Rechnung, wenn man von dem Ansatz für das Zapfenreibungsmoment (vgl. Beispiel 1.37) ausgeht. Unter der Voraussetzung, daß $\mu = $ konst., d.h. für beide Stützflächen gleich ist, gilt auch hier

$$M_R = (\sin\rho) \, \kappa \, r F. \tag{8}$$

Aus dem Kräfteplan in Bild 1.38-1 liest man ab

$$F_n \cos(\beta + \rho) = F_{n1} \sin\gamma + F_{n2} \sin\gamma$$

oder

$$\kappa = \frac{F_{n1} + F_{n2}}{F_n} = \frac{\cos(\beta + \rho)}{\sin\gamma} \qquad (\gamma > 0). \tag{9}$$

Setzt man Gl. (9) in Gl. (8) ein, so hat man bereits die Zielgleichung (7). Selbstverständlich würde eine wesentlich einfachere Freihandskizze der Vektoren genügen, um κ zu formulieren.

Vorstehende Rechnung bestätigt die bereits in Beispiel 1.37 anhand von Bild 1.37-2 gemachte Bemerkung, daß die Zapfenreibungszahl μ_z auch bei konstantem μ, jedoch unrunder Lagerbohrung und veränderlicher Kraftrichtung (Winkel β) bei gleichbleibendem Drehsinn nicht konstant sein muß.

1.39 Ein Werkstück soll während der Bearbeitung in einer Vorrichtung durch den über Druckbolzen (oder Spanneisen) wirkenden Spannexzenter (Bild 1.39-1) festgehalten werden.

Welchen Betrag F_n hat die am Druckbolzen erzielbare Normalkraft in der gezeichneten Stellung, wenn mit Rücksicht auf die Ermüdung bei häufiger Betätigung die Handkraft den Betrag $F = 50\,\text{N}$ nicht überschreiten soll?

$\mu = 0{,}2$; $\mu_Z = 0{,}15$; $h = 100\,\text{mm}$; $R = 20\,\text{mm}$; $r = 8\,\text{mm}$; $e = 2\,\text{mm}$; $\beta = 30°$. (Der Drehwinkel 2β begrenzt den Spannbereich.) Lösung grafisch!

Bei welcher Exzentrizität e wäre in ungünstigster Stellung die Grenze der Selbsthemmung erreicht? (Diese Rechnung nur in Buchstaben!) (S)

Lösung: Faßt man die Reibungskraft und die Normalkraft zu einer Resultierenden F_r zusammen, die unter dem Reibungswinkel ρ so geneigt ist, daß sie die Bewegung des Exzenters zu hindern sucht, so sind von den verbleibenden drei äußeren Kräften am freigemachten Exzenter zwei Wirkungslinien bekannt. Durch deren Schnittpunkt geht auch die Lagerkraft F_A, die außerdem den Reibungskreis mit dem Radius $\mu_Z\,r$ tangiert. Da es vom Schnittpunkt aus gesehen zwei Tangenten an den Reibungskreis gibt, muß man sich erst den Pfeilsinn von F_A klar machen; hierzu genügt im Bedarfsfalle eine Freihandskizze des Kräftedreiecks, zunächst ohne Beachtung der Zapfenreibung. Dann kann die Wirkungslinie, wie in Bild 1.39-2 gezeigt, eingetragen werden.

Das maßstäbliche Kräftedreieck liefert nun F_A und F_r, woraus dann durch Komponentenzerlegung F_n folgt. Man findet $F_n = 690\,\text{N}$. Reicht diese Spannkraft nicht aus, so muß der Hebelarm h verlängert werden.

Beim Wegnehmen der Hand darf sich der Exzenter nicht lösen. Falls Gleichgewicht vor-

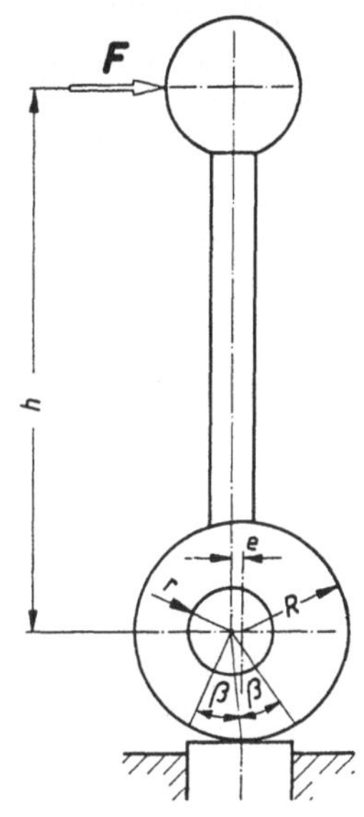
Bild 1.39-1

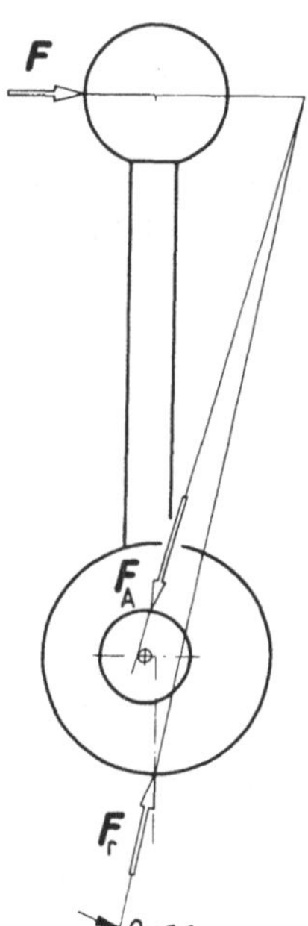
Bild 1.39-2

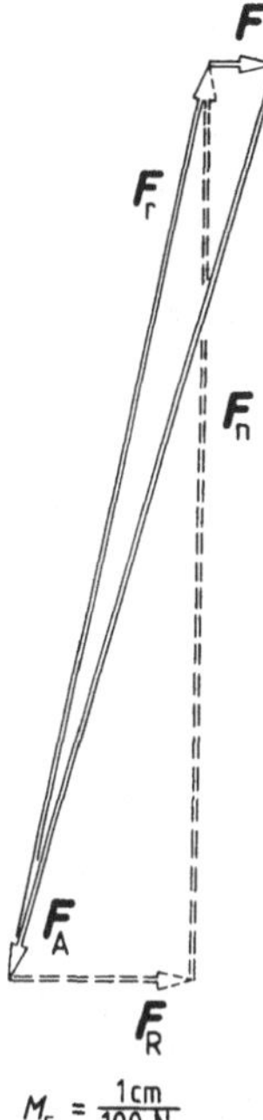

liegt, ist dies im allgemeinen statisch unbestimmt. Eine Ausnahme bildet der Grenzfall
der Ruhe, bei dem sowohl die Zapfenreibung
als auch die Reibung an der Exzenterscheibe
voll ausgenutzt wird.
Das Momentengleichgewicht um 0 bedingt
für den Grenzfall der Ruhe bei beliebigem
Stellungswinkel φ innerhalb des Spannbereichs (Bild 1.39-3):

$$F_A \left[e \cos(\varphi - \rho_0) - \mu_{Z0} r \right] - F_{R0} R = 0, \quad (1)$$

wobei

$$F_{R0} = \mu_0 F_n$$

und

$$F_A = F_r = \frac{F_n}{\cos \rho_0}$$

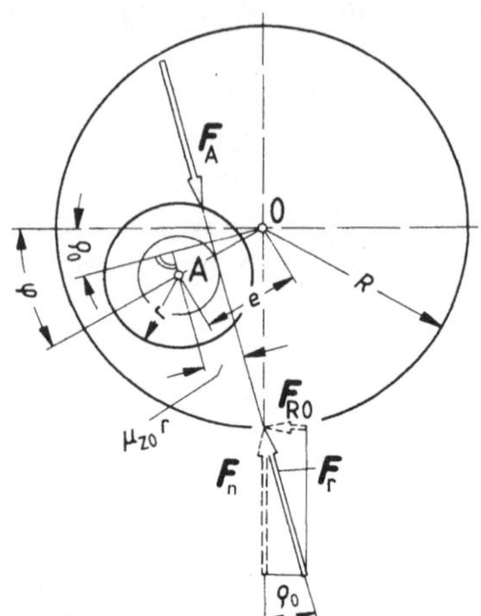

ist. In Gl. (1) eingesetzt

$$\frac{F_n}{\cos \rho_0} \left[e \cos(\varphi - \rho_0) - \mu_{Z0} r \right] - \mu_0 F_n R = 0,$$

beiderseits mit $\cos \rho_0$ multipliziert und dividiert durch $F_n > 0$, ergibt

$$e \cos(\varphi - \rho_0) - \mu_{Z0} r - \mu_0 R \cos \rho_0 = 0$$

oder, da $\mu_0 = \sin \rho_0 / \cos \rho_0$,

$$e = \frac{R \sin \rho_0 + \mu_{Z0} r}{\cos(\varphi - \rho_0)}.$$

Der ungünstigste Stellungswinkel φ innerhalb des durch 2β gekennzeichneten Spannbereichs
liegt vor, wenn die Grenze der Selbsthemmung bereits beim kleinsten Wert der Exzentrizi-
tät ($e = e_0$) erreicht ist. Dies trifft zu, wenn $\cos(\varphi - \rho_0) = 1$, d.h. wenn $\varphi = \rho_0$ ist.
Somit

$$e_0 = R \sin \rho_0 + r \mu_{Z0} = \frac{\mu_0}{\sqrt{1 + \mu_0^2}} R + \mu_{Z0} r. \qquad (2)$$

Hierbei besteht jedoch keinerlei Sicherheit gegen Lösen bei den unvermeidlichen Vibra-
tionen der Werkzeugmaschinen. Man rechnet deshalb mit einem „Sicherheitsfaktor"
$S = 1,5 \dots 2$

$$e_{\text{zul}} = \frac{e_0}{S}, \qquad (3)$$

wobei in Gl. (2) für μ_0 und μ_{Z0} die ungünstigsten Werte anzunehmen sind, die im betreffenden Falle auftreten können; sie können durchaus kleiner sein als die beim Spannen angenommenen Zahlenwerte.

68

1.40 Wippe eines Langdrehautomaten beim Abstechen. (Bild 1.40-1). Man ermittle grafisch die von der Kurvenscheibe und dem Lagerzapfen in der augenblicklichen Stellung ausgeübten Kräfte. Während des Abstechens dreht sich die Wippe gleichförmig; wegen der geringen Drehgeschwindigkeit ist die Fliehkraft belanglos.

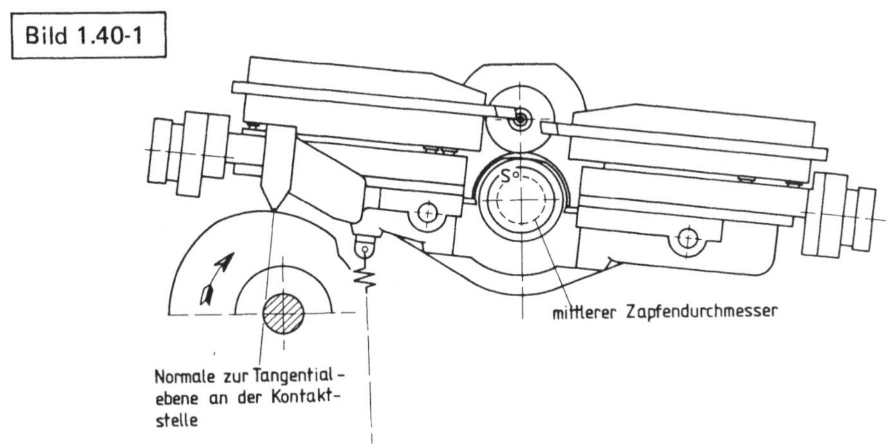

Betrag der Wippen-Gewichtskraft G_W = 60 N. Betrag der Zugfederkraft F_Z = 110 N. Betrag der Vorschubkraft F_V = 40 N. Betrag der Schnittkraft F_S = 100 N. Gleitreibungszahl μ = 0,16. Zapfenreibungszahl μ_z = 0,25.
Die Kräftegruppe kann annähernd als eben angesehen werden. $\hspace{2cm}$ (S)

Lösung: Man trage zunächst in das maßstäbliche, vereinfachte Bild der freigemachten Wippe alle gegebenen Kräfte in ihrer wahren Lage ein und zeichne den Reibungskreis mit dem Radius $\mu_z r_m$, wobei r_m der mittlere Radius der konischen Lagerbohrung ist. (Das Lager ist spielarm eingestellt.)
Danach reduziere man die Kräftegruppe auf eine Einzelkraft F_r mit Hilfe des Seileckverfahrens (Bild 1.40-2). Zusammen mit der Kurvenscheibenkraft F_K und der Lagerkraft F_A verbleiben danach drei Kräfte. Die Wirkungslinie von F_K ist um den Reibungswinkel ρ (μ = tan ρ) gegen die Berührungsnormale geneigt; sie schneidet die Wirkungslinie von F_r. F_A geht nach dem Dreikräftesatz durch diesen Schnittpunkt und tangiert den Reibungskreis derart, daß die Drehung der Wippe erschwert wird.
Somit läßt sich ein Kräftedreieck zeichnen, das zweckmäßigerweise an das bereits vorliegende Kräftepolygon angefügt wird. Alle äußeren Kräfte bilden ein geschlossenes Krafteck.
Man findet F_A = 16,5 N; F_K = 85,5 N.

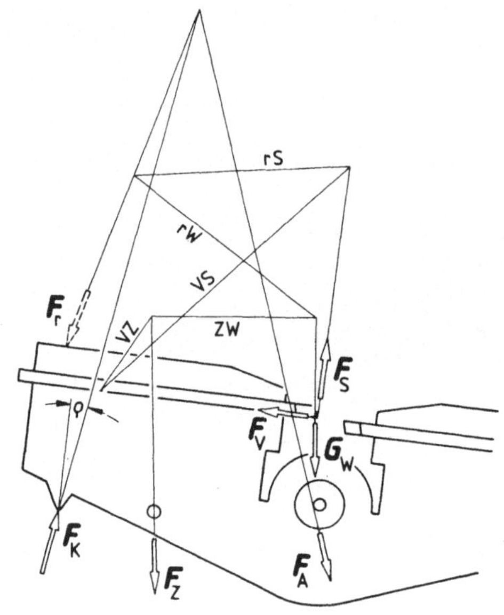

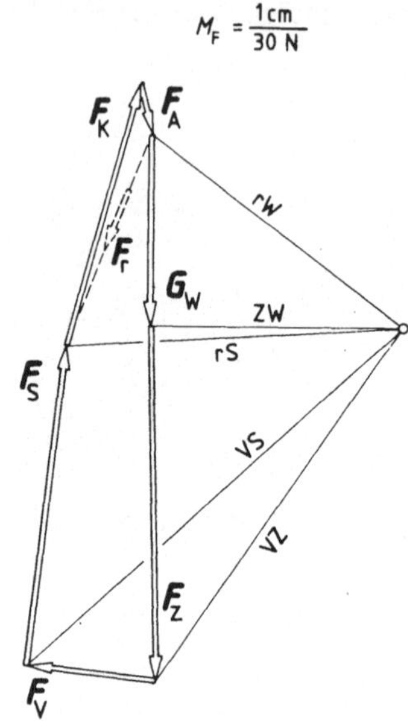

1.41 Fühlhebel-Backenbremse eines Magnetophons.

Schlaufenfreies Anhalten des Magnetbandes beim schnellen Umspulen erfordert, daß stets der Abwickelteller stärker gebremst wird als der Aufwickelteller. An der in Bild 1.41-1 gezeigten Bremse des linken Wickeltellers soll das mittels Leerspule, Faden und Kraftmeßgerät ermittelte Bremsmoment bei Drehung im Gegenuhrzeigersinn $\nu = 1{,}7 \dots 2$-fach so groß sein wie bei Drehung im Uhrzeigersinn (Herstellerangabe!). Diese Werte gelten sinngemäß auch für den spiegelbildlich angeordneten rechten Wickelteller.

Welche mathematische Beziehung muß dann zwischen den gegebenen Abmessungen und der zum System Bremsbacke-Bremstrommel gehörigen Reibungszahl μ_z bestehen? Federkraft $F = konst.$

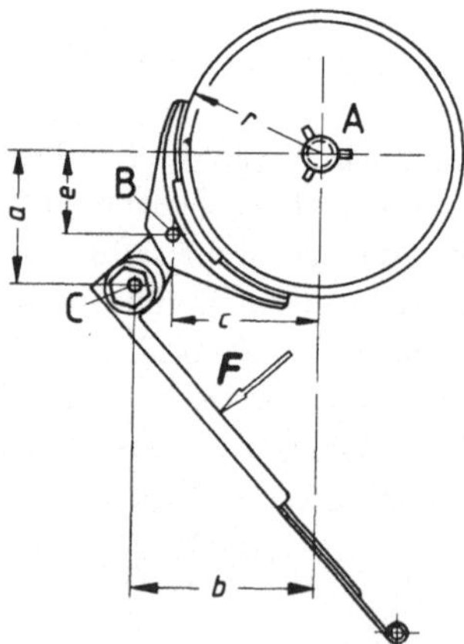

Vereinfachende Annahmen: Es sei μ_z durch Messung bekannt und unabhängig vom Drehsinn; ferner sei die Reibung in den Drehgelenken B und C ebenso wie die Reibung im Lager A vernachlässigbar, und es seien die Koordinaten des Gelenkes B bei Links- bzw. Rechtsdrehung nicht merklich verschieden. $r = 32{,}5\ \text{mm}$; $a = 30\ \text{mm}$; $b = 42\ \text{mm}$; $c = 33{,}5\ \text{mm}$; $e = 18{,}5\ \text{mm}$; $\mu_z = 0{,}18$. $\hfill$ (S)

Lösung: An der Bremstrommel (Bild 1.41-2) ist bei Linksdrehung das Bremsmoment

$$M_{\mathrm{R}l} = F_l' \mu_z r,$$

bei Rechtsdrehung

$$M_{\mathrm{R}r} = F_r' \mu_z r.$$

Es soll gelten

$$M_{\mathrm{R}l} = \nu M_{\mathrm{R}r},$$

also $F_l = \nu F_r$. $\hfill$ (1)

Am Bremshebel ergibt sich aus dem Gleichgewicht der Drehmomente um C bei konstantem Moment der Federkraft mit $F_l' = F_l$ und $F_r' = F_r$

$$F_l x = M_{\mathrm{F}} = F_r y,$$

mit Gl. (1)

$$\nu F_r x = F_r y$$

$$\nu = \frac{y}{x}. \hfill (2)$$

Aus Bild 1.41-2 entnimmt man

$$\nu = \frac{y}{x} = \frac{l \sin(\epsilon + 2\alpha)}{l \sin \epsilon} = \frac{\sin(\epsilon + 2\alpha)}{\sin \epsilon}. \qquad (3)$$

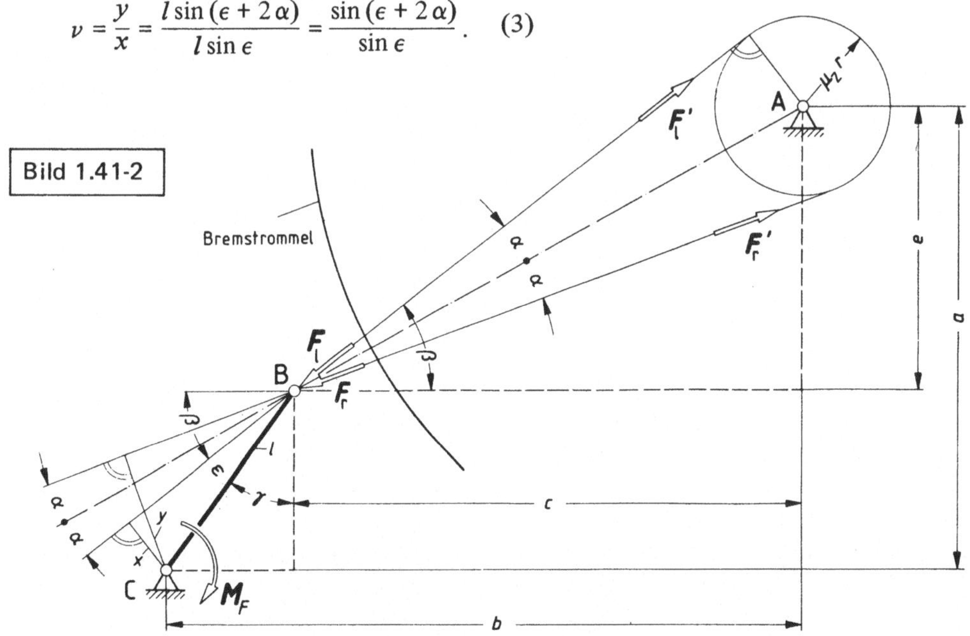

Nun ist

$$\epsilon = \frac{\pi}{2} - (\beta + \gamma) \tag{4}$$

$$\sin \epsilon = \sin \left[\frac{\pi}{2} - (\beta + \gamma) \right] = \cos(\beta + \gamma). \tag{5}$$

Ferner

$$\tan \gamma = \frac{b-c}{a-e} \quad \Rightarrow \quad \gamma = \text{arc tan} \, \frac{b-c}{a-e} \tag{6}$$

und $\quad \tan(\beta - \alpha) = \dfrac{e}{c} \quad \Rightarrow \quad \beta = \text{arc tan} \, \dfrac{e}{c} + \alpha,$ $\tag{7}$

worin

$$\alpha = \text{arc sin} \, \frac{\mu_z \, r}{\sqrt{c^2 + e^2}} \tag{8}$$

ist.

Somit hat man für den Nenner von Gl. (3) mit den Gl. (5), (6), (7) und (8)

$$\sin \epsilon = \cos \left(\text{arc tan} \, \frac{e}{c} + \text{arc sin} \, \frac{\mu_z \, r}{\sqrt{c^2 + e^2}} + \text{arc tan} \, \frac{b-c}{a-e} \right)$$

und für den Zähler von Gl. (3) mit den Gl. (4), (6), (7) und (8)

$$\sin(\epsilon + 2\alpha) = \sin \left[\frac{\pi}{2} - \left(\text{arc tan} \, \frac{e}{c} + \alpha + \text{arc tan} \, \frac{b-c}{a-e} \right) + 2\alpha \right]$$

$$= \cos \left[\text{arc tan} \, \frac{e}{c} - \text{arc sin} \, \frac{\mu_z \, r}{\sqrt{c^2 + e^2}} + \text{arc tan} \, \frac{b-c}{a-e} \right].$$

Daraus folgt für das gesuchte Verhältnis (etwas umgestellt)

$$\nu = \frac{\cos \left[\text{arc tan} \, \dfrac{e}{c} + \text{arc tan} \, \dfrac{b-c}{a-e} - \text{arc sin} \, \dfrac{\mu_z \, r}{\sqrt{c^2 + e^2}} \right]}{\cos \left[\text{arc tan} \, \dfrac{e}{c} + \text{arc tan} \, \dfrac{b-c}{a-e} + \text{arc sin} \, \dfrac{\mu_z \, r}{\sqrt{c^2 + e^2}} \right]}.$$

Setzt man die gegebenen Zahlenwerte ein, so findet man $\nu = 2{,}0$.

Das Verhältnis ν kann durch Verdrehen der mit Sechskantkopf versehenen Exzenterbuchse in gewissen Grenzen korrigiert werden. Der Lagerzapfen C ändert dabei seine Lage nicht!

1.42 Zur gleichförmigen Bewegung des prismatisch geführten Werkzeugträgers 3 eines Langdrehautomaten ist in Bewegungsrichtung bei der nachstehend gezeigten Stellung eine Kraftkomponente vom Betrage $F_\text{n} = 150\,\text{N}$ erforderlich. Man ermittle grafisch die momentan am System wirkenden Kräfte.

Gewichts- und Trägheitskräfte können unbeachtet bleiben; die Kräftegruppe darf der Einfachheit halber als eben angesehen werden. $\mu = 0{,}2$; $\mu_\text{z} = 0{,}25$. $\hfill$ (S)

Lösung: (Bild 1.42-1) Wird der Werkzeugträger durch den Gleitschuh 2 bewegt, so ist neben der gegebenen Normalkraft senkrecht zur Bewegungsrichtung noch eine Reibungskraft vom Betrage $F_R = \mu F_n$ wirksam, so daß die resultierende Reaktionskraft F_B unter dem Winkel ρ gegen die Normalenrichtung geneigt ist und außerdem den Reibungskreis vom Radius $\mu_z r_k$ tangiert. r_k bedeutet hier den Kugelradius. (Am besten zeichnet man zunächst alle Reibungskreise.) Am zweiarmigen Hebel 1 wirken drei Kräfte, deren Wirkungslinien sich nach dem Dreikräftesatz in einem Punkte schneiden — und überdies die Reibungskreise tangieren müssen. Die richtige Seite der den Reibungskreis berührenden Wirkungslinien findet man aus der Überlegung, daß das Drehmoment der Reibungskraft die Drehung erschweren muß.

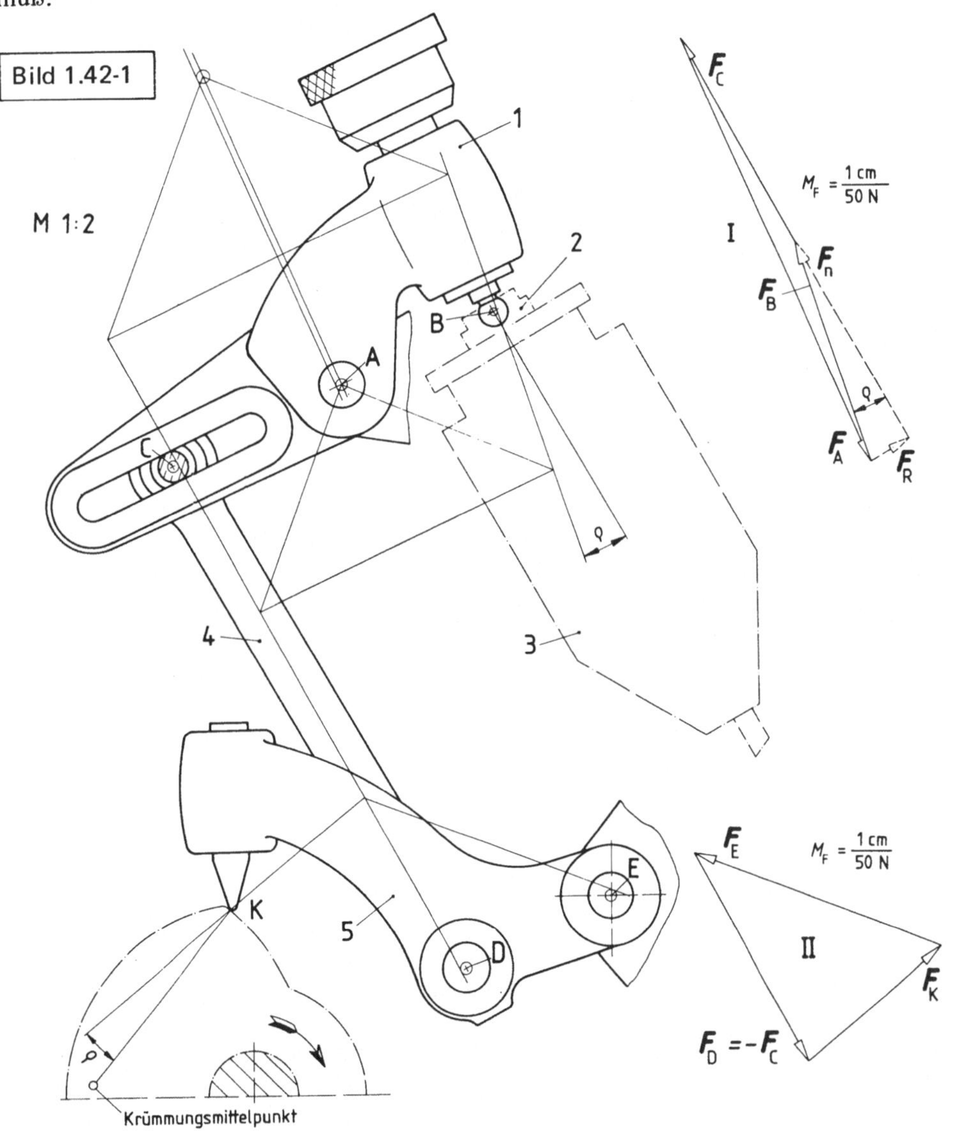

Im vorliegenden Falle liegt der Schnittpunkt der drei Kräfte außerhalb des Zeichenblattes. In der Anmerkung zu diesem Beispiel wird eine neue Methode gezeigt, mit deren Hilfe man trotzdem die Richtung von F_A finden kann. Damit läßt sich das Kräftedreieck I zeichnen.

Am Hebel 5 wirken ebenfalls drei Kräfte. Die von der Kurvenscheibe herrührende Antriebskraft ist unter dem Reibungswinkel ρ gegen die Berührungsnormale geneigt (Bild 1.42-1). Die weitere Lösung erfolgt nach dem Dreikräftesatz und liefert das Kräftedreieck II.

Man findet: $F_A = 306\,\text{N}$; $F_B = 153\,\text{N}$; $F_C = F_D = 154\,\text{N}$; $F_E = 175\,\text{N}$; $F_K = 115\,\text{N}$.

Bild 1.42-2

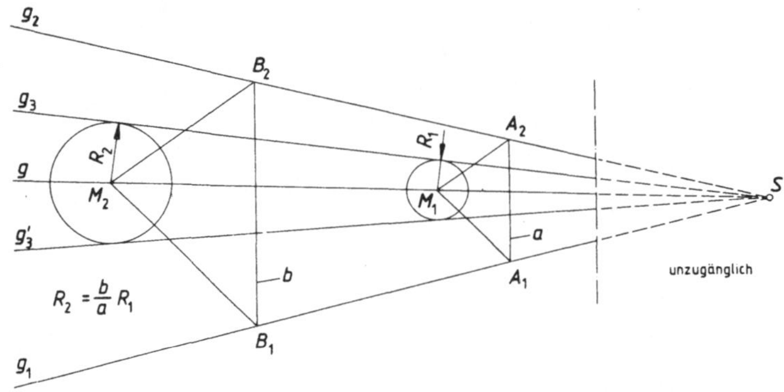

Anmerkung: Ermittlung der den Reibungskreis tangierenden Wirkungslinie, die durch den unzugänglichen Schnittpunkt S zweier Wirkungslinien g_1 und g_2 geht (Bild 1.42-2).

1. Mache M_1 ($\equiv$ A) zur Ecke eines Dreiecks, dessen andere Ecken auf den bekannten Geraden g_1 und g_2 liegen. Zeichne ein zweites in Bezug auf den Schnittpunkt S ähnlich liegendes Dreieck, dessen Seiten parallel zum ersten sind, und dessen Ecken ebenfalls auf g_1 und g_2 liegen. Es ergibt sich M_2. Die Punkte M_1 und M_2 bestimmen bekanntlich eine Gerade g durch S.

2. Zeichne den Reibungskreis um $A \equiv M_1$ mit dem Radius $R_1 = \mu_z r$ und einen Hilfskreis um M_2 mit dem Radius $R_2 = R_1 \frac{b}{a}$, wobei $a = \overline{A_1 A_2}$ und $b = \overline{B_1 B_2}$ einander entsprechende Seiten der beiden ähnlichen Dreiecke darstellen.

Eine der beiden Tangenten (g_3 bzw. g_3') an die zwei Kreise ist die gesuchte Wirkungslinie! (Der Leser führe selbst den Beweis der Richtigkeit des Verfahrens.)

Wegen der Kleinheit des Reibungskreises ist es zweckmäßig, das zweite Dreieck so zu legen, daß $R_2 > R_1$ wird; aus dem gleichen Grund erübrigt sich die (mögliche) Konstruktion der Tangenten-Berührpunkte sowie die rein geometrische Ermittlung von R_2.

Sind die Geraden g_1 und g_2 zueinander parallel, dann wird auch g_3 dazu parallel, und für die Lösung genügt das Seileckverfahren, welches auch zusätzlich bei nahezu parallelen Wirkungslinien zur Erhöhung der Zeichengenauigkeit herangezogen werden kann.

74

1.43 Bei der in Bild 1.43-1 gezeigten Seil-
bremse eines Tonbandgerätes soll das Bremsmoment bei Drehung der Bremstrommel im
Pfeilsinn M_R = 2,5 N cm betragen. Gesucht
ist der Betrag F der dazu erforderlichen Federkraft. Die Dicke des Kunststoffseiles ist sehr
klein gegenüber dem Bremstrommeldurchmesser; von der Lagerreibung kann abgesehen
werden.

a = 38 mm; b = 33 mm; Umschlingungswinkel α = 315°; R = 45 mm; μ = 0,2.   (S)

Lösung: Aus dem Momentengleichgewicht
des um die Achse A drehbaren Hebels folgt
für den Betrag F_2 der von ihm hervorgerufenen Seilspannkraft

$$F_2 = \frac{a}{b} F. \tag{1}$$

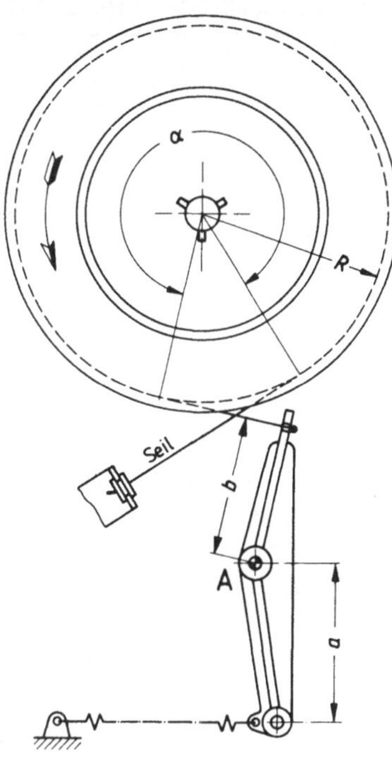

Gemäß der gewöhnlich nach EYTELWEIN benannten, von EULER 1765 gefundenen Beziehung ist die Kraft an dem im Gestell gele-
genen Seilbefestigungspunkt dem Betrage
nach

$$F_1 = F_2\, e^{\mu \alpha}. \tag{2}$$

Ferner ist der Betrag des Bremsmomentes der Reibungskräfte am Trommelumfang

$$M_R = (F_1 - F_2)\, R. \tag{3}$$

Mit Gl. (2) ergibt sich daraus

$$M_R = F_2\, (e^{\mu \alpha} - 1)\, R, \tag{4}$$

und schließlich findet man mit Gl. (1)

$$F = \frac{b}{a}\, \frac{M_R}{(e^{\mu \alpha} - 1)\, R}.$$

Hieraus errechnet man bei den vorliegenden Abmessungen den Betrag der Federkraft zu
F = 0,24 N.

2 Elastizitäts- und Festigkeitslehre

2.1 Modell einer Schraubenverbindung nach
Bild 2.1-1. Das Rohr ist an beiden Enden
durch starre Deckel verschlossen, die durch
vier Schrauben an die Stirnflächen des Rohres angepreßt werden. Beim Zusammenbau
werden die Muttern so angezogen, daß jede
Schraube eine Kraft $F_S/4$ = 1600 N auf die
Deckel ausübt. Bauteile aus Stahl, E = 2,1 · 10^5
N/mm^2. Gesucht sind für Schrauben und Rohr
die Normalspannungen in den Querschnitten
und die Längenänderungen a) ohne inneren
Überdruck und b) bei einem inneren Überdruck $p_\ddot{u}$ = 10 bar.   (A)

Lösung: a) Dehnschaftquerschnitt einer
Schraube A_S = 15,9 mm^2; Rohrquerschnitts-
fläche A_R = 405 mm^2. Druckkraft auf das
Rohr $F_R = F_S$ = 6400 N.
Zugspannung in den Schrauben $\sigma_S = F_S/(4\,A_S)$
= 101 N/mm^2;
Druckspannung im Rohr $\sigma_R = F_R/A_R$
= 16 N/mm^2;
Schraubenverlängerung $\Delta L = F_S\,L/(4\,A_S\,E)$
= 5,75 · 10^{-2} mm;
Rohrstauchung $\Delta l = F_R\,l/(A_R\,E)$
= 0,75 · 10^{-2} mm.

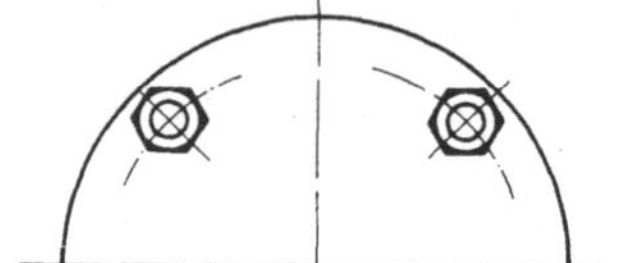

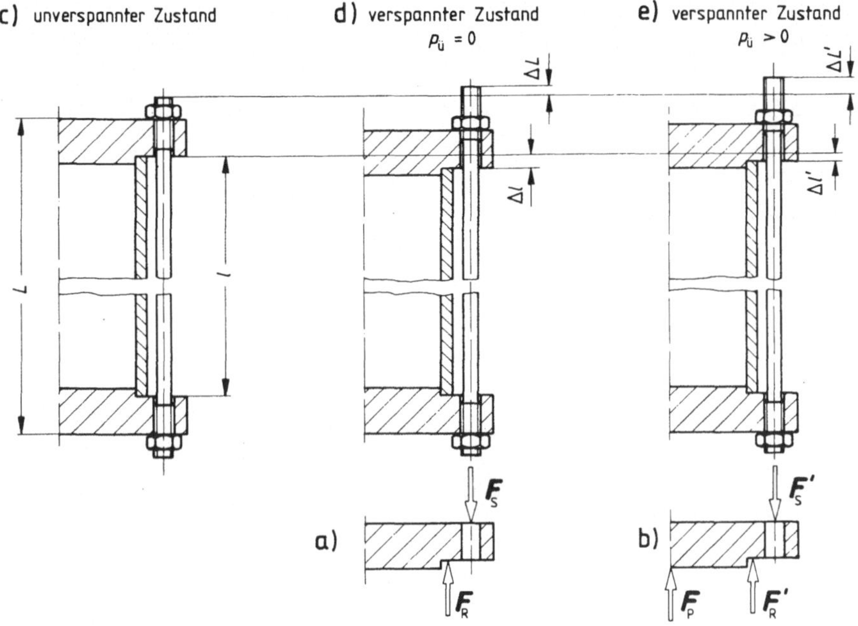

b) Im Zustand $p_{\ddot{u}} = 0$ stehen die Deckel unter Einwirkung der Kräfte von Schrauben und Rohr (Bild 2.1−2a); es ist $F_R − F_S = 0$. $\hspace{2cm}$ (1)

Ist $p_{\ddot{u}} > 0$, so wirkt auf die Deckel außerdem noch $F_P = p_{\ddot{u}}\, d^2\, \pi/4 = 1257\,\mathrm{N}$; damit die Bedingung für Gleichgewicht am Deckel: $F_P + F_R' − F_S' = 0$, (Bild 2.1-2b). $\hspace{1cm}$ (2)

Darin sind die Kräfte $F_R' \neq F_R$ und $F_S' \neq F_S$ unbekannt und diese einzige Bedingung genügt nicht für ihre Berechnung. Eine weitere Gleichung gewinnt man aus den Verformungsbeziehungen, Bilder 2.1-2c, d, e. Durch Anziehen der Muttern werden die Schrauben um ΔL gelängt, das Rohr um Δl gestaucht. Bei zusätzlichem inneren Überdruck werden die Schrauben höher belastet, $F_S' > F_S$, und weiter gelängt: $\Delta L' > \Delta L$. Die Zunahme der Schraubenlängung erlaubt aber eine Abnahme der Rohrstauchung, $\Delta l' < \Delta l$, und damit ist $F_R' < F_R$. Es ist also die Verminderung der Rohrstauchung infolge inneren Überdrucks gleich der Erhöhung der Schraubenlängung infolge $p_{\ddot{u}}$:

$$\Delta l − \Delta l' = \Delta L' − \Delta L. \hspace{2cm} (3)$$

Setzt man die Ausdrücke für die Längenänderungen

$$\Delta l \ = F_R\, l/(A_R\, E), \hspace{1cm} \Delta l' \ = F_R'\, l/(A_R\, E),$$
$$\Delta L = F_S\, L/(4\,A_S\, E), \hspace{1cm} \Delta L' = F_S'\, L/(4\,A_S\, E),$$

in die Gleichung (3) ein, so erhält man mit $F_S = F_R$ und $A_R\, L/(4\,A_S\, l) = \beta$ $\hspace{1cm}$ (4)

$$F_R' = (1 + \beta)\, F_R − F_S'\, \beta \hspace{2cm} (5)$$

und durch Einsetzen von Gl. (5) in Gl. (2)

$$F_S' = F_R + \frac{1}{1+\beta} F_P. \qquad (6)$$

Es werden $F_S' = 6545\,\text{N}$, $F_R' = 5292\,\text{N}$ und damit die Zugspannung in den Schrauben $\sigma_S' = 103\,\text{N/mm}^2$ und die Druckspannung im Rohr $\sigma_R' = 13\,\text{N/mm}^2$; Verlängerung der Schrauben $\Delta L' = 5{,}88 \cdot 10^{-2}\,\text{mm}$; Stauchung des Rohres $\Delta l' = 0{,}62 \cdot 10^{-2}\,\text{mm}$.

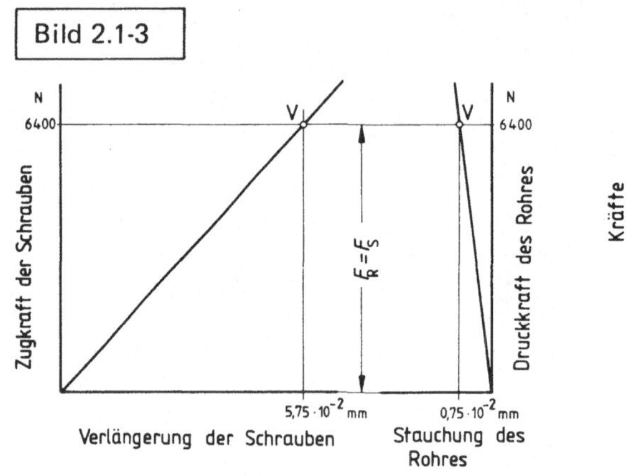

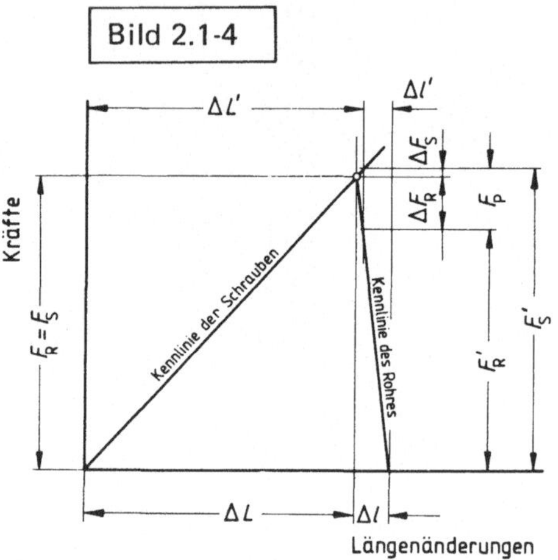

Anhang: Mit den in a) berechneten Werten werden die Kraft-Verformungs-Diagramme von Schrauben und Rohr maßstäblich gezeichnet, Bild 2.1-3. Zeichnet man nun beide Kennlinien zusammen so in ein Diagramm, daß die Punkte V („Vorspannung") zusammenfallen, erhält man das „Verspannungsschaubild der Schraubenverbindung", Bild 2.1-4. Die in b) abgeleiteten Beziehungen können hier anschaulich dargestellt werden: Die Zunahme der Schraubenkraft ΔF_S entspricht nicht der Kraft F_P infolge inneren Überdrucks. Sie ist wesentlich geringer, da gleichzeitig die Druckkraft des Rohres um ΔF_R abnimmt. Und zwar ist die Zunahme ΔF_S der Schraubenkraft um so geringer, je flacher die Schraubenkennlinie und je steiler die Rohrkennlinie verläuft. Daraus ergibt sich die allgemeine Regel für hochbeanspruchte Schraubenverbindungen, die durch schwellende Betriebskräfte belastet sind: möglichst nachgiebige Schrauben (d.h. geringe Steifigkeit) und möglichst starre zu verbindende Teile (hohe Steifigkeit).

2.2 Der Druckbehälter einer Spraydose ist für einen inneren Überdruck $p_{\ddot{u}} = 18\,\text{bar}$ vorgesehen. Abmessungen nach Bild 2.2-1; Dosenverschluß nicht dargestellt. Die durch Fließpressen eingetretene Kaltverfestigung des Werkstoffs (Aluminium) gestattet es, die relativ hohe Beanspruchung zu beherrschen. Man berechne den Spannungszustand im Zylindermantel.

(A)

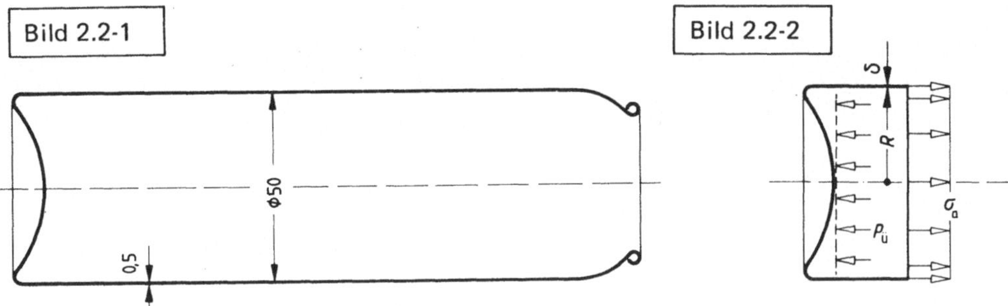

Lösung: Zur Berechnung der Werkstoffbeanspruchung in axialer Richtung denke man einen Schnitt in einer Ebene normal zur Zylinderachse geführt, Bild 2.2-2. Am betrachteten Teilkörper wirken auf den Boden die äußere Kraft $R^2 \pi p_ü$ des gespannten Gases und am durchschnittenen Querschnitt die innere Kraft $2 \pi (R + \delta) \delta \sigma_a$, wobei vorausgesetzt ist, daß die innere Kraft in axialer Richtung gleichförmig über die Schnittfläche verteilt ist. Aus der Gleichgewichtsbedingung $2 \pi (R + \delta) \delta \sigma_a - R^2 \pi p_ü = 0$ erhält man mit der hier zulässigen Vereinfachung $R \approx R + \delta$ für $R \gg \delta$ die Zugspannung in axialer Richtung

$$\sigma_a = \frac{R p_ü}{2 \delta} = 45 \, \text{N/mm}^2.$$

Vor der Ermittlung der Spannungen in Tangentialrichtung zunächst eine Überlegung: Durch den inneren Überdruck wird das dünnwandige Rohr gegenüber dem unbelasteten Zustand etwas aufgeweitet. Das heißt aber, daß sich außer dem Rohrumfang auch die Krümmung geringfügig ändert. Streng genommen ist die Rohrwand also auch auf Biegung beansprucht, und die Spannungsverteilung in Längsschnitten ist ungleichförmig über der Wanddicke. Wegen der gegenüber dem Innenradius R sehr kleinen Wanddicke δ ist bei solchen Rohren aber die vereinfachende Annahme erlaubt, daß die Normalspannungen über die Wanddicke gleichmäßig verteilt sind, da die Biegesteifigkeit sehr gering ist („Membranspannungszustand"); Bild 2.2-3. Dann gilt mit der Vereinfachung $R \approx R + \delta$ von oben die Gleichgewichtsbedingung $2 l \delta \sigma_t - 2 R l p_ü = 0$, also für die Zugspannung im Mantel in tangentialer Richtung

$$\sigma_t = \frac{R p_ü}{\delta} = 2 \sigma_a = 90 \, \text{N/mm}^2.$$

Dieser Rechnungsansatz hat freilich nur in hinreichend großer Entfernung von dem das Rohr abschließenden Boden und von dem nichtzylindrischen Rohrende am Verschluß Gültigkeit. Die Berechnung der Spannungsverteilung an diesen Stellen ist Gegenstand höherwertiger Theorien.

Mit σ_a und σ_t sind für ein Wandelement die Normalspannungen in Längs- und Querschnittsebenen bekannt; Schubspannungen treten in diesen Ebenen nicht auf. Werden die Schnitte zur „Freilegung" der inneren Spannungen aber nicht in diesen Vorzugsrichtungen geführt, sondern beliebig schräg zur Achse unter einem Winkel φ, dann erhält man neben Normal- auch Schubspannungen. Man betrachte dazu ein Wandelement nach Bild 2.2-4.

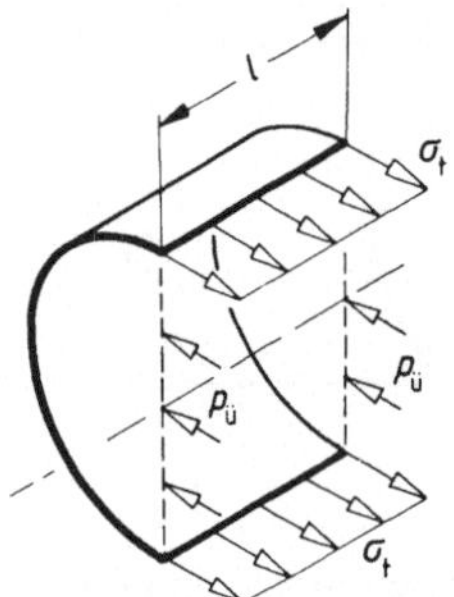

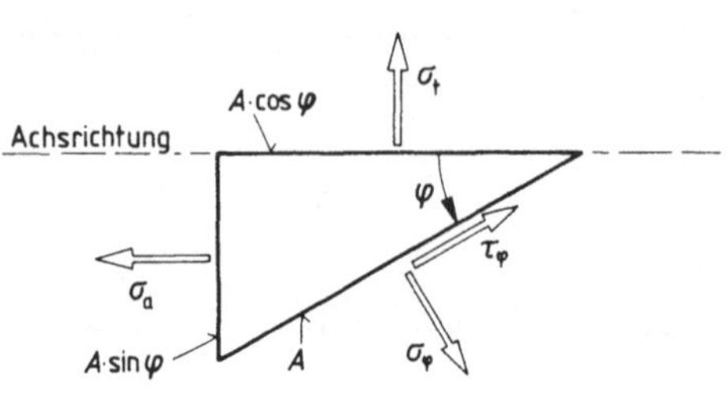

Gleichgewichtsbedingungen:

$$\Sigma F_a = 0 : -\sigma_a A \sin \varphi + \sigma_\varphi A \sin \varphi + \tau_\varphi A \cos \varphi = 0;$$

$$\Sigma F_t = 0 : \quad \sigma_t A \cos \varphi - \sigma_\varphi A \cos \varphi + \tau_\varphi A \sin \varphi = 0.$$

Daraus die Spannungskomponenten in einer unter dem Winkel φ gegen die Achse geneigten Schnittebene

$$\tau_\varphi = \frac{1}{2}(\sigma_a - \sigma_t) \sin 2\varphi,$$

$$\sigma_\varphi = \sigma_t \cos^2 \varphi + \sigma_a \sin^2 \varphi.$$

Ergebnisse der Zahlenrechnungen für den vorliegenden Fall in Bild 2.2-5.

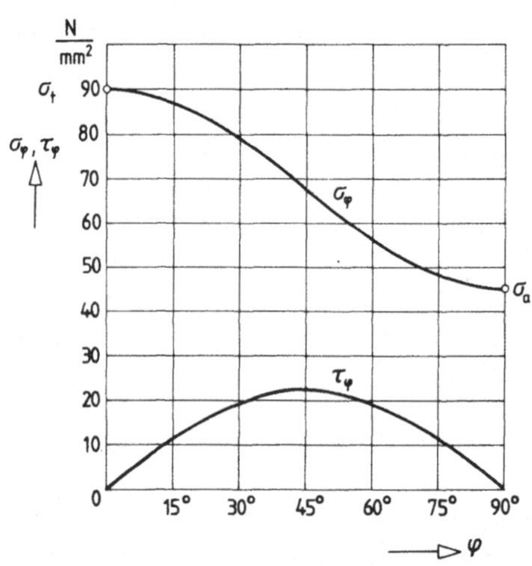

Bemerkung: Die Ermittlung der Schubspannungen in Ebenen schräg zur Achse ist hier für Bemessungszwecke belanglos. Die Erfahrung lehrt, daß Rohre unter zu hohem Innendruck entlang der Schnittebenen mit der größten Normalspannung (also in Längsrichtung) aufreißen. Die Berechnungen wurden hier nur zu dem Zweck durchgeführt, die Abhängigkeit der Spannungen von der Schnittorientierung aufzuzeigen.

2.3 Ein feinwerktechnischer Betrieb besitzt verschiedene Pressen, bei denen die möglichen, bzw. zulässigen Druckkräfte folgende Beträge haben: 100; 160; 320; 630 kN.
Welche der genannten Pressen eignen sich zum Ausschneiden des in Bild 2.3-1 skizzierten Radkörpers im Gesamtschnitt?
$\tau_B = 320\,\text{N/mm}^2$. (S)

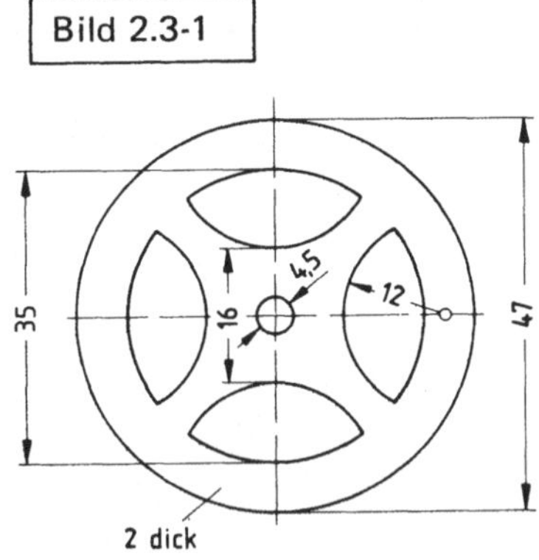

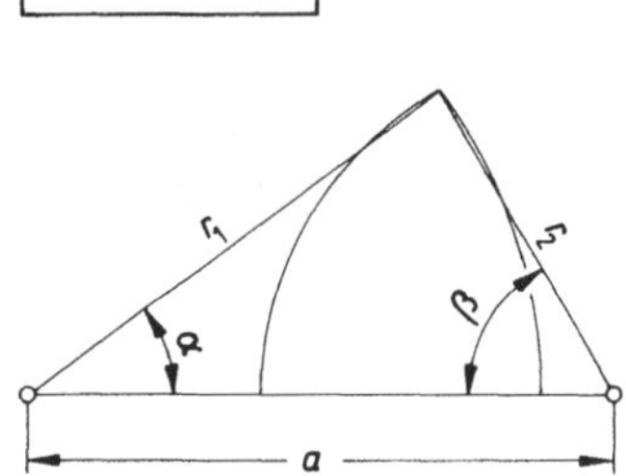

Lösung: Die Berechnung des Schnittkraft-Betrages erfordert das Ermitteln der Schnittkantenlänge. Aus Schemabild 2.3-2 entnimmt man dazu zunächst, unter Benutzung des Kosinus-Satzes, die beiden Hilfswinkel α und β zur Berechnung der vier durch Kreisbogenstücke begrenzten Aussparungen:

$$\cos\alpha = \frac{a^2 + r_1^2 - r_2^2}{2\,a\,r_1}$$

oder $\alpha = \text{arc cos}\,\dfrac{a^2 + r_1^2 - r_2^2}{2\,a\,r_1}$.

Ebenso

$$\beta = \text{arc cos}\,\frac{a^2 + r_2^2 - r_1^2}{2\,a\,r_2}.$$

Mit den in Bild 2.3-1 enthaltenen Zahlenwerten: $r_1 = 17{,}5\,\text{mm}$, $r_2 = 12\,\text{mm}$, $a = 20\,\text{mm}$ findet man $\alpha = 36{,}56°$; $\beta = 60{,}31°$.
Wenn D den Außendurchmesser und d den Bohrungsdurchmesser bedeuten, läßt sich die gesamte Schnittkantenlänge wie folgt formulieren:

$$l = \pi D + \pi d + 4\,r_1\,2\,\alpha + 4\,r_2\,2\,\beta$$

$$l = \pi\,(D + d) + 8\,(r_1\,\alpha + r_2\,\beta).$$

Daraus errechnet man (mit $D = 47$ mm und $d = 4{,}5$ mm) $l = 352{,}2$ mm. Nennt man die Blechdicke s, dann ist die abzuscherende Fläche $A = ls = 704{,}4$ mm² und demnach der Betrag der Scherkraft

$$F_Q = \tau_B A = 225{,}4 \text{ kN}.$$

Von den vorhandenen Pressen eignen sich diejenigen mit den zulässigen Preßkraft-Beträgen von 320 kN bzw. 630 kN.

2.4 In einem Kühlwasser-Fernthermometer befindet sich eine Warnlampe, die bei Überschreiten einer Wassertemperatur von 95 °C (nach Berührung der Kontaktfeder mit dem Nocken) aufleuchtet. Bild 2.4-1.
Um die weitere Meßwertanzeige nicht merklich zu verfälschen, soll der Betrag des Reibungsmomentes $M_R = 4 \cdot 10^{-2}$ Nmm nicht wesentlich überschreiten. Von der Zapfenreibung und der Verlagerung des Berührungspunktes bei voll ausgelenkter Feder kann abgesehen werden. Elastizitätsmodul $E = 120$ kN/mm²; Reibungszahl $\mu = 0{,}15$.

Wie breit darf die $h = 0{,}1$ mm dicke Bronzefeder gemacht werden? Welchen Betrag hat die maximale Biegespannung in der Feder? (S)

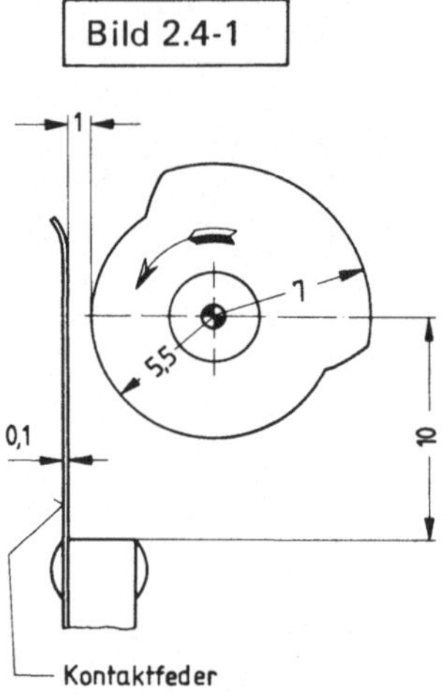

Lösung: Nach dem COULOMBschen Reibungsgesetz ist $M_R = \mu r F$, somit die zulässige Federkraft vom Betrage

$$F = \frac{M_R}{\mu r} = \frac{0{,}04 \text{ N mm}}{0{,}15 \cdot 7 \text{ mm}} = 0{,}038 \text{ N}.$$

Die maximale Durchbiegung ist bekanntlich — mit $I = \frac{b h^3}{12}$ —

$$f = \frac{F l^3}{3 E I} = 4 \frac{F l^3}{E b h^3},$$

woraus mit den aus Bild 2.4-1 entnommenen Werten: $f = 0{,}5$ mm, $l = 10$ mm die Federbreite

$$b = \frac{4 F l^3}{f E h^3} = 2{,}53 \text{ mm}$$

folgt.
Ausgeführt wird $b = 2{,}5$ mm.
Damit ergibt sich die maximale Biegespannung aus

$$\sigma_b = \frac{M_b}{W} = 6 \frac{l F}{b h^2} = 91 \frac{\text{N}}{\text{mm}^2}.$$

Diese Biegespannung ist bei dem vorliegenden Werkstoff zulässig.

2.5 Bild 2.5-1 zeigt den Belastungsmechanismus einer Umlaufbiegemaschine. Das Laufgewichtsstück soll so dimensioniert werden, daß eine Verschiebung um die Strecke $x = 2\,\text{cm}$ eine Biegespannung von $10\,\text{N/mm}^2$ in der unteren Randfaser des Probestabes hervorruft. (Befindet sich das Laufgewichtsstück in der Nullstellung, so wird der Probestab nicht beansprucht.)

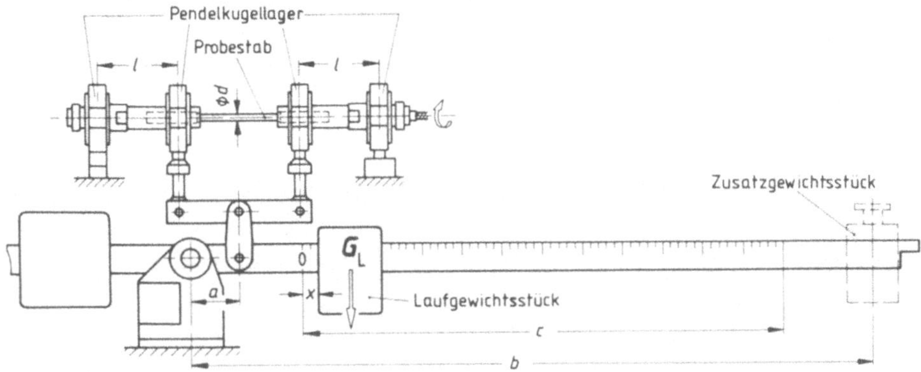

Welchen Betrag hat G_L? In welchem Abstand b ist ein Zusatzgewichtsstück mit einer Gewichtskraft vom Betrage $G_Z = 17{,}65\,\text{N}$ anzubringen, damit der Gesamt-Meßbereich verdoppelt wird?

$a = 60\,\text{mm}; c = 600\,\text{mm}; d = 7{,}52\,\text{mm}; l = 100\,\text{mm}.$ (S)

Lösung: Verschiebt man den Schwerpunkt des Laufgewichtsstückes um x nach rechts, dann ist der Probestab nicht mehr kräftefrei. Die beiden inneren Pendelkugellager übertragen nun auf die zwei Einspannhülsen des Probestabes vertikale Kräfte von gleichem Betrage F gemäß der Beziehung

$$G_L x = 2 F a. \tag{1}$$

Gleichzeitig treten in den beiden äußeren Stützlagern senkrecht nach oben gerichtete Reaktionskräfte auf, die ebenfalls jeweils den Betrag F haben. Somit wird der Probestab infolge der beiderseitigen Einspannung an den (dickeren) Enden durch zwei Kräftepaare entgegengesetzten Drehsinnes vom Betrage

$$M_b = l F \tag{2}$$

beansprucht. Im Bereich des Durchmessers $7{,}52\,\text{mm}$ herrscht demnach reine Biegung! Gl. (1) umgeformt ergibt

$$G_L = 2\,\frac{a}{x}\,F. \tag{1a}$$

Nach der allgemeinen Biegegleichung ist mit Gl. (2)

$$M_\mathrm{b} = \sigma_\mathrm{b}\, W = l F$$

oder

$$F = \frac{\sigma_\mathrm{b}\, W}{l} \, . \tag{3}$$

Das Widerstandsmoment eines Kreisquerschnittes ist bekanntlich $W = \frac{\pi}{32} d^3$, so daß mit Gl. (1a) und Gl. (3)

$$G_\mathrm{L} = 2\,\frac{a}{x}\,\frac{\sigma_\mathrm{b}\, W}{l} = \frac{\pi}{16}\,\frac{a\,\sigma_\mathrm{b}\, d^3}{lx}$$

folgt. Mit den angegebenen Zahlenwerten erhält man $G_\mathrm{L} = 25\,\mathrm{N}$.
Ohne Zusatzgewichtsstück ist der Meßbereich begrenzt durch die Verschiebungslänge c.

$$M_\mathrm{bL} = c\,G_\mathrm{L} = 600\,\mathrm{mm} \cdot 25\,\mathrm{N} = 15\,000\,\mathrm{Nmm}.$$

Um den Meßbereich zu verdoppeln, muß schon bei Nullstellung des Laufgewichtsstückes dieses Biegemoment vorliegen. Mit dem angegebenen Zusatzgewichtsstück ist der gesuchte Abstand b zur Erweiterung des Meßbereiches von $150\,\mathrm{N/mm^2}$ auf $300\,\mathrm{N/mm^2}$

$$b = \frac{M_\mathrm{bL}}{G_\mathrm{Z}} = \frac{15\,000\,\mathrm{Nmm}}{17{,}65\,\mathrm{N}} = 850\,\mathrm{mm}.$$

2.6 Die Schiene mit dem U-Profil nach Bild 2.6-1a wird auf Biegung beansprucht. Man ermittle für die Biegeachse z das axiale Flächenträgheitsmoment I_z. Welche Höhe h müßte ein in gleicher Weise auf Biegung beanspruchter Stab (aus dem gleichen Werkstoff) mit Rechteckquerschnitt nach Bild 2.6-1b haben, um genau so biegesteif zu sein wie das U-Profil? Man ermittle das Massenverhältnis der beiden Stäbe. (A)

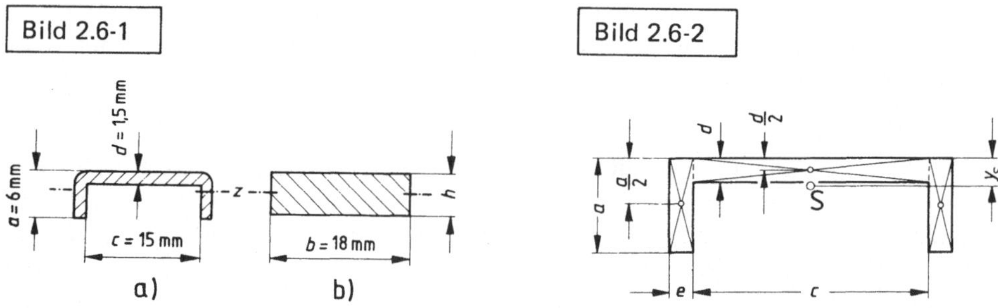

Lösung: Mit der Zerlegung des U-Profils in die Teilflächen nach Bild 2.6-2 wird bei Vernachlässigung der Biegerundungen der Schwerpunktsabstand

$$y_\mathrm{S} = \frac{2\,e a\,\frac{a}{2} + c d\,\frac{d}{2}}{2\,e a + c d} = 1{,}75\,\mathrm{mm}.$$

Damit wird das axiale Flächenträgheitsmoment für die Biegeachse z

$$I_z = \frac{1}{12} c d^3 + c d \left(y_S - \frac{d}{2}\right)^2 + 2 \left(\frac{1}{12} e a^3 + e a \left(\frac{a}{2} - y_S\right)^2\right)$$

$$I_z = 109 \, \text{mm}^4.$$

Damit die Forderung für das Flächenträgheitsmoment des Rechteckprofils

$$\frac{1}{12} b h^3 = 109 \, \text{mm}^4, \quad \text{also} \quad h = 4{,}2 \, \text{mm}.$$

Für gleiche Längenabmessungen und gleichen Werkstoff ist das Massenverhältnis gleich dem Verhältnis beider Querschnittsflächen

$$\frac{m_\square}{m_U} = \frac{A_\square}{A_U} = 1{,}87.$$

2.7 Um wieviel Prozent verringert sich die Durchbiegung des Blechstreifens mit dem Querschnitt 1, wenn unter sonst gleichen Bedingungen eine Sicke gemäß Skizze eingedrückt wird? Bild 2.7-1. Der Querschnitt 2 kann bei dieser Rechnung ohne wesentliche Genauigkeitseinbuße in eine halbe Kreisringfläche und zwei Rechtecke zerlegt werden. (S)

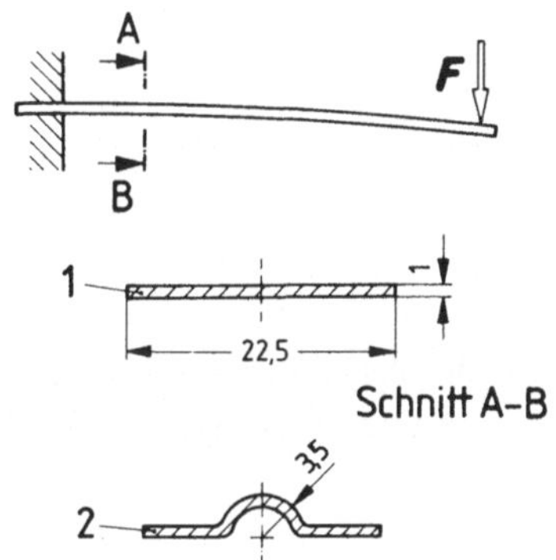

Lösung: Die maximale Durchbiegung eines einseitig eingespannten Trägers mit konstantem Querschnitt mit Einzelkraft am freien Ende ist bekanntlich

$$f = \frac{F l^3}{3 E I_S}.$$

Bei dem vorzunehmenden Vergleich ist

$$\frac{f_2}{f_1} = \frac{I_{S1}}{I_{S2}}, \tag{1}$$

da alle anderen Größen unverändert bleiben sollen.

Geht man davon aus, daß die Dicke des Bleches beim Eindrücken der Sicke praktisch konstant bleibt, dann ist auch die Querschnittsfläche $A_1 = A_2 = A = 22{,}5\,\text{mm}^2$. Damit läßt sich die in Bild 2.7-2 mit b_I bezeichnete Länge berechnen:

$$A = 2\,b_\text{I}\,h_\text{I} + \frac{\pi}{2}\,(R^2 - r^2),$$

hieraus

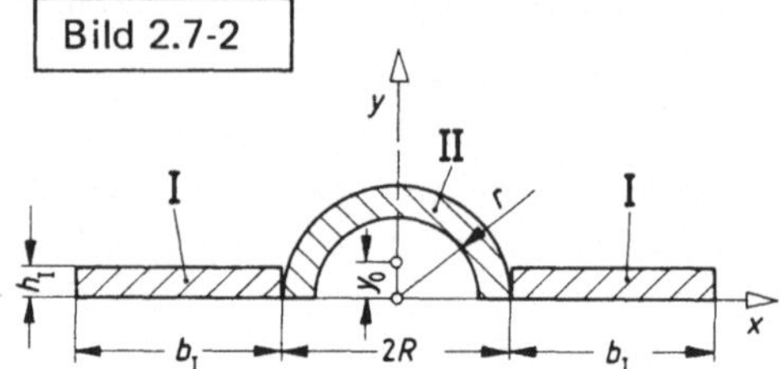

$$b_\text{I} = \frac{A - \frac{\pi}{2}\,(R^2 - r^2)}{2\,h_\text{I}}\;;$$

mit den gegebenen Maßen errechnet man (gerundet) $b_\text{I} = 6{,}5\,\text{mm}$.

Zur Ermittlung des axialen Flächenträgheitsmomentes des Querschnittes 2 benötigt man den Flächenmittelpunkt.

Aus Symmetriegründen gilt $x_0 = 0$; die Ordinate y_0 findet man aus der allgemeinen Beziehung

$$y_0 = \frac{\sum\limits_i y_i\,\Delta A_i}{A} = \frac{y_\text{I}\,\Delta A_\text{I} + y_\text{II}\,\Delta A_\text{II}}{A}.$$

Hierin ist $\Delta A_\text{I} = 2 \cdot 6{,}5\,\text{mm}^2 = 13\,\text{mm}^2$; $\Delta A_\text{II} = 9{,}42\,\text{mm}^2$; $y_\text{I} = 0{,}5\,\text{mm}$ und analog dem früheren Beispiel 1.24

$$y_\text{II} = \frac{4}{3\,\pi}\,\frac{(R^3 - r^3)}{(R^2 - r^2)} = 1{,}93\,\text{mm}.$$

Damit wird

$$y_0 = 1{,}1\,\text{mm}.$$

Das axiale Flächenträgheitsmoment bezüglich der x-Achse ist für die Rechteckquerschnitte in diesem Falle $2\,\frac{1}{3}\,b_\text{I}\,h_\text{I}^3$ und für die halbe Kreisringfläche $\frac{1}{2}\,\frac{\pi}{4}\,(R^4 - r^4)$.
Somit

$$I_{x2} = \frac{2}{3}\,b_\text{I}\,h_\text{I}^3 + \frac{\pi}{8}\,(R^4 - r^4) = 47{,}9\,\text{mm}^4.$$

Nach dem von HUYGENS stammenden, gewöhnlich nach STEINER benannten Satz gilt

$$I_{S2} = I_{x2} - y_0^2\,A = 20{,}7\,\text{mm}^4,$$

während der ursprüngliche Querschnitt mit $b_1 = 22{,}5\,\text{mm}$ und $h_1 = 1\,\text{mm}$ ein axiales Flächenträgheitsmoment von

$$I_{S1} = \frac{b_1\,h_1^3}{12} = 1{,}875\,\text{mm}^4 \approx 1{,}9\,\text{mm}^4$$

hat.

Danach ist die relative Verringerung der Durchbiegung infolge der Sicke mit Gl. (1)

$$\frac{f_1 - f_2}{f_1} = 1 - \frac{f_2}{f_1} = 1 - \frac{I_{S1}}{I_{S2}}, \tag{2}$$

in Zahlen: $90,8\,\% \approx 91\,\%$.

2.8 Im Schutzrohrkontakt nach Bild 2.8-1 sind zwei Kontaktzungen in ein Glasrohr so eingeschmolzen, daß zwischen den Zungenenden ein Luftspalt $e = 0,2$ mm bleibt. Der Kontakt wird durch Erregung einer das Glasrohr umschließenden Spule geschlossen. Der über die Zungen und den Luftspalt verlaufende magnetische Fluß bewirkt die gegenseitige Anziehung der Zungen und deren elastische Verformung bis zur Berührung im Überdeckungsbereich. Kontaktzungenwerkstoff: Fe-Ni-Legierung mit $E = 1,5 \cdot 10^5$ N/mm². Man ermittle die erforderliche Anziehungskraft der Zungen, wenn im geschlossenen Zustand die Kontaktkraft $F_K = 0,15$ N sein muß. (A)

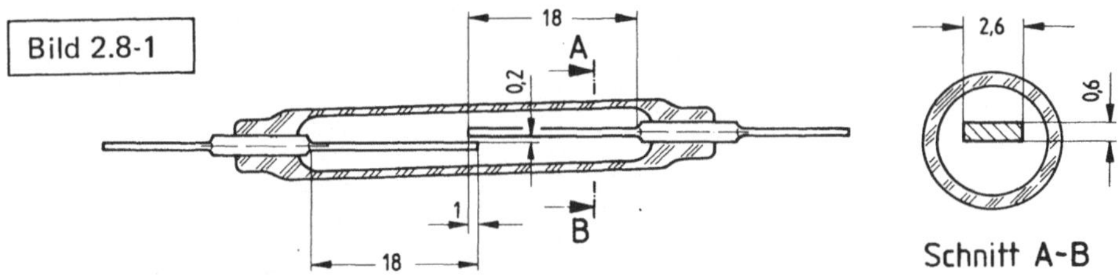

Lösung: Es sei angenommen, daß der magnetische Fluß im Luftspalt auf den Überdeckungsbereich beschränkt ist. Dann kann die Anziehungskraft F in der Mitte des Überdeckungsbereiches als Einzelkraft angesehen werden. Da diese Kraft auf beide Zungen gleichermaßen wirkt und beide Zungen gleiche Biegesteifigkeit haben, wird jedes Zungenende bis zur Berührung eine Durchbiegung $f = e/2 = 0,1$ mm an der Kontaktstelle erreichen müssen. Allgemein gilt für diesen Fall einer Biegebeanspruchung (Bild 2.8-2):

$$f = \frac{F l^3}{3 E I}.$$

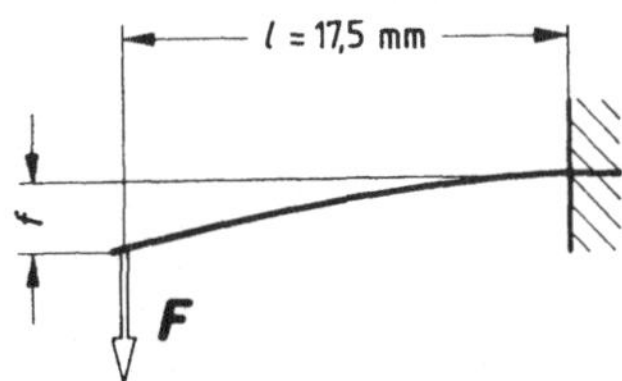

Mit dem axialen Flächenträgheitsmoment des Zungenquerschnitts

$$I = \frac{1}{12}\, 2{,}6\,\text{mm} \cdot 0{,}6^3\,\text{mm}^3 = 0{,}0468\,\text{mm}^4$$

wird die für die Annäherung der Zungen bis zur Berührung erforderliche Kraft

$$F = \frac{3EIf}{l^3} = 0{,}4\,\text{N}.$$

Die magnetische Anziehungskraft muß aber nicht nur die Zungen bis zur Berührung verformen, sondern eine Anpressung von 0,15 N erzeugen. Erforderliche Anziehungskraft also

$$F_\text{m} = F + F_\text{K} = 0{,}55\,\text{N}.$$

2.9 An einem Stabfeder-Indikator (Bild 2.9-1) ist die Meßfeder angenähert als Träger gleicher Festigkeit (d.h. gleicher Randfaser-Biegespannung) ausgebildet.
Welcher Durchmesser d_0 ist vorzuschreiben, wenn bei einem Höchstdruck $p_\text{ü} = 4$ bar
(1 bar = 10 N/cm^2) ein Kolbenhub von $f = 2{,}5$ mm gewünscht wird?
$E = 215\,\text{kN/mm}^2.$ (S)

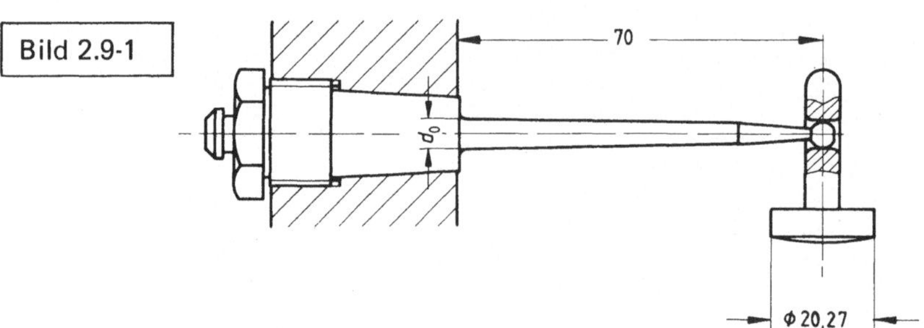

Lösung: Aus dem gegebenen Kolbendurchmesser und Höchstdruck errechnet man den Betrag der resultierenden Kolbenkraft

$$F = p_\text{ü}\,\frac{\pi}{4}\,d^2. \tag{1}$$

Die Wölbung des Kolbenbodens ist dabei belanglos. Man findet $F = 129$ N.
Für obigen Freiträger entnimmt man aus einem Ingenieur-Handbuch für die Durchbiegung am freien Ende

$$f = \frac{3}{5}\,\frac{F l^3}{E I_0}, \tag{2}$$

worin $I_0 = \frac{\pi}{64}\,d_0^4$ das axiale Flächenträgheitsmoment an der Einspannstelle bedeutet.
Setzt man diesen Ausdruck in Gl. (2) ein, so ergibt sich

$$f = \frac{3}{5}\,\frac{F l^3\, 64}{E \pi d_0^4}$$

oder

$$d_0 = \sqrt[4]{\frac{192}{5\,\pi}\,\frac{F\,l^3}{E\,f}} \, .$$

Mit den bekannten Zahlenwerten errechnet man $d_0 = 5{,}6\,\text{mm}$.

Anmerkung: An einer ausgeführten Feder wurde der Durchmesser $d_0 = 5{,}52\,\text{mm}$ ermittelt.

2.10 An den Zähnen des Stoßrades (Bild 2.10-1) eines Schnelldruckers wurde während des Stoßes eine maximale Durchbiegung von $f = 0{,}25$ mm gemessen.
Wie groß ist die Biegespannung, die der Werkstoff ertragen muß? (Die Zentrifugalkraft kann außer Betracht bleiben; die Gewichtskraft ist belanglos.)
$h_0 = 1{,}2\,\text{mm}$; $b = 1{,}35$ mm; $l = 9{,}4$ mm; $E = 215\,\text{kN/mm}^2$. (S)

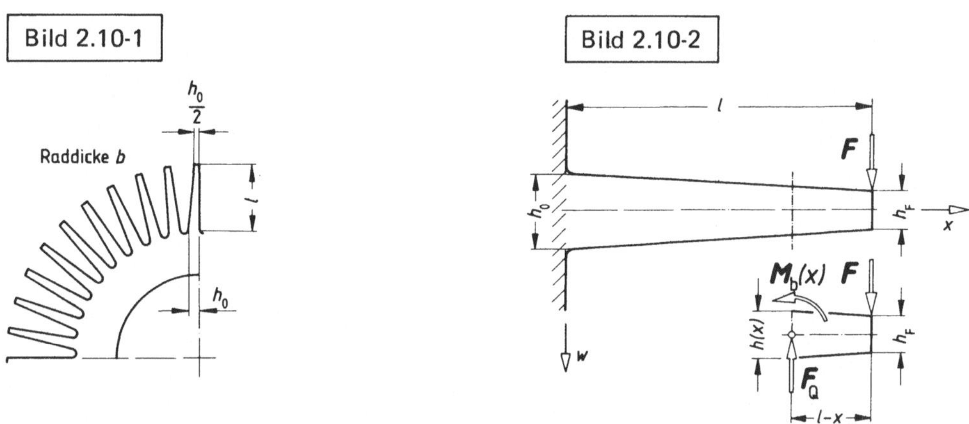

Lösung: In den zur Zeit gebräuchlichen Ingenieur-Taschenbüchern findet man keine Angaben über die maximale Durchbiegung am freien Ende für den vorliegenden Fall.
Es soll deshalb zunächst gezeigt werden, wie man die erforderliche Formel herleiten kann.
Aus Bild 2.10-2 liest man ab:

$$\frac{h_0 - h_F}{l} = \frac{h(x) - h_F}{l - x} \, ,$$

daraus

$$h(x) = \frac{h_0 - h_F}{l}\,(l - x) + h_F = h_0 \left[\frac{h_0 - h_F}{h_0}\,\frac{l - x}{l} + \frac{h_F}{h_0} \right] .$$

Zur Abkürzung wird

$$\frac{h_0 - h_F}{h_0} = \nu \tag{1}$$

gesetzt. Somit

$$h(x) = h_0 \left[\nu \frac{l-x}{l} + 1 - \nu \right].$$

(2)

In der vereinfachten Differentialgleichung für die Biegelinie

$$w''(x) = \frac{-M_b(x)}{EI(x)}$$

(3)

ist laut Bild 2.10-2

$$M_b(x) = -(l-x)\,F;$$

ferner

$$I(x) = \frac{b\,[h(x)]^3}{12} = \frac{b\,h_0^3}{12} \left[\nu \frac{l-x}{l} + 1 - \nu \right]^3 = I_0 \left[\nu \frac{l-x}{l} + 1 - \nu \right]^3.$$

Damit hat man

$$w''(x) = \frac{(l-x)\,F}{EI_0 \left[\nu \frac{l-x}{l} + 1 - \nu \right]^3}.$$

(4)

Ersetzt man den Klammerausdruck im Nenner von Gl. (4) durch

$$z = \nu \frac{l-x}{l} + 1 - \nu,$$

(5)

so wird

$$l - x = \frac{l}{\nu} \left[z - (1 - \nu) \right] \quad \text{und} \quad dx = -\frac{l}{\nu} \, dz.$$

Aus Gl. (4) folgt mit vorstehender Substitution

$$w' = -\frac{Fl^2}{EI_0\nu^2} \int \frac{z - (1 - \nu)}{z^3} \, dz$$

$$= -\frac{Fl^2}{EI_0\nu^2} \left[-z^{-1} + \frac{1}{2}(1 - \nu)\,z^{-2} + c_1 \right].$$

1. Anfangswert: Für $x = 0$ ist $w'(0) = 0$, nach Gl. (5) dann $z = 1$, woraus die Konstante

$$c_1 = \frac{1 + \nu}{2}$$

folgt.

Der Tangens des Neigungswinkels der Biegelinie ist demnach

$$w' = -\frac{Fl^2}{EI_0\nu^2} \left[-z^{-1} + \frac{1}{2}(1 + \nu)\,z^{-2} + \frac{1 + \nu}{2} \right].$$

Die weitere Integration liefert

$$w = \frac{Fl^3}{EI_0\nu^3} \left[-\ln z - \frac{1}{2}(1 - \nu)\,z^{-1} + \frac{1 + \nu}{2}\,z + c_2 \right].$$

2. Anfangswert: Für $x = 0$ muß auch $w(0) = 0$ sein; nach Gl. (5) ist wiederum $z = 1$, demnach

$$c_2 = -\nu.$$

Da hier nur die maximale Durchbiegung am freien Ende interessiert ($x = l \Rightarrow z = 1 - \nu$), hat man

$$w_{max} = \frac{Fl^3}{EI_0\nu^3}\left[-\ln(1-\nu) - \frac{1-\nu}{2(1-\nu)} + \frac{1-\nu^2}{2} - \nu\right]$$

$$= \frac{Fl^3}{EI_0\nu^3}\left[-\ln(1-\nu) - \frac{\nu^2}{2} - \nu\right].$$

Gewöhnlich schreibt man statt $w_{max} \equiv f$, wonach im vorliegenden Falle $h_F = h_0/2$, also $\nu = 1/2$

$$f = 0{,}545\,\frac{Fl^3}{EI_0}$$

gilt.

Solange $h_F \geqq h_0/2$, bzw. $\nu \leqq 1/2$, tritt die maximale Biegespannung an der Einspannstelle auf. (Man denke an die Näherungskonstruktion für den Freiträger gleicher Randfaser-Biegespannung mit Rechteckquerschnitt und Einzelkraft am freien Ende!)

Die weitere Rechnung ist einfach. Mit

$$I_0 = \frac{b\,h_0^3}{12} \quad \text{und} \quad M_{bmax} = Fl$$

hat man

$$f = 6{,}54\,\frac{Fl^3}{Eb\,h_0^3} = 6{,}54\,\frac{M_{bmax}\,l^2}{Eb\,h_0^3}\,.$$

Mit

$$M_{bmax} = \sigma_{bmax}\,W_0 = \sigma_{bmax}\,\frac{b\,h_0^2}{6}$$

folgt das Resultat

$$\sigma_{bmax} = \frac{6}{6{,}54}\,\frac{E\,h_0 f}{l^2} = 670\,\text{N/mm}^2\,.$$

2.11 Bild 2.11-1a gibt in schematischer Darstellung die Prüfanordnung zur Bestimmung des Elastizitätsmoduls von Kunststoffen durch einen Biegeversuch nach DIN 53 457 vom Mai 1968 wieder. In diesem Normblatt ist hierzu die für hinreichend kleine Durchbiegungen gültige Näherungsformel

$$E = \frac{F\, l_A\, l_B^2}{16\, I f} \tag{1}$$

angegeben, wobei Gültigkeit des HOOKEschen Gesetzes vorausgesetzt ist.

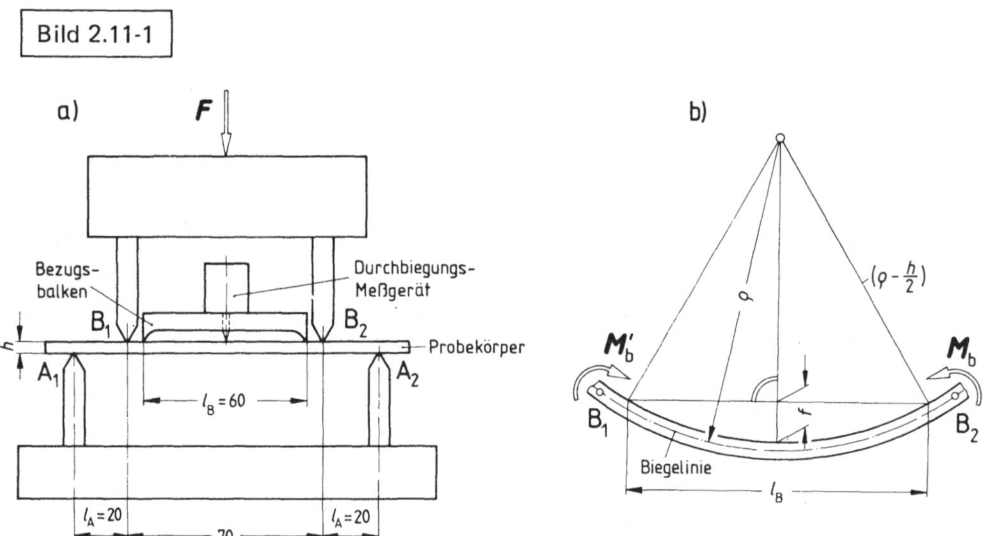

Wie lautet die entsprechende Formel, wenn die Gleichung der Biegelinie $1/\rho = M_b/(EI)$ bei der Herleitung nicht weiter vereinfacht wird? Der Rechteckquerschnitt des Probekörpers sei konstant.

Man formuliere eine allgemeine Beziehung für die Durchbiegung f bei vorgegebener Randfaserdehnung unter Benutzung der Näherungsgleichung (1). (S)

Lösung: Die Stützkräfte in A_1 und B_1 (Bild 2.11-1a) bilden, solange die Durchbiegung des Probestabes noch hinreichend klein ist, (genähert) ein Kräftepaar; ebenso, jedoch mit entgegengesetztem Drehsinn, die Stützkräfte in A_2 und B_2. Innerhalb des Bereiches $B_1 \ldots B_2$ ist dann (genau genug) das Biegemoment konstant. Da nach Voraussetzung auch I und E (bei gleichen Versuchsbedingungen) konstant sind, ist die Krümmung ebenfalls konstant, die Biegelinie zwischen beiden Kräftepaaren somit ein Kreisbogen. Mit Hilfe des Satzes von PYTHAGORAS liest man aus Bild 2.11-1b für die maximale Durchbiegung f ab:

$$f = \left(\rho - \frac{h}{2}\right) - \sqrt{\left(\rho - \frac{h}{2}\right)^2 - \frac{l_B^2}{4}}. \tag{2}$$

92

Setzt man für $\rho = \dfrac{EI}{M_b}$, so folgt

$$f = \frac{EI}{M_b} - \frac{h}{2} - \sqrt{\left(\frac{EI}{M_b} - \frac{h}{2}\right)^2 - \frac{l_B^2}{4}} \; . \tag{3}$$

Beseitigen der Wurzel durch Quadrieren ergibt

$$E = \frac{l_B^2 + 4f^2 + 4\,hf}{8\,If}\, M_b \; . \tag{4}$$

Der letzte Term $4\,hf$ im Zähler ist durch die Probenhöhe $h > 0$ bedingt, bzw. dadurch, daß die Durchbiegung f nicht unmittelbar an der Biegelinie gemessen wird.

Bei der Versuchsanordnung Bild 2.11-1a ist für kleine Durchbiegungen

$$M_b = l_A \frac{F}{2} \; . \tag{5}$$

Mit Gl. (5) wird aus Gl. (4)

$$E = \frac{F\,l_A\,(l_B^2 + 4f^2 + 4\,hf)}{16\,If} \; . \tag{6}$$

Da bei kleinen Durchbiegungen $4\,(f^2 + hf) \ll l_B^2$ ist, kann man im Zähler von Gl. (6) sowohl $4f^2$ als auch $4\,hf$ streichen, und es ergibt sich die eingangs angegebene Näherungsformel beim Biegeversuch.

Nach Gl. (1) und (5) ist

$$f = \frac{M_b\,l_B^2}{8\,EI} \; .$$

Mit $\quad M_b = \sigma_b \dfrac{I}{h/2}$

und dem HOOKEschen Gesetz $\sigma = E\,\epsilon$ findet man die Durchbiegung bei vorgeschriebener Randfaserdehnung ϵ_{max}

$$f = \frac{l_B^2}{4\,h}\,\epsilon_{\text{max}} \; . \tag{7}$$

Nun läßt sich die Berechtigung der Vernachlässigungen von Gl. (1) gegenüber Gl. (6) nachprüfen, wenn man die größte zulässige Randfaserdehnung ϵ_{max} und die genormte Probenhöhe $h = 4\,\text{mm}$ einsetzt.

Nähere Einzelheiten über die Versuchsbedingungen sind dem eingangs zitierten Normblatt zu entnehmen.

2.12 Bei der Wellenlagerung nach Bild 2.12-1 muß für das mittlere Lager B wegen Unzulänglichkeiten des Fertigungsverfahrens eine maximale Mittigkeitsabweichung 0,2 mm zugelassen werden; d.h. ein paralleler Versatz der mittleren Gehäusebohrung gegen die gemeinsame Achse der äußeren Gehäusebohrungen. Man berechne die von der Wellendurchbiegung herrührenden Radialbelastungen F_A, F_B, F_C der Wälzlager, wenn die angegebene Lagetoleranz voll ausgenutzt wird. Welle aus Stahl, $E = 2{,}1 \cdot 10^5\,\text{N/mm}^2$. (A)

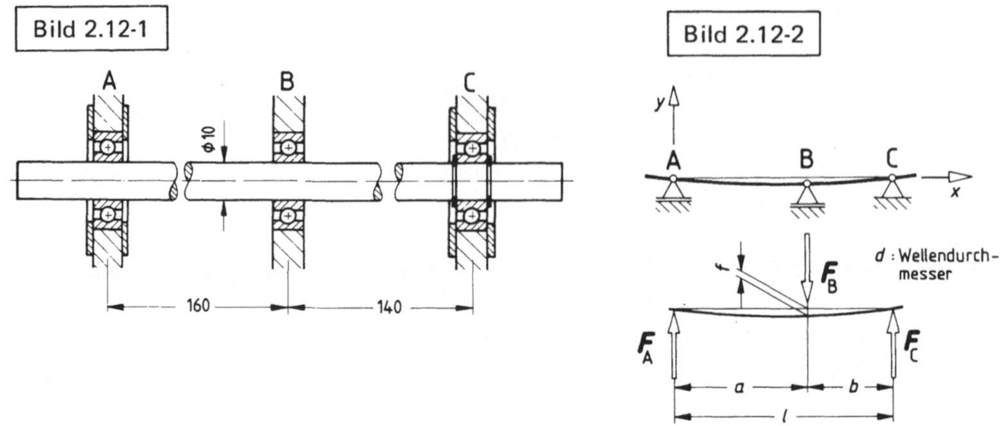

Lösung: Da Rillenkugellager im allgemeinen geringe Schrägstellungen der Innenringe gegen die Außenringe infolge eines gewissen Lagerspiels und der Form der Laufbahnen zulassen, wird für die Rechnung angenommen, daß die Lager keine Reaktionsmomente auf die Welle ausüben. Dann kann für die Wellenlagerung das Rechnungsmodell nach Bild 2.12-2 zugrundegelegt werden.

Zur Berechnung der drei unbekannten Auflagerkräfte F_A, F_B, F_C stehen nur die Gleichgewichtsbedingungen $\Sigma F_y = 0$, $\Sigma M = 0$ zur Verfügung; die Lagerung ist statisch unbestimmt. Um das Problem lösen zu können, muß eine Verformungsbeziehung als dritte Gleichung eingeführt werden. Da das Lager B an der Stelle $x = 160\,mm$ eine Durchbiegung der Welle $f = 0{,}2\,mm$ erzwingt, ist die Lagerkraft F_B gleich einer eingeprägten Kraft an dieser Stelle, die dieselbe Durchbiegung f bewirkt. Mit den Bezeichnungen nach Bild 2.12-2 gilt

$$f = \frac{F_B\, l^3}{3\,EI}\,\frac{a^2}{l^2}\,\frac{b^2}{l^2}, \qquad I = \frac{\pi}{64}\,d^4 \qquad \text{(siehe Technische Handbücher) und damit}$$

$$F_B = \frac{3\,E\,\pi\,d^4 f}{64\,l^3}\,\frac{l^2}{a^2}\,\frac{l^2}{b^2} = 37\,\text{N}.$$

Aus der Gleichgewichtsbedingung $\Sigma M = 0$ für den Bezugspunkt A erhält man $F_C = F_B\, a/l$ = 20 N und aus $\Sigma F_y = 0$: $F_A = F_B - F_C = 17\,\text{N}$.

2.13 Nadeldrucker erzeugen die Schriftzeichen punktweise im Spaltenraster. Bild 2.13-1 zeigt einen Schnitt durch einen (von insgesamt sieben) Druckermagneten eines Druckwerks. Ein Stromimpuls in der Spule beschleunigt den Anker, die Drucknadel wird gegen Farbband und Papier gepreßt. Die Biegefeder führt Anker und Nadel wieder in die Ausgangslage zurück. Nadelhub $s = 0{,}7\,mm$; Biegefeder aus Federstahl, $E = 2{,}06 \cdot 10^5\,\text{N/mm}^2$. Bei ganz angezogenem Anker sollen sich die Polflächen von Anker und Magnetkern vollständig berühren.

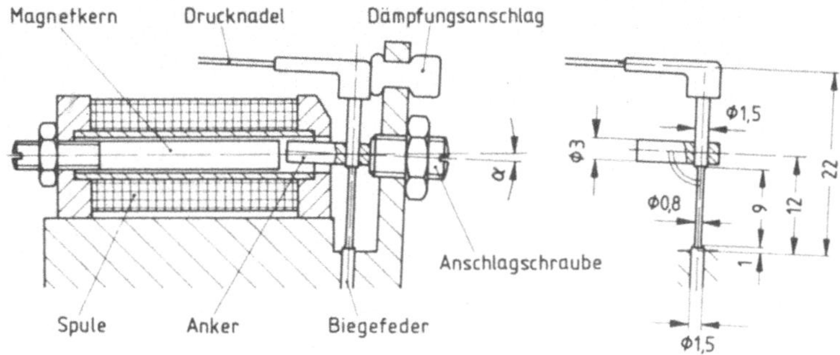

Gesucht: a) die für vollständiges Anziehen des Ankers erforderliche Magnetkraft F, b) die größte Biegenormalspannung in der Feder und c) der Winkel α für die Schrägstellung des Ankers gegen die Magnetkernachse. (A)

Lösung: a) Für die Berechnung der Biegefeder wird der Modellkörper nach Bild 2.13-2 zugrundegelegt. Dabei wird angenommen, daß die Biegeverformung sich auf den dünneren Federteil beschränkt. Der Nadelhub ist nach Bild 2.13-2b

$$s = f + (L - l)\tan\alpha. \tag{1}$$

Durchbiegung f und Neigung α erhält man aus den Verformungsbeziehungen für den elastischen Federanteil; sie resultieren aus 1. dem Einfluß der Kraft F und 2. aus dem Einfluß des Moments $M = Fa$.

Mit den bekannten Formeln aus den Technischen Handbüchern werden für den Belastungsfall nach Bild 2.13-2c

$$f_1 = \frac{Fl^3}{3EI} \quad \text{und} \quad \tan\alpha_1 = \frac{Fl^2}{2EI} \tag{2}\,(3)$$

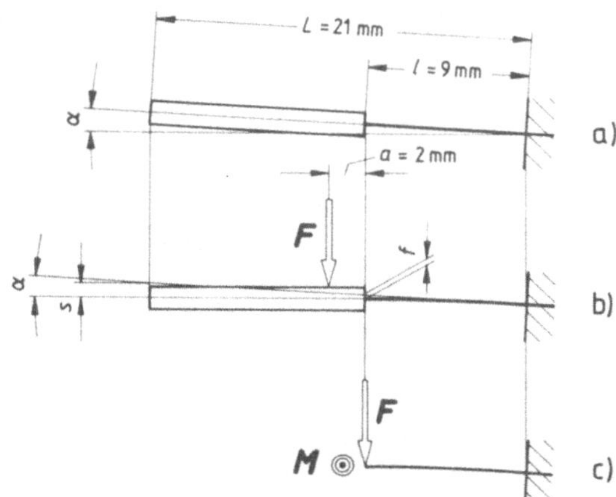

sowie

$$f_2 = \frac{Ml^2}{2EI} \quad \text{und} \quad \tan\alpha_2 = \frac{Ml}{EI} \, . \tag{4}{(5)}$$

Daraus nach dem Überlagerungsprinzip und $M = Fa$

$$f = f_1 + f_2 = \frac{Fl^2}{EI}\left[\frac{l}{3} + \frac{a}{2}\right] \tag{6}$$

$$\tan\alpha \approx \tan\alpha_1 + \tan\alpha_2 = \frac{Fl}{EI}\left[\frac{l}{2} + a\right] . \tag{7}$$

Führt man Gl. (6) und (7) in die Beziehung (1) ein, so wird daraus mit dem axialen Flächenträgheitsmoment für den elastischen Federquerschnitt $I = 0{,}02\,\text{mm}^4$

$$F = \frac{sEI}{l\left[l\left(\frac{l}{3} + \frac{a}{2}\right) + (L - l)\left(\frac{l}{2} + a\right)\right]} = 2{,}8\,\text{N}.$$

b) Das größte Biegemoment für den elastisch verformten Federquerschnitt wird $M_{b\max}$ = $F(l + a)$; daraus mit dem Widerstandsmoment $W = 0{,}05\,\text{mm}^3$

$$\sigma_{b\max} = M_{b\max}/W = F(l + a)/W = 616\,\text{N/mm}^2.$$

c) Schrägstellung der Anker- und Federachse aus Gl. (7)

$$\alpha = 2{,}3^\circ.$$

2.14 Kreuzfedergelenke sind Lagerelemente, die kleine Schwenkwinkel der zu verbindenden Bauteile zulassen. Abgesehen von der sehr kleinen inneren Reibung bei der elastischen Verformung der Blattfedern sind sie reibungsfrei und bedürfen keiner Wartung. Bild 2.14-1 zeigt ein solches Bauelement; die fertigungstechnisch bedingten konstruktiven Einzelheiten sind fortgelassen. Alle Bauteile aus Stahl; für den Blattfederwerkstoff ist $E = 1{,}8 \cdot 10^5\,\text{N/mm}^2$.

Gesucht sind a) die Biegespannungen in den Blattfedern und b) der Verdrehwinkel φ der beiden Hülsen, wenn die Hülse 2 durch ein Moment $M = 150\,\text{N\,cm}$ verdreht und Hülse 1 festgehalten wird. (A)

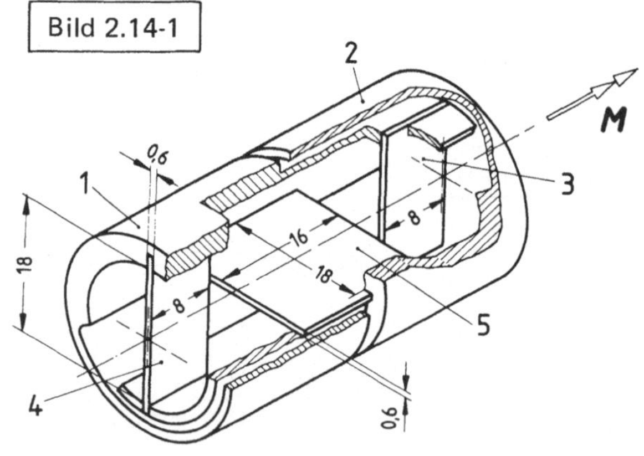

Lösung: a) Für die Belastung des Gelenks durch ein Moment in Achsrichtung können die Blattfedern 3 und 4 zu einer Ersatzfeder 3|4 mit der Breite $b = 16$ mm zusammengefaßt werden. (Die Aufteilung auf zwei Federn ist wegen eventueller Belastung des Gelenks durch Kräfte quer zur Achse notwendig.) Es kann angenommen werden, daß auf die Feder 5 und die Ersatzfeder 3|4 jeweils der gleiche Momentanteil $M/2$ entfällt, da sie gleiche Federsteife haben. Bild 2.14-2 zeigt den hier vorliegenden Beanspruchungsfall. Mit dem Widerstandsmoment $W = b\,h^2/6$ = 0,96 mm³ für die Biegeachse z werden die Normalspannungen in x-Richtung in den Querschnittsrandfasern $\sigma_b = M_b/W = M/(2\,W) = 781$ N/mm².

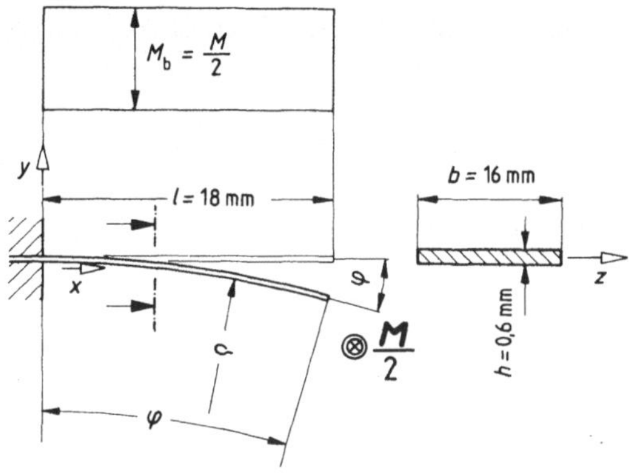

b) Das Biegemoment M_b ist gleichbleibend über die gesamte Trägerlänge l; eine Querkraft ist nicht vorhanden. Es liegt hier also „reine Biegung" vor. Aus der Differentialgleichung der elastischen Linie $1/\rho = M_b/(EI)$ folgt also, daß die elastische Linie einer Blattfeder ein Kreisbogen mit dem Radius $\rho = EI/M_b$ ist.

Da die neutrale Faser hier ihre ursprüngliche Länge l auch bei Verformung beibehält, wird der Verdrehwinkel der beiden Einspannquerschnitte einer Feder, Bild 2.14-2,

$$\varphi = \frac{l}{\rho} = \frac{M_b\,l}{EI}\,, \tag{1}$$

oder mit dem Flächenträgheitsmoment $I = b\,h^3/12$ für die Biegeachse z und $M_b = M/2$

$$\varphi = \frac{6\,M\,l}{E\,b\,h^3} = 0{,}26 = 14{,}9°.$$

Rechnet man für den Neigungswinkel des Trägerendes mit der in den Technischen Handbüchern angegebenen Beziehung

$$\tan\varphi = \frac{M_b\,l}{EI}\,, \tag{2}$$

so erhält man $\varphi = 14{,}6°$.

Der Unterschied in den beiden Ausdrücken Gl. (1) und (2) für den Verdrehungswinkel rührt daher, daß bei der Herleitung der in den Handbüchern angegebenen Formel die Differentialgleichung der elastischen Linie vereinfacht wurde. Für praktische Zwecke ist der Unterschied aber meist bedeutungslos, denn beide Beziehungen ergeben für kleine Winkel nur geringe Unterschiede in den Rechnungsergebnissen.

2.15 Für die in Bild 2.15-1 schematisch dargestellten Kontaktfedersätze elektrischer Relais ermittle man die Kraft-Weg-Diagramme $F = F(s)$ für die Betätigung durch den Anker eines Elektromagneten. Kontaktabstände bei offenem Kontakt jeweils $a_{min} = 0{,}5$ mm. Kontaktkraft bei geschlossenem Kontakt $F_K = 0{,}5$ N. Federrate einer Blattfeder für die dargestellte Betätigungsweise $c = 1$ N/mm. Vereinfachend nehme man an, daß Kontaktkräfte F_K, Stützkräfte F_S und Betätigungskraft F alle im gleichen Abstand von der Einspannung angreifen und daß alle Stützfedern starr sind. (A)

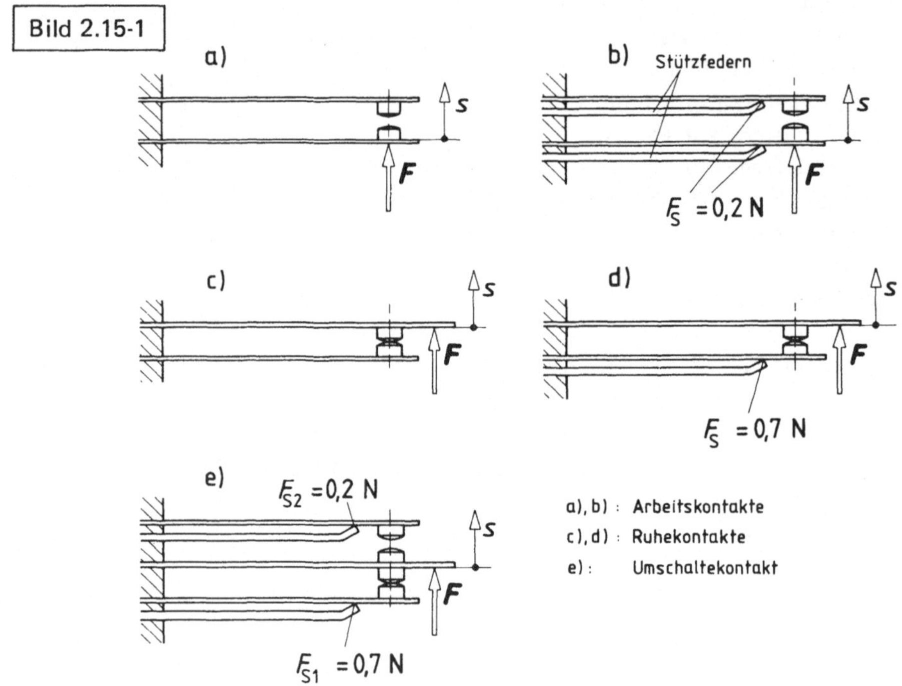

Lösung: Für die Arbeitskontakte a) und b) beachte man, daß mit dem Schließen der Kontakte, d.h. bei Eintritt der Berührung, die geforderte Kontaktkraft noch nicht erreicht ist. Beide Federn müssen gemeinsam weiter durchgebogen werden, bis die obere Feder 0,5 N Verformungswiderstand entgegensetzt.

Bei den Ruhekontakten c), d) sind die Federn so vorgeformt, daß die Kontakte mit F_K belastet sind. Im Fall c) wird sich also bei Betätigung die untere Feder um $s = F_K/c = 0{,}5$ mm nach oben entspannen; erst bei $s = 0{,}5$ mm öffnet der Kontakt. Die obere Feder muß von da ab noch $a_{min} = 0{,}5$ mm weiter nach oben bewegt werden. Im Fall d) folgt die untere Feder der Öffnungsbewegung der oberen Feder nicht; sie drückt nach dem Öffnen noch mit 0,2 N gegen die Stützfeder.

Der Umschaltkontakt e) ist eine Kombination von Arbeitskontakt b) und Ruhekontakt d). Die Lastfunktion dafür erhält man durch Überlagerung der entsprechenden Einzelfunktionen. Kraft-Weg-Diagramme in Bild 2.15-2.

Bild 2.15-2

N
F
2
1,5
1
0,5
0
Schließen Arbeitskontakt
F_K
0,5
1 mm
s
a)

2
1,5
1
0,5
Schließen Arbeitsk.
F_K
F_S
F_S
0
0,5
1
b)

2
1,5
1
0,5
Öffnen Ruhekontakt
F_K
0
0,5
1
c)

2
1,5
1
0,5
Öffnen Ruhekontakt
F_K
0
0,5
1
d)

2
1,5
1
0,5
Öffnen Ruhekontakt
Schließen Arbeitsk.
F_{S2}
F_K
F_K
0
0,5
1
e)

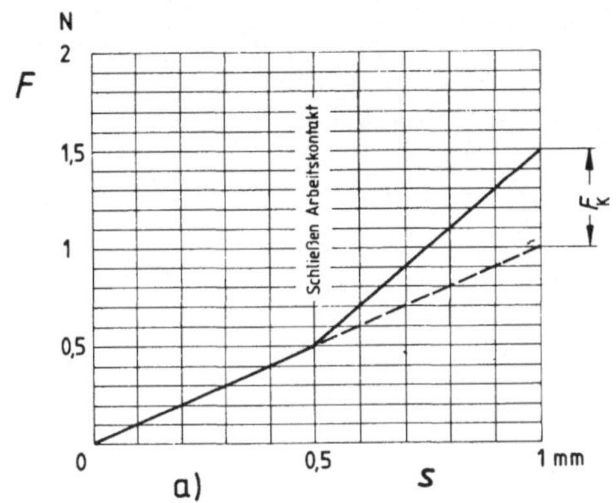

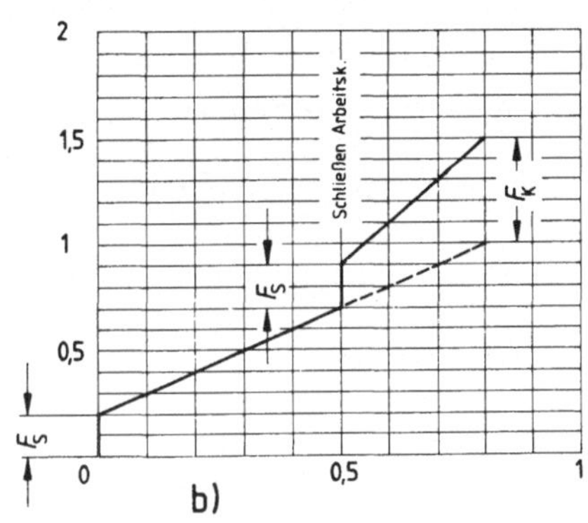

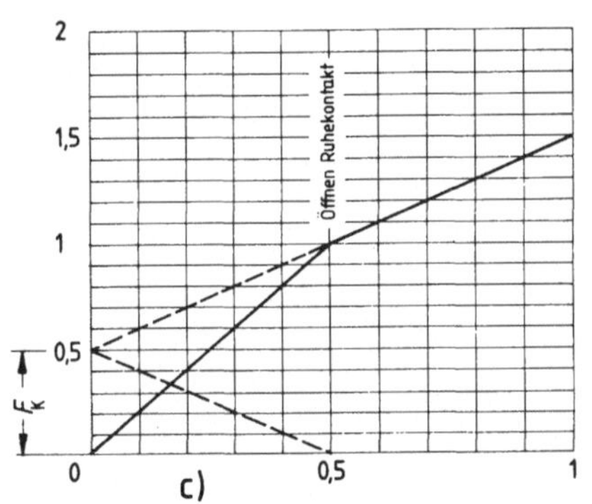

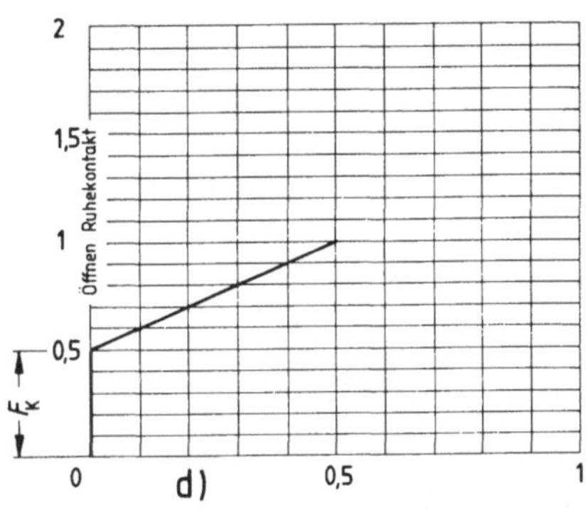

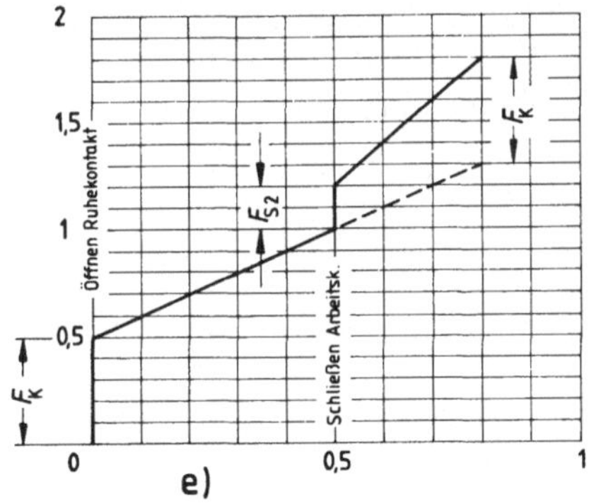

2.16 Eine zylindrische Welle soll durch ein um 25 % leichteres, dickwandiges Rohr gleichen Außendurchmessers ersetzt werden. Um wieviel Prozent vergrößert sich dadurch bei sonst gleichen Bedingungen der Verdrehungswinkel φ und die (maximale) Torsionsspannung τ_t? (S)

Lösung: Bedeutet A_1 den Vollquerschnitt, A_2 den Rohrquerschnitt, so ergibt sich aus der vorgesehenen Änderung $A_2 = 0{,}75 A_1$ oder, wegen der gleichen Außendurchmesser D,

$$\frac{\pi}{4}(D^2 - d^2) = \frac{\pi}{4} 0{,}75 D^2,$$

woraus der Innendurchmesser des Rohres

$$d = \frac{D}{2} \tag{1}$$

folgt.

Für den Verdrehungswinkel gilt bei den zu vergleichenden Querschnitten

$$\varphi = \frac{M_t\, l}{G I_p};$$

hierin ist

$$I_{p1} = \frac{\pi}{32} D^4 \quad \text{und} \quad I_{p2} = \frac{\pi}{32}(D^4 - d^4).$$

Demnach mit Gl. (1)

$$\frac{\varphi_2}{\varphi_1} = \frac{I_{p1}}{I_{p2}} = \frac{D^4}{D^4 - (D/2)^4} = \frac{16}{15}, \tag{2}$$

wonach die relative Zunahme des Verdrehungswinkels

$$\frac{\varphi_2 - \varphi_1}{\varphi_1} = \frac{\varphi_2}{\varphi_1} - 1 = \frac{1}{15} \approx 0{,}067 = 6{,}7\,\% \tag{3}$$

beträgt.

Bei Kreisquerschnitt sowie bei Kreisringquerschnitt gilt für die Torsionsspannung $\tau_t = M_t/W_p$, somit

$$\frac{\tau_{t2}}{\tau_{t1}} = \frac{W_{p1}}{W_{p2}} = \frac{I_{p1}}{D/2} : \frac{I_{p2}}{D/2} = \frac{I_{p1}}{I_{p2}}.$$

Offensichtlich ist dies dasselbe Verhältnis wie in Gl. (2), so daß man sofort die relative Spannungserhöhung gemäß Gl. (3)

$$\frac{\tau_{t2} - \tau_{t1}}{\tau_{t1}} = 6{,}7\,\%$$

angeben kann.

2.17 Man skizziere die im Draht-Querschnitt einer belasteten Schraubenfeder mit Kreisquerschnitt resultierenden Kraft- und Momentvektoren und zerlege diese in Richtung des Querschnittes und senkrecht dazu.

Welche Beanspruchungsarten werden demnach üblicherweise vernachlässigt? (S)

Lösung: Denkt man sich die belastete Schraubenfeder senkrecht zur (gekrümmten) Drahtachse wie in Bild 2.17-1a durchgeschnitten, so muß man die vom weggenommenen Körper ausgeübten Kräfte und Momente in der Schnittfläche anbringen, um das ursprüngliche Gleichgewicht wieder herzustellen.

Als Reduktionspunkt wählt man den Flächenmittelpunkt und erhält eine resultierende Kraft $F' = -F$; ferner, weil diese Kraft nicht mit F in gleicher Wirkungslinie liegt, ein resultierendes Kräftepaar M, senkrecht zur durch F und F' bestimmten Ebene, d.h. den Kraftwinder $\{F', M\}$.

Zerlegt man F' und M, wie in Bild 2.17-1b und 2.17-1c gezeigt, in Komponenten, die im Querschnitt liegen bzw. senkrecht dazu stehen, so erkennt man die verschiedenen Beanspruchungsarten.

Wird wie in der elementaren Formel zur Berechnung der Drahtdicke nur M_t berücksichtigt, dann sind damit die Beanspruchungsarten Zug, Biegung und Schub (Abscheren) vernachlässigt.

Je kleiner die Steigung der Feder ist, desto unbedeutender sind Zug- und Biegebeanspruchung.

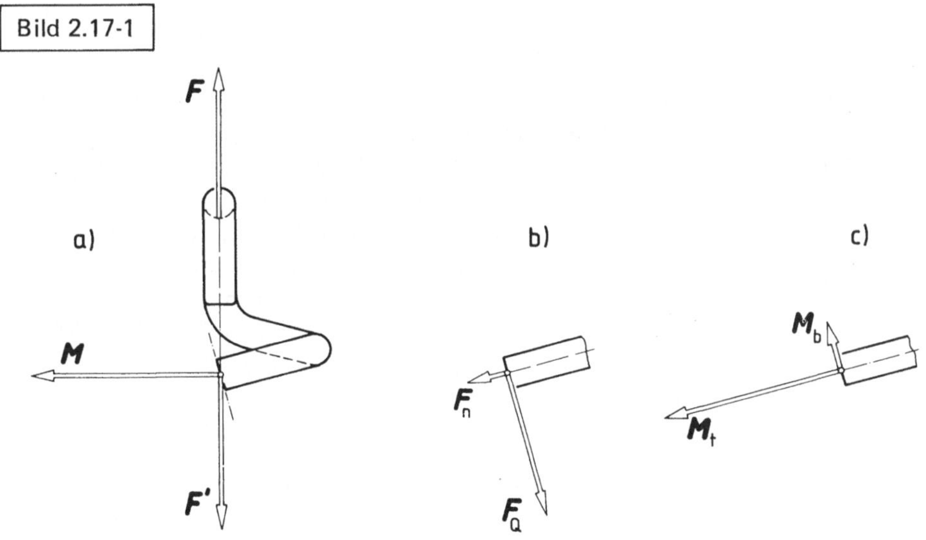

2.18 Eine Welle mit 20 mm Durchmesser ist durch ein Moment M auf Verdrehung beansprucht, größtes zu übertragendes Moment M_{max} = 200 N m. Zur Messung des im Betrieb übertragenen Moments werden Dehnungsmeßstreifen (DMS) in der Anordnung nach Bild 2.18-1 auf die Wellenoberfläche geklebt. Für die Änderung des ohmschen Widerstandes der DMS gilt allgemein $\Delta R = R \, \epsilon \, k$, worin R der Widerstand eines DMS im unverformten Zustand, ϵ die Dehnung und der „k-Faktor" ein spezifischer, ausführungsabhängiger Wert des DMS ist. Für das maximale Moment berechne man die Dehnungen ϵ_1 und ϵ_2 der beiden DMS.

G = 8,3 · 10^4 N/mm^2 für den Wellenwerkstoff Stahl.   (A)

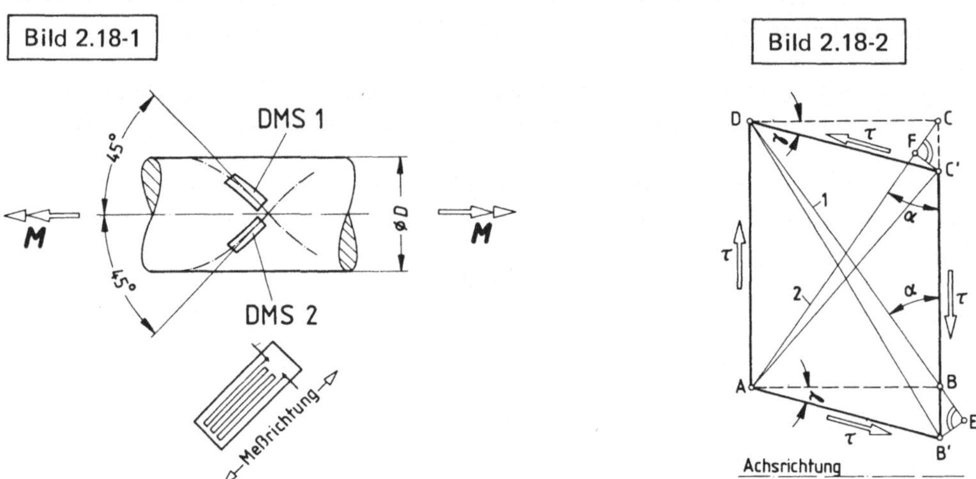

Lösung: Für den Kreisquerschnitt der Welle ist das polare Widerstandsmoment $W_p = \pi D^3 /$ 16 = 1570 mm^3 und damit die Schubspannung in den Randfasern $\tau_{max} = M_{max} / W_p =$ = 127 N/mm^2. Daraus die Schiebung in der Wellenoberfläche $\gamma = \tau_{max} / G$ = 0,00153.

Die DMS sind als Meßwertaufnehmer unmittelbar nur für die Messung von Dehnungen geeignet, nicht aber für die Schubverformungen. Sie müssen deshalb in den Richtungen am Meßobjekt angebracht werden, in denen Dehnungen, d.h. Längenänderungen auftreten. Man betrachte ein Rechteckelement ABCD aus der Wellenoberfläche, Bild 2.18-2. Unter dem Einfluß der Schubspannungen werden sich die ursprünglich rechten Winkel um den Winkel γ („Schiebung") ändern; d.h. das Element wird zum Parallelogramm AB'C'D. Die Dehnungen in den Diagonalenrichtungen werden

$$\epsilon_1 = \frac{\overline{BE}}{\overline{BD}}, \quad \epsilon_2 = -\frac{\overline{CF}}{\overline{AC}}. \quad\quad\quad (1)\,(2)$$

Da die Schiebung γ sehr klein bleibt, können die Kreisbögen B'E und C'F als Geraden angenommen werden.

Mit $\gamma \approx \tan\gamma = \dfrac{\overline{BB'}}{\overline{AB}} = \dfrac{\overline{CC'}}{\overline{CD}}$ für die Schiebung werden aus (1) $\epsilon_1 = \dfrac{\overline{BB'}\cos\alpha}{\overline{AB}/\sin\alpha} =$ $= \dfrac{\overline{BB'}}{\overline{AB}} \sin\alpha \cos\alpha = \gamma \frac{1}{2} \sin 2\alpha$ und aus (2) $\epsilon_2 = -\dfrac{\overline{CC'}\cos\alpha}{\overline{CD}/\sin\alpha} = -\dfrac{\overline{CC'}}{\overline{CD}} \sin\alpha \cos\alpha = -\gamma \frac{1}{2} \sin 2\alpha$.

Für $\alpha = 45°$ (im vorliegenden Fall die Meßrichtungen der DMS) werden die Dehnungen am größten, also

$$\epsilon_1 = \gamma/2 = +0{,}000765 \quad \text{und} \quad \epsilon_2 = -\gamma/2 = -0{,}000765.$$

2.19 Bei einer Balkenwaage darf nach Angabe der Herstellerfirma der zu wiegende Körper maximal eine Masse von $m_1 = 1$ kg haben. Die Masse der Waagschale einschließlich Aufhängung beträgt $m_2 = 0{,}2$ kg. Man ermittle die im Querschnitt A–B des Waagebalkens (Bild 2.19-1) auftretende Maximalspannung und stelle die Spannungsverteilung grafisch dar.

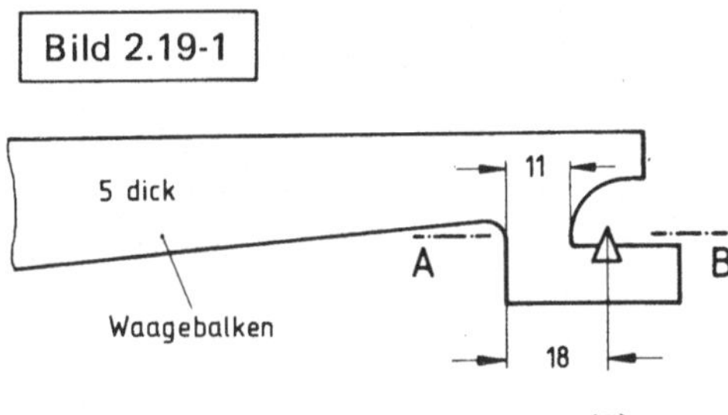

Wie weit verlagert sich die neutrale Faserschicht aus der Querschnittsmitte?   (S)

Lösung: In Bild 2.19-2a sind die vom weggenommen gedachten Teilkörper ausgeübten inneren Kräfte im Flächenmittelpunkt des Querschnittes A–B auf den Kraftwinder $\{F, M_b\}$ reduziert.

Demnach resultiert die Gesamtspannung aus einer Biegespannung und einer Zugspannung. Beide Beanspruchungsarten haben Normalspannungen zur Folge, die sich gemäß Bild 2.19-2b überlagern. Man hat

$$\sigma_b = \frac{M_b}{W} = 6\,\frac{lF}{b\,h^2}.$$

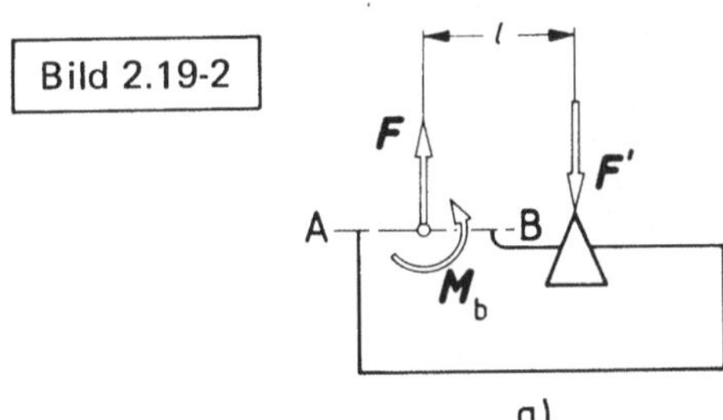

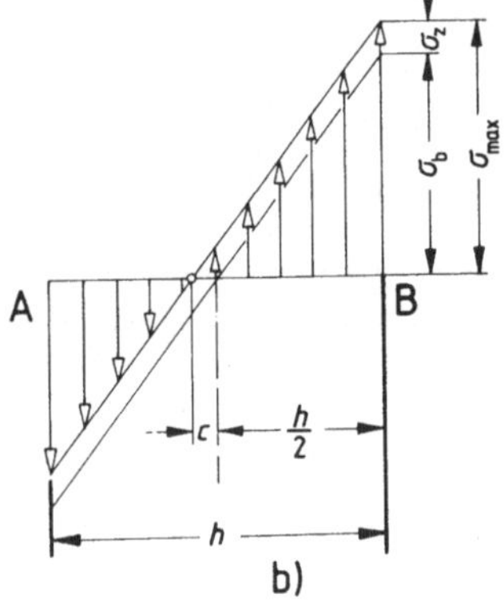

Mit $l = 12{,}5$ mm, $F = F' = (m_1 + m_2)\,g = 11{,}8$ N, $b = 5$ mm und $h = 11$ mm findet man den Betrag der (maximalen) Biegespannung $\sigma_b = 1{,}5$ N/mm^2.

Die Zugspannung beträgt

$$\sigma_z = \frac{F}{b\,h} = 0{,}2\,\text{N/mm}^2,$$

wonach sich die resultierende maximale Spannung

$$\sigma_{max} = \sigma_b + \sigma_z = 1{,}7\,\text{N/mm}^2$$

ergibt. Damit läßt sich Bild 2.19-2b maßstäblich zeichnen.

Man liest daraus wegen der Ähnlichkeit der Dreiecke ab:

$$\frac{c}{h/2} = \frac{\sigma_z}{\sigma_b},$$

woraus die Verschiebung der neutralen Faserschicht (Nullinie)

$$c = \frac{\sigma_z}{\sigma_b}\,\frac{h}{2} = \frac{F/A}{F\,l/W}\,\frac{h}{2} = \frac{h^2}{12\,l}$$

folgt. Man findet $c = 0,8$ mm. Bei gleichzeitiger Zug- und Biegebeanspruchung ist offensichtlich die neutrale Faserschicht in Richtung zur Biege-Druckseite hin verschoben.

Anmerkung: Aus der trotz exzentrischer Kraft kleinen maximalen Spannung darf man nicht den Schluß ziehen, der Waagebalken sei überdimensioniert. Maßgebend ist hier vor allem die größte Durchbiegung!

2.20 Der Rahmen nach Bild 2.20-1 dient zur Kraftmessung; das Meßobjekt wird zwischen Schraube und Gegenlage gespannt. Die durch Anziehen der Schraube ausgeübte Kraft F wird indirekt über die am Querschnitt A–B angebrachten Dehnungsmeßstreifen (DMS) gemessen. Größte Kraft $F = 600$ N. Werkstoff des Rahmens: Stahl mit $E = 2,1 \cdot 10^5$ N/mm². Gesucht sind Normalkraft, Querkraft und Biegemoment für den gesamten Rahmen bei Maximallast. Im Querschnitt A–B sind die Spannungen zu berechnen und die Spannungsverteilung zu skizzieren. Wie groß sind die Dehnungen an den Meßstellen? (A)

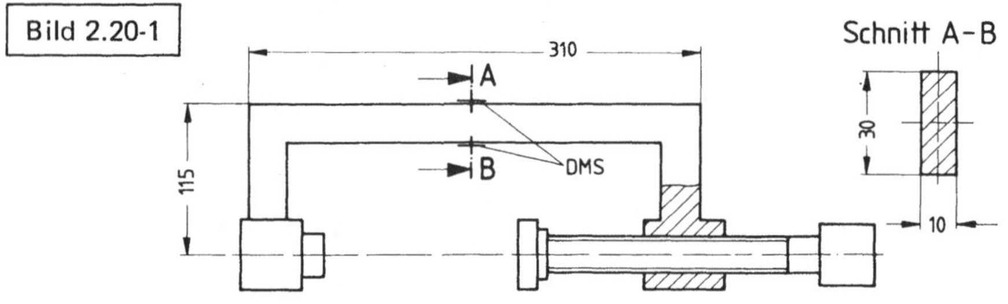

Lösung: Innere Kräfte/Momente im Rahmen durch Anwendung des Schnittprinzips und Auswertung der Gleichgewichtsbedingungen auf die durch die Schnitte entstandenen Teilkörper, siehe Bild 2.20-2.

Querschnitt ①, Bild 2.20-3: Aus $\Sigma F_x = 0$ die Querkraft $F_Q = F = 600$ N und aus $\Sigma M = 0$ das Biegemoment $M_b = Fy$ mit dem Größtwert $M_{b\,max} = Fa = 6000$ N cm. Normalkraft $F_N = 0$.

Querschnitt ②, Bild 2.20-4: Aus $\Sigma F_x = 0$ die Normalkraft $F_N = F = 600$ N und aus $\Sigma M = 0$ das Biegemoment $M_b = Fa = 6000$ N cm. Querkraft $F_Q = 0$. Diagramme siehe Bild 2.20-5. Stabquerschnittsfläche $A = 3$ cm²; axiales Widerstandsmoment $W = 1,5$ cm³.

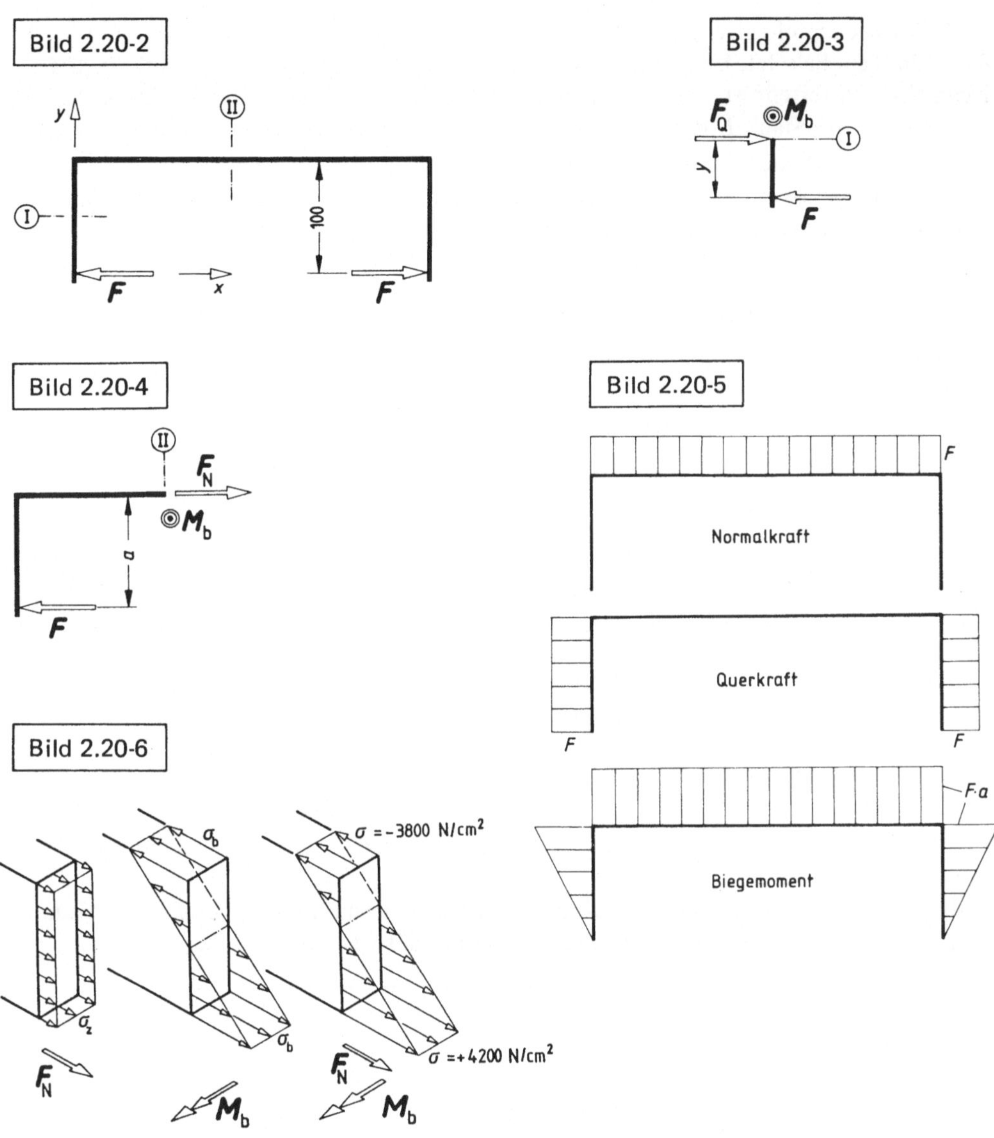

Damit für den Querschnitt (II) die Normalspannungen aus Zugbeanspruchungen
$\sigma_z = F_N/A = 200\,\text{N/cm}^2$ und die aus der Biegebeanspruchung herrührenden größten Normalspannungen in den Randfasern $\sigma_b = M_b/W = 4000\,\text{N/cm}^2$ (Zugspannung in der inneren, Druckspannung in der äußeren Randfaser). Die resultierenden Normalspannungen werden in der äußeren Randfaser $\sigma = 3800\,\text{N/cm}^2$ (Druckspannung) und in der inneren Randfaser $\sigma = 4200\,\text{N/cm}^2$ (Zugspannung). Anschauliche Darstellung in Bild 2.20-6.

Aus $\sigma = E\epsilon$ werden die Dehnungen im Querschnitt (II) in der äußeren Randfaser $\epsilon = -18 \cdot 10^{-5}$ und in der inneren Randfaser $\epsilon = +20 \cdot 10^{-5}$.

2.21 Der Klemmrollenfreilauf nach 1.29 sei in der Sperrichtung mit einem Moment
$M = 120\,\mathrm{N\,cm}$ belastet. Unter der Annahme, daß die Belastung gleichmäßig auf die drei
Zylinderrollen verteilt ist, berechne man die größte Flächenpressung an den Klemmflächen.
Alle Bauteile aus Stahl, $E = 2{,}1 \cdot 10^5\,\mathrm{N/mm^2}$; Länge der Zylinderrolle $l = 9\,\mathrm{mm}$. (A)

Lösung: Für die Nabe wird mit den Bezeichnungen des Bildes 1.29-2 aus
$\Sigma M = 0 : 3\,F_{\mathrm{AR}}\,14\,\mathrm{mm} - M = 0$, worin F_{AR} hier als die auf die Nabe wirkende Reibungskraft im entgegengesetzten Sinne wie in Bild 1.29-2 wirkt. Mit $\alpha = 8{,}5°$ wird

$$F_{\mathrm{An}} = F_{\mathrm{Bn}} = \frac{F_{\mathrm{AR}}}{\tan\alpha} = \frac{M}{42\,\mathrm{mm}\,\tan 8{,}5°} \approx 192\,\mathrm{N}.$$

Es liegen hier zwei Berührungsprobleme vor:

a) Berührung zweier Walzen mit parallelen Achsen,
b) Berührung von Walze und ebener Platte.

Nach den Lösungen von Hertz gilt für beide Fälle für die größte Flächenpressung

$$p = \sqrt{0{,}175\,\frac{F E}{r l}}\,,$$

mit der Normalkraft F, dem (für alle Teile hier gleichen) Elastizitätsmodul E, der Zylinder-
länge l und dem Radius r, der für den Fall a) $1/r = 1/r_1 - 1/r_2$ und für den Fall b) $r = r_1$
ist. (r_1 = Radius der Zylinderrolle, r_2 = Radius der Nabenbohrung.) Im Falle b) wird also
r kleiner als im Fall a); die Flächenpressung wird daher für die Berührung der Zylinderrolle
mit den Klemmflächen der Welle größer. Es ist

$$p = \sqrt{0{,}175\,\frac{192\,\mathrm{N} \cdot 2{,}1 \cdot 10^5\,\mathrm{N/mm^2}}{2{,}25\,\mathrm{mm} \cdot 9\,\mathrm{mm}}} = 590\,\mathrm{N/mm^2}$$

die Flächenpressung an der Berührungsstelle einer Zylinderrolle mit der Klemmfläche der
Welle.

In dieser Rechnung ist nur die Normalkraft berücksichtigt; der Einfluß der Tangentialkraft
F_{BR} kann mit den Hertz'schen Gleichungen nicht erfaßt werden.

2.22 Für den Federwerkstoff Cu Be 2
HV 380 sind gegeben: Elastizitätsmo-
dul $E = 1{,}35 \cdot 10^5\,\mathrm{N/mm^2}$; Federbiege-
grenze $\sigma_{\mathrm{bE}} = 1050\,\mathrm{N/mm^2}$; Biege-
wechselfestigkeit $\sigma_{\mathrm{bW}} = 300\,\mathrm{N/mm^2}$;
Biegeschwellfestigkeit $\sigma_{\mathrm{bSch}} = 500\,\mathrm{N/}$
$\mathrm{mm^2}$. Mit diesen Werten zeichne man
das Dauerfestigkeitsschaubild für Biegebeanspruchung nach Smith.

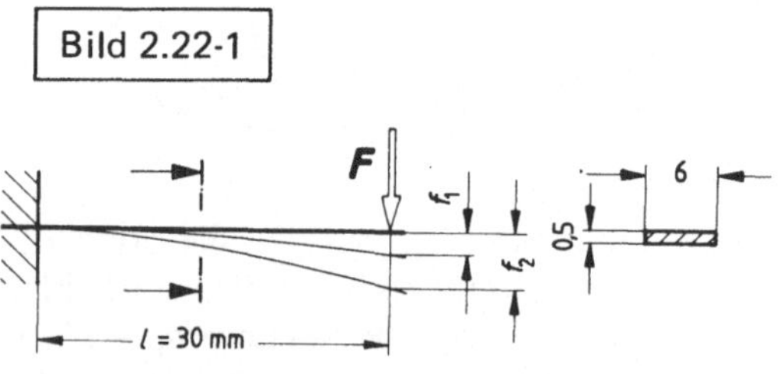

Eine Blattfeder aus diesem Werkstoff sei nach Bild 2.22-1 so belastet, daß die Durchbiegung
im Betrieb zwischen $f_1 = 2\,\mathrm{mm}$ und $f_2 = 5{,}6\,\mathrm{mm}$ schwankt. Man berechne die zugeord-
neten Grenzwerte der Biegespannung und trage sie in das Dauerfestigkeitsschaubild
ein.

(A)

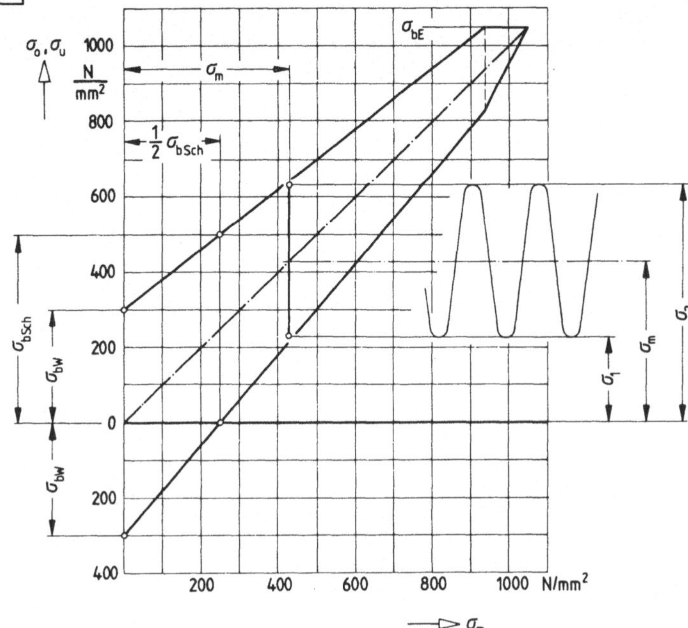

Lösung: Dauerfestigkeitsdiagramm aus σ_{bE}, σ_{bW}, σ_{bSch} in Bild 2.22-2.

Allgemein ist für den Belastungsfall nach Bild 2.22-1 die Durchbiegung $f = F l^3/(3 E I)$.
Mit dem axialen Flächenträgheitsmoment für die Biegeachse $I = 6 \cdot 0,5^3/12\,\text{mm}^4 =$
$0,0625\,\text{mm}^4$ werden die Grenzwerte der Kräfte

$$F_1 = 3 E I f_1/l^3 = 1,875\,\text{N}, \quad F_2 = 3 E I f_2/l^3 = 5,25\,\text{N}.$$

Mit dem Widerstandsmoment $W = 6 \cdot 0,5^2/6\,\text{mm}^3 = 0,25\,\text{mm}^3$ für den Federquerschnitt
werden in den Randfasern des Einspannquerschnitts

die untere Grenzspannung

$$\sigma_1 = \pm \frac{F_1 l}{W} = \pm 225\,\text{N/mm}^2,$$

die obere Grenzspannung

$$\sigma_2 = \pm \frac{F_2 l}{W} = \pm 630\,\text{N/mm}^2$$

und die zugehörige Mittelspannung

$$\sigma_m = \frac{\sigma_1 + \sigma_2}{2} = \pm 427,5\,\text{N/mm}^2.$$

(„+"-Vorzeichen für obere Randfaser: Zugspannung; „–"-Vorzeichen für untere Randfaser:
Druckspannung.) Die Grenzwerte liegen innerhalb des Dauerfestigkeitsbereiches.

3 Kinematik

3.1 Ein Pkw fährt von einem Rastplatz wieder in die Autobahn ein. In dem Augenblick, in dem der Fahrer das Schalten in den 2. Gang beendet hat, überholt ihn ein mit konstanter Geschwindigkeit vom Betrage $v = 72\,\text{km/h}$ fahrender Lkw. Nach welchem Zeitintervall kann der Personenwagen, von dem nachstehendes v, t-Schaubild bekannt ist, den Lastwagen frühestens einholen?

Welchen Weg legt er hierbei zurück?

Wie groß ist die maximale Beschleunigung des Pkws im 1., 2. und 3. Gang? (S)

Lösung: (Bild 3.1-1) Um Platz zu sparen, wird die Lösung in das gegebene v, t-Schaubild eingezeichnet.

Das s, t-Schaubild des mit konstanter Geschwindigkeit vom Betrage $v_{\text{Lkw}} = 72\,\text{km/h} =$
$= 20\,\text{m/s}$ fahrenden Lkws läßt sich sofort zeichnen, wobei man zweckmäßigerweise den Weg-Nullpunkt zum Zeitpunkt der ersten Begegnung der Fahrzeuge $t_0 = 5\,\text{s}$ wählt. Dann gilt die Geradengleichung

$$s_{\text{Lkw}} = v_{\text{Lkw}}\,(t - t_0).$$

Das s, t-Schaubild des Pkws kann durch grafische Integration (nach den Lehren der Mathematik) konstruiert werden.

Um das Bild jedoch nicht durch viele Hilfslinien unübersichtlich werden zu lassen, sei hier eine andere, halb zeichnerische, halb rechnerische Methode gezeigt.

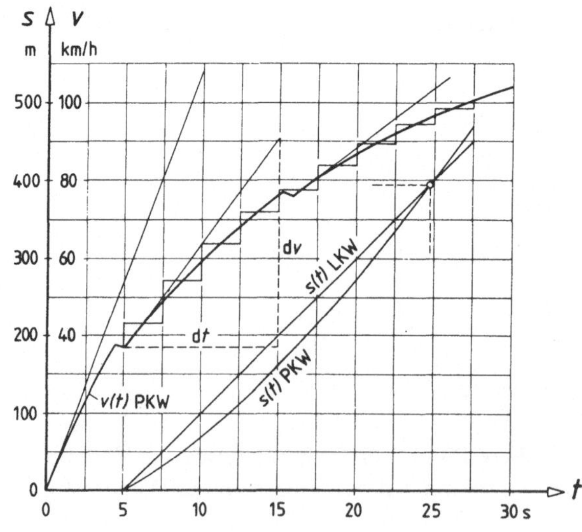

Bekanntlich ist die Fläche A unter der v, t-Linie in einem bestimmten Zeitintervall dem zugehörigen Wegzuwachs direkt proportional. Mit Beachtung der Maßstäbe gilt

$$. \; \Delta s = \frac{\Delta A}{M_v M_t} . \tag{1}$$

Hierin ist laut Schaubild $M_v = \dfrac{1 \text{ cm}}{20 \text{ km/h}}$; $M_t = \dfrac{1 \text{ cm}}{5 \text{ s}}$, so daß im vorliegenden Falle

$$\Delta s = 27{,}78 \, \frac{\text{m}}{\text{cm}^2} \, \Delta A \tag{1a}$$

wird.

Man verwandelt die krummlinig umrandete Fläche in eine Anzahl flächengleicher Rechtecke in geeignet großen Zeitabschnitten, z.B. $\Delta t = 2{,}5$ s; die ausgleichende Ordinate bedeutet hier physikalisch die mittlere Geschwindigkeit, d.i. diejenige gedachte Geschwindigkeit konstanten Betrages, die im gleichen Zeitintervall denselben Wegzuwachs brächte wie die wirkliche, veränderliche Geschwindigkeit.

Mit Hilfe von Gl. (1a) kann man folgende Tabelle aufstellen,

ΔA_i	1,09	1,36	1,60	1,80	1,95	2,10	2,24	2,36	2,46	cm²
Δs_i	30,3	37,8	44,4	50,0	54,2	58,3	62,2	65,6	68,3	m
$s = \sum\limits_i \Delta s_i$	30,3	68,1	112,5	162,5	216,7	275,0	337,2	402,8	471,1	m

die 9 gefundenen Funktionswerte eintragen und durch einen „glatten" Linienzug verbinden. Da man aus praktischen Erwägungen (besonders in einem Buch) die Rechtecke nicht beliebig schmal machen kann, können Feinheiten — z.B. das Schalten im 3. Gang — verloren gehen; man sagt: die grafische Integration glättet die Kurve. Das bedeutet, daß bei der Umkehroperation, der grafischen Differentiation dieser v, t-Linie, der Schaltknick nicht mehr in Erscheinung träte.

Für die Lösung des vorliegenden Problems ist dies aber ohne Bedeutung.

Der Schnittpunkt beider s, t-Linien kennzeichnet die Entfernung s^* seit der ersten Begegnung und die Einholzeit $\Delta t = t^* - t_0$. Man liest aus dem Schaubild ab:

Einholzeit $\Delta t = 19{,}5$ s; Einholweg $s^* = 395$ m.

Den maximalen Betrag der Bahnbeschleunigung findet man durch Eintragen der Tangenten maximaler Steigung in das v, t-Schaubild aus deren Steigungsdreiecken.

1. Gang $a_{\text{tmax}} = \left(\dfrac{dv}{dt}\right)_{\text{max}} = 3 \, \dfrac{\text{m}}{\text{s}^2}$; 2. Gang $a_{\text{tmax}} = 1{,}5 \, \dfrac{\text{m}}{\text{s}^2}$; 3. Gang $a_{\text{tmax}} = 0{,}85 \, \dfrac{\text{m}}{\text{s}^2}$.

3.2 Bekanntlich ist die mittlere Bahnbeschleunigung diejenige Tangentialbeschleunigung konstanten Betrages, die im gleichen Zeitintervall dieselbe Änderung des Geschwindigkeitsbetrages zur Folge hat wie die wirkliche Bahnbeschleunigung veränderlichen Betrages. Es gilt somit (analog der gleichmäßig beschleunigten Bewegung) $\Delta v = a_{\text{tm}} \, \Delta t$.

Folgt daraus auch $\Delta s = \frac{1}{2} a_{\text{tm}} (\Delta t)^2$, wenn $v_0 = 0$ ist und Δt von $t = 0$ aus gemessen wird? $\hspace{1cm}$ (S)

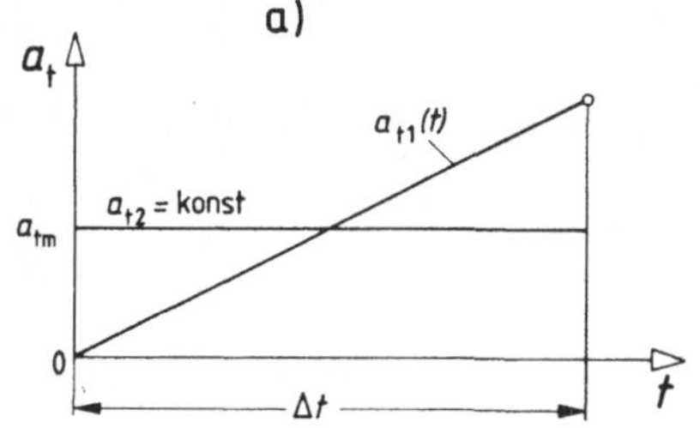

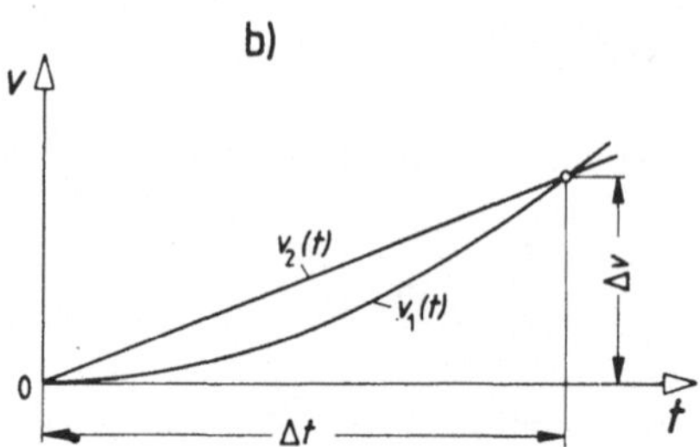

Lösung: Man macht sich den Sachverhalt am besten anhand einer Skizze (Bild 3.2-1a) klar, wobei man am einfachsten die lineare Beziehung: $a_{t1} = c\,t$ zugrunde legt.

Mit der Anfangsbedingung $a_{t1} = 0$ für $t = 0$ erhält man in rechtwinkligen Koordinaten als Graph dieser Funktion eine im Koordinatenursprung beginnende, ansteigende Gerade. Die Dreiecksfläche unter dieser Geraden im Zeitintervall Δt ist bekanntlich dem Geschwindigkeitszuwachs direkt proportional.

Verwandelt man das Dreieck in ein flächengleiches Rechteck mit der Ordinate a_{tm}, so gilt exakt $\Delta v = a_{tm}\,\Delta t$ wie bei konstantem Betrag der Bahnbeschleunigung.

Hätte es sich tatsächlich um eine gleichmäßig beschleunigte Bewegung gehandelt ($a_{t2} = konst.$), so ergäbe sich daraus durch Integration das v, t-Gesetz als lineare Funktion, während die Integration der linearen Funktion $a_{t1} = c\,t$ eine (quadratische) Parabel liefert (Bild 3.2-1b).

Die Flächen unter diesen beiden v, t-Linien in dem betrachteten Zeitintervall sind den Wegänderungen in dieser Zeit direkt proportional und offensichtlich bei gleichen Anfangsbedingungen (z.B. $v_0 = 0$) nicht gleich!

Bei nicht konstantem Betrag der Bahnbeschleunigung und beliebig großem Δt ist demnach im allgemeinen

$$\Delta s \neq \frac{1}{2} a_{tm}\,(\Delta t)^2.$$

3.3 Ein Erfinder schlägt ein in Bild 3.3-1 vereinfacht dargestelltes Zeichengerät vor, das geeignet sein soll, Ellipsen mechanisch aufzuzeichnen. (Ständer und Antriebskurbel sind weggelassen.)

Man untersuche, ob die *Bahnkurve* des Schreibstiftes eine Ellipse ist. Bei welchen Einstellungen (d bzw. e), ausgedrückt durch gegebene Größen, entstehen Kreise, und wie groß sind deren Radien r?

(S)

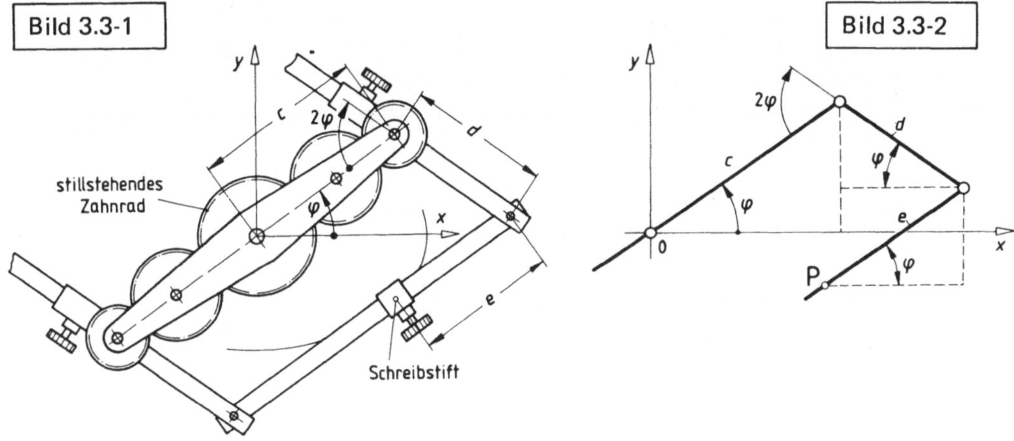

Lösung: Anhand von Bild 3.3-2 ergeben sich die Koordinaten des Punktes P zu

$$x = c \cos\varphi + d \cos\varphi - e \cos\varphi$$

und

$$y = c \sin\varphi - d \sin\varphi - e \sin\varphi,$$

zusammengefaßt

$$\left. \begin{aligned} x &= (c + d - e) \cos\varphi \\ y &= (c - d - e) \sin\varphi \end{aligned} \right\}.$$

Dies ist die Parameterdarstellung einer Ellipse!
Eliminiert man den Parameter φ – was nicht immer möglich ist –, so erhält man die „Bahngleichung"

$$\frac{x^2}{(c + d - e)^2} + \frac{y^2}{(c - d - e)^2} = 1,$$

im vorliegenden Falle die Mittelpunktsgleichung einer Ellipse.
Kreise entstehen, falls die Nenner gleich sind

$$(c + d - e)^2 = (c - d - e)^2 \Rightarrow d(c - e) = 0.$$

Diese Bestimmungsgleichung hat die beiden Lösungen

1) $d = 0 \quad \Rightarrow \quad r = c - e.$
2) $e = c \quad \Rightarrow \quad r = d.$

Anmerkung: In der Getriebetechnik wird gezeigt, daß es einfachere Mechanismen zum Aufzeichnen von Ellipsen gibt.

3.4 Koordinatographen mit Bahnsteuerung („Plotter") dienen zum selbsttätigen Aufzeichnen von Funktionskurven. Aus gegebenen Wertepaaren x_i, y_i von Kurvenpunkten wird durch Interpolation eine Funktion ermittelt und durch Stellantriebe werden die Schlitten so verschoben, daß vom Schreibstift diese Funktion aufgezeichnet wird; Bild 3.4-1.

Gegeben: Interpolationspolynom für aufzuzeichnendes Kurvenstück

$$y = 3\,\text{cm} + 1{,}8\,x - 0{,}3\,\text{cm}^{-1}\,x^2 - 0{,}03\,\text{cm}^{-2}\,x^3\,;$$

Geschwindigkeit des Längsschlittens $v_x = 1\,\text{cm/s} = \textit{konst.}$

Gesucht sind Beziehungen $v_y\,(t)$, $a_y\,(t)$ für Geschwindigkeit und Beschleunigung des Querschlittens und die Werte der Geschwindigkeit und Beschleunigung des Schreibstiftes im Punkt $x = 1\,\text{cm}$ mit maßstäblicher Aufzeichnung des Geschwindigkeits- und des Beschleunigungsvektors in diesem Punkt. (A)

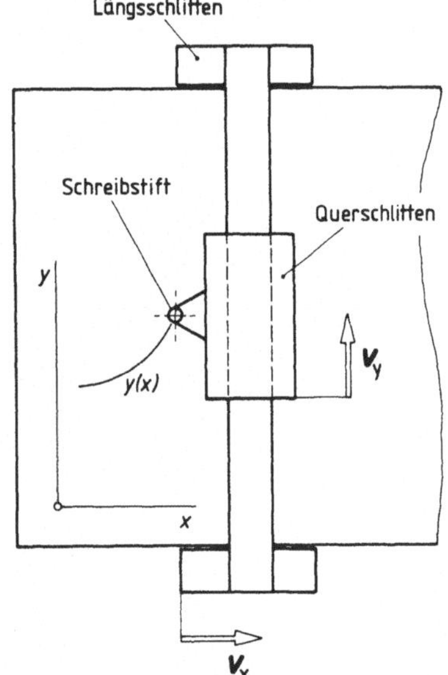

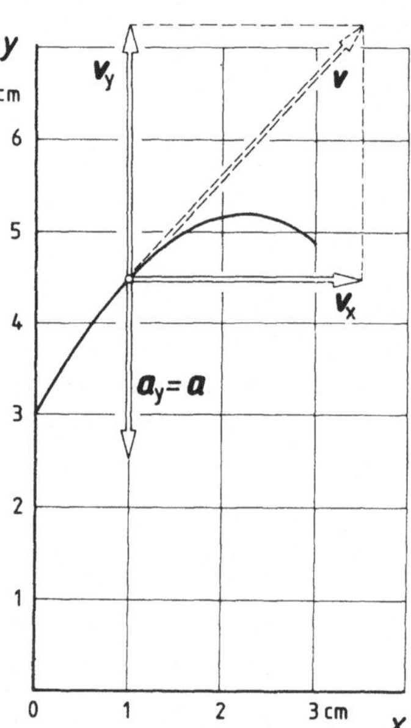

Lösung: Die Kurve ist in expliziter Form gegeben; zweckmäßig für die weitere Behandlung ist die Parameterform $x\,(t)$, $y\,(t)$ mit der Zeit t als Parameter:

$$x = v_x\,t, \tag{1}$$

$$y = 3\,\text{cm} + 1{,}8\,v_x\,t - 0{,}3\,\text{cm}^{-1}\,v_x^2\,t^2 - 0{,}03\,\text{cm}^{-2}\,v_x^3\,t^3. \tag{2}$$

Aus (2) dann die Geschwindigkeitsfunktion für den Antrieb des Querschlittens durch Differentiation nach der Zeit

$$v_y = \frac{\mathrm{d}y}{\mathrm{d}t} = 1{,}8\,v_x - 0{,}6\,\text{cm}^{-1}\,v_x^2\,t - 0{,}09\,\text{cm}^{-2}\,v_x^3\,t^2. \tag{3}$$

Die Beziehung für die Querschlittenbeschleunigung durch eine weitere Differentiation aus (2)

$$a_y = \frac{\mathrm{d}v_y}{\mathrm{d}t} = -0,6\,\mathrm{cm}^{-1}\,v_x^2 - 0,18\,\mathrm{cm}^{-2}\,v_x^3\,t. \tag{4}$$

Für $x = 1\,\mathrm{cm}$ ist $t = 1\,\mathrm{s}$; aus (2) damit $v_y = 1,11\,\mathrm{cm/s}$ und aus (3) $a_y = -0,78\,\mathrm{cm/s}^2$. Maßstäbliche Aufzeichnung in Bild 3.4-2.

3.5 Papiervorschub eines Schnelldruckers

Bild 3.5-1 zeigt schematisch den Papiervorschubmechanismus eines Schnelldruckers der Datentechnik. Dargestellt sind die Bauelemente für einzeiligen Papiervorschub. Die Vorschubraupen greifen mit ihren Stiften in die Transportlochung des Papierbogens ein. Das untere Raupenpaar hebt das Papier vom Stapel ab und führt es dem Drucker zu; das obere schiebt es zum Ablagestapel. Zwischen den Raupenpaaren ist das Papier straff gespannt. Die die Vorschubraupen antreibenden Wellen werden von einem ständig laufenden Elektromotor

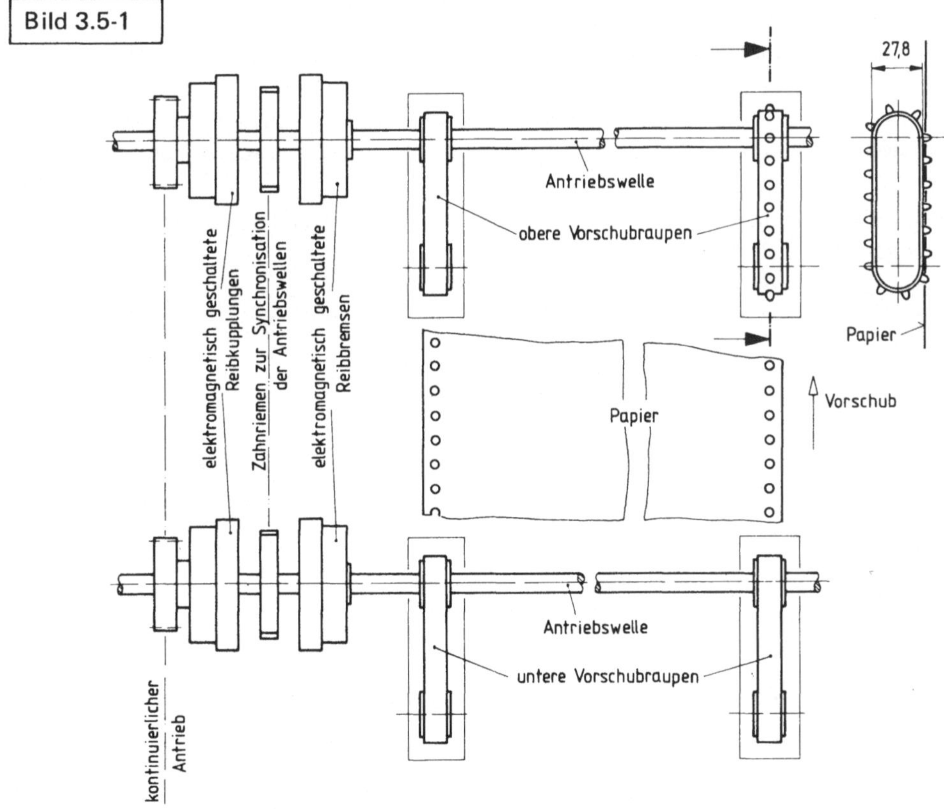

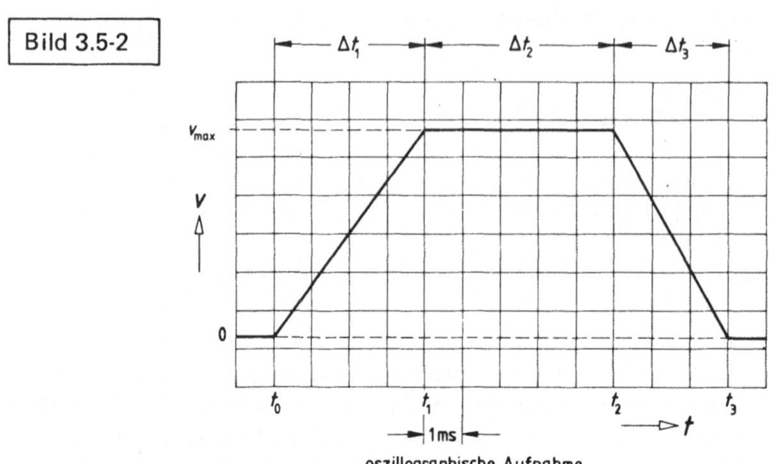

oszillographische Aufnahme

über elektromagnetisch geschaltete Reibkupplungen angetrieben und durch ebensolche Reib-
bremsen wieder stillgesetzt. Beide Wellen sind durch ein formschlüssiges Antriebsmittel
(Zahnriemen) miteinander verbunden; dadurch werden kleine Unterschiede in der Wirkung
beider Kupplungen bzw. Bremsen ausgeglichen. Bild 3.5-2 zeigt den Ablauf der Vorschub-
bewegung im v, t-Diagramm. Zeilenabstand $s = 1/6''$.

Gesucht: a) maximale Papiervorschubgeschwindigkeit v_{max}, b) Papierbeschleunigungen a_A
beim Anfahr- und a_B beim Bremsvorgang, c) maximale Winkelgeschwindigkeit ω_{max} der
Antriebswellen und d) die entsprechenden Winkelbeschleunigungen α_A, α_B der Antriebswellen. (A)

Lösung: a) Nach Definition ist die Geschwindigkeit die erste Ableitung des Weges nach der
Zeit, für geradlinige Bewegung also

$$v \equiv \dot{s} = \frac{ds}{dt}.$$

Umgekehrt ist bei gegebenem Geschwindigkeitsverlauf

$$s = \int v(t)\, dt.$$

Im vorliegenden Fall ist diese Integration leicht durchzuführen: die Fläche unter der $v(t)$-
Linie ist ein Maß für den zurückgelegten Weg. Mit den Maßeinheiten der Diagrammachsen
wird hier für die Trapezfläche in Bild 3.5-2

$$s = \int_{t_0}^{t_3} v(t)\, dt = \frac{v_{max}}{2} \Delta t_1 + v_{max}\, \Delta t_2 + \frac{v_{max}}{2} \Delta t_3 = 4{,}23\, \text{mm}$$

und daraus die maximale Geschwindigkeit $v_{max} = 49{,}8\, \text{cm/s}$.

114

b) In der Anlaufphase nimmt die Papiergeschwindigkeit linear mit der Zeit zu, also ist die Beschleunigung während des Anlaufs

$$a_{\mathrm{A}} = \frac{\Delta v}{\Delta t} = \frac{v_{\max}}{\Delta t_1} = 124{,}5\,\mathrm{m/s^2} \approx 12{,}7\,g$$

und entsprechend in der Bremsphase $a_{\mathrm{B}} = 166\,\mathrm{m/s^2} \approx 16{,}9\,g$.

c) Die Papiergeschwindigkeit ist gleich der Geschwindigkeit der Vorschubraupen auf dem Radius, auf dem der Papierbogen an der Raupe anliegt. Aus $v = r\,\omega$ für die Umfangsgeschwindigkeit auf einer Kreisbahn wird mit $r = 13{,}9\,\mathrm{mm}$

$$\omega_{\max} = \frac{v_{\max}}{r} = 35{,}8\,\mathrm{s^{-1}}.$$

d) Die Papierbeschleunigung a ist gleich der Tangentialbeschleunigung a_{t} der Vorschubraupe, also wird aus $a = r\,\alpha$ mit $r = 13{,}9\,\mathrm{mm}$ die Winkelbeschleunigung in der Anlaufphase

$$\alpha_{\mathrm{A}} = \frac{a_{\mathrm{A}}}{r} = 8950\,\mathrm{s^{-2}}$$

und in der Bremsphase entsprechend $\alpha_{\mathrm{B}} = 11\,935\,\mathrm{s^{-2}}$.

Bemerkungen: Anfahr- und Bremsbeschleunigungen der Papierbahn können nicht beliebig gesteigert werden, sondern sind durch die Reißfestigkeit der Randlochung begrenzt. Die Beschleunigungswerte der Antriebswellen werden für die Bemessung der elektromagnetischen Kupplungen und Bremsen gebraucht.

3.6 Das in Bild 3.6-1 gezeigte Umlaufrädergetriebe ist Bestandteil eines sog. Pilgerschrittgetriebes, bei dem das (nicht dargestellte) Abtriebsglied bei jedem Umlauf zweimal eine kurze rückläufige Drehung macht.

Man ermittle für den Mittelpunkt P des mit dem Planetenrad durch eine Kurbel 2 fest verbundenen Zapfens unter Voraussetzung konstanter Winkelgeschwindigkeit ω der Antriebskurbel 1 folgende Größen:

Ortsvektor als Funktion der Zeit,
Geschwindigkeitsvektor und Betrag der Geschwindigkeit,
Beschleunigungsvektor und Betrag der Beschleunigung.
Es sei für $\varphi = 0$ auch $\psi = 0$; ferner gelte $c_1 = 2\,c_2$.   (S)

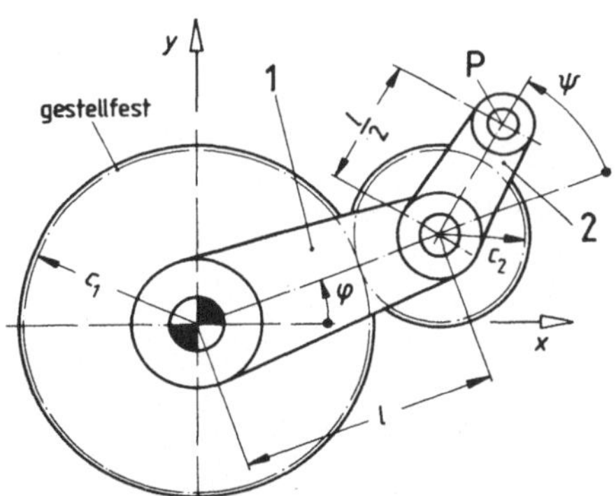

Bild 3.6-1

Lösung: Man drückt zunächst die Koordinaten des Ortsvektors x und y mittels gegebener Größen aus (Bild 3.6-2):

$$x = l\cos\varphi + \frac{l}{2}\cos(\varphi + \psi),$$

$$y = l\sin\varphi + \frac{l}{2}\sin(\varphi + \psi).$$

Bild 3.6-2

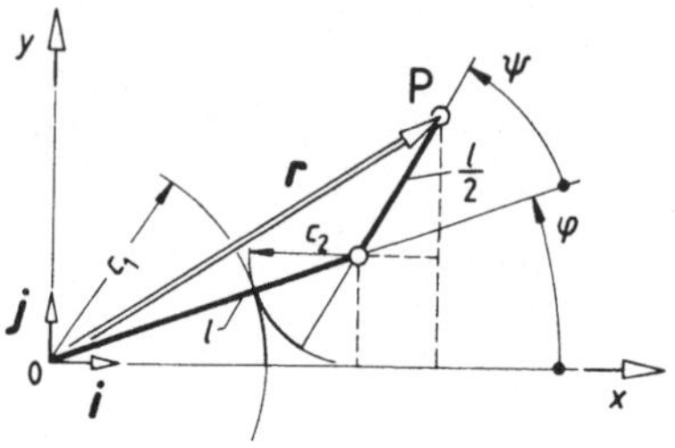

Da die Teilkreise von Zahnrädern ohne Gleiten aufeinander abrollen, gilt

$$c_1\varphi = c_2\psi$$

oder

$$\psi = \frac{c_1}{c_2}\varphi = 2\varphi.$$

Somit hat man

$$\left.\begin{aligned} x &= l\cos\varphi + \frac{l}{2}\cos 3\varphi \\ y &= l\sin\varphi + \frac{l}{2}\sin 3\varphi \end{aligned}\right\} . \qquad \begin{matrix}(1)\\(2)\end{matrix}$$

Dies ist die Parameterdarstellung der Bahn (verlängerte Epizykloide).
Substituiert man in Gl. (1) und Gl. (2) $\varphi = \varphi(t)$ durch das spezielle, hier gültige Gesetz $\varphi = \omega t$ (ω = *konst.*!), so ergeben sich die Bewegungsgleichungen in Parameterform.
Der gesuchte Ortsvektor wird damit

$$\boldsymbol{r} = x(t)\,\boldsymbol{i} + y(t)\,\boldsymbol{j} = \left[l\cos\omega t + \frac{l}{2}\cos 3\omega t\right]\boldsymbol{i} + \left[l\sin\omega t + \frac{l}{2}\sin 3\omega t\right]\boldsymbol{j}.$$

Daraus folgt sofort der Geschwindigkeitsvektor

$$\boldsymbol{v} = \frac{\mathrm{d}\boldsymbol{r}}{\mathrm{d}t} = \left[-l\omega\sin\omega t - \frac{3}{2}l\omega\sin 3\omega t\right]\boldsymbol{i} + \left[l\omega\cos\omega t + \frac{3}{2}l\omega\cos 3\omega t\right]\boldsymbol{j}.$$

Der (absolute) Betrag des Geschwindigkeitsvektors ist bei ebener Bewegung in kartesischen Koordinaten

$$|\boldsymbol{v}| = \sqrt{[v_x(t)]^2 + [v_y(t)]^2}.$$

Somit

$$|\boldsymbol{v}| = \sqrt{\left[-l\omega\sin\omega t - \frac{3}{2}l\omega\sin 3\omega t\right]^2 + \left[l\omega\cos\omega t + \frac{3}{2}l\omega\cos 3\omega t\right]^2}.$$

Hieraus erhält man durch Ausmultiplizieren und Vereinfachen

$$|\boldsymbol{v}| = l\omega\sqrt{\frac{13}{4} + 3\cos 2\omega t}.$$

Aus dem bekannten Geschwindigkeitsvektor findet man den Beschleunigungsvektor

$$a = \frac{d\mathbf{v}}{dt} = -\left[l\omega^2 \cos \omega t + \frac{9}{2} l\omega^2 \cos 3\,\omega t \right] \mathbf{i} - \left[l\omega^2 \sin \omega t + \frac{9}{2} l\omega^2 \sin 3\,\omega t \right] \mathbf{j}$$

mit dem Betrag

$$|a| = \sqrt{[a_x(t)]^2 + [a_y(t)]^2}$$

d.h.

$$|a| = \sqrt{\left[l\omega^2 \cos \omega t + \frac{9}{2} l\omega^2 \cos 3\,\omega t \right]^2 + \left[l\omega^2 \sin \omega t + \frac{9}{2} l\omega^2 \sin 3\,\omega t \right]^2}.$$

Auch dieser Ausdruck läßt sich erheblich vereinfachen zu

$$|a| = l\omega^2 \sqrt{\frac{85}{4} + 9 \cos 2\,\omega t}.$$

3.7 Zum Propellerantrieb von Flugzeugmodellen ist ein kleiner, luftgekühlter Kreiskolben-
motor (System WANKEL) besonders geeignet. Der Teilkreis der Innenverzahnung des in
Bild 3.7-1 schematisch dargestellten Läufers (Kolben) rollt auf demjenigen des gehäusefesten,
kleinen Zahnrades ab, wobei eine mit der Abtriebswelle verbundene — relativ zum Läufer
um M drehbare — Exzenterscheibe mit der Exzentrizität $\overline{OM}$ für dauernden Eingriff sorgt
und den Läufermittelpunkt M auf einer Kreisbahn um O führt.
Die Teilkreisdurchmesser bzw. die Zähnezahlen des festen Zahnrades zum umlaufenden
Zahnrad verhalten sich wie $2:3$.
Der Motor befinde sich auf einem (ruhenden) Prüfstand.

Bild 3.7-1

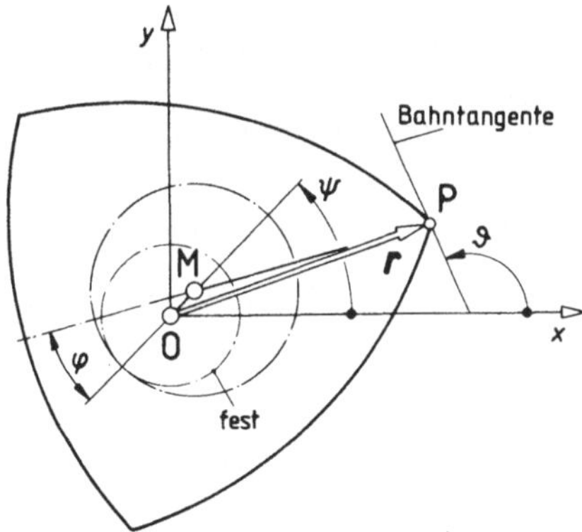

Man ermittle man den Ortsvektor des Punktes P als Funktion des Drehwinkels ψ der (gleichförmig rotierenden) Abtriebswelle. Ferner berechne man allgemein den Geschwindigkeitsvektor, seinen maximalen Betrag und die Richtung der Bahntangente in kartesischen Koordinaten des ruhenden Bezugssystems.   (S)

Lösung: Bei ebener Bewegung gilt in rechtwinkligen Koordinaten

$$r = x\,i + y\,j.$$

Man muß zunächst die Koordinaten x und y des Punktes P durch gegebene Größen formulieren. In Bild 3.7-2 ist ψ der Drehwinkel der Abtriebswelle und damit auch des Exzenters. (Ein Exzenter ist kinematisch nichts anderes als eine sehr kurze Kurbel, die hier die Länge $\overline{OM} = e$ hat.) Die Symmetrieachse des Läufers geht durch die Punkte M und P; sie decke sich zu Beginn der Betrachtung mit der x-Achse. φ ist der Winkel zwischen der Symmetrieachse und der nach rückwärts verlängert gedachten, durch den Momentanpol gehenden Kurbelmittellinie.

Aus der Rollbedingung bzw. dem angegebenen Verhältnis der Zähnezahlen folgt $\varphi = 2/3\,\psi$. (Vgl. hierzu Beispiel 3.6) Setzt man zur Abkürzung $\overline{MP} = R$, so liest man aus Bild 3.7-2 ab

$$\left.\begin{aligned} x &= e \cos \psi + R \cos \frac{\psi}{3} \\[2mm] y &= e \sin \psi + R \sin \frac{\psi}{3} \end{aligned}\right\}$$

Dies ist die Parameterdarstellung der Bahn von P. (Die Kurve wird gewöhnlich Epitrochoide genannt.)

Damit ergibt sich der Ortsvektor

$$r = \left(e \cos \psi + R \cos \frac{\psi}{3}\right) i + \left(e \sin \psi + R \sin \frac{\psi}{3}\right) j. \tag{1}$$

Der Geschwindigkeitsvektor des Punktes P ergibt sich daraus zu

$$v = \frac{\mathrm{d}r}{\mathrm{d}t} = -\omega \left(e \sin \psi + \frac{R}{3} \sin \frac{\psi}{3}\right) i + \omega \left(e \cos \psi + \frac{R}{3} \cos \frac{\psi}{3}\right) j, \tag{2}$$

worin wegen der vorausgesetzten konstanten Drehzahl der Abtriebswelle $\psi = \psi(t) = \omega t$ ($\omega = konst.$) ist.

Aus Gl. (2) entnimmt man

$$v_x = -\omega \left(e \sin \psi + \frac{R}{3} \sin \frac{\psi}{3}\right)$$

$$v_y = \omega \left(e \cos \psi + \frac{R}{3} \cos \frac{\psi}{3}\right).$$

In kartesischen Koordinaten gilt

$$|v| = \sqrt{v_x^2 + v_y^2} = \omega \sqrt{e^2 + \left(\frac{R}{3}\right)^2 + \frac{2}{3}\,eR \cos \frac{2}{3}\,\psi}\ .$$

Da der Kosinus höchstens 1 werden kann, findet man als maximalen Geschwindigkeitsbetrag

$$v_{max} = \omega \left(e + \frac{R}{3} \right).$$ (3)

Die Richtung der Bahntangente berechnet man aus

$$\tan \vartheta = \frac{v_y}{v_x} = \frac{e \cos \psi + \frac{R}{3} \cos \frac{\psi}{3}}{- \left(e \sin \psi + \frac{R}{3} \sin \frac{\psi}{3} \right)},$$ (4)

wobei die Vorzeichen von v_x und v_y den richtigen Quadranten erkennen lassen.

Anmerkung: Der Umriß des ausgeführten Zylinders ist eine vom Abrundungsradius der notwendigen Dichtleiste abhängige Äquidistante zu der eingangs gefundenen Trochoide.

3.8 Das Kreuzschleifengetriebe nach Bild 3.8-1 formt die Drehung der Welle mit dem aufgesetzten Exzenter in eine hin- und hergehende Bewegung des Schiebers um. Gesucht sind für dieses Getriebe die sechs kinematischen Funktionen $s(t)$, $v(t)$, $a(t)$, $v(s)$, $a(s)$ und $a(v)$ und deren Darstellung in Diagrammen. Der Schieberausschlag s ist dabei vom unteren Schiebertotpunkt aus zu rechnen; die Winkelgeschwindigkeit der Exzenterwelle sei $\omega = konst..$ Für die Funktionen und die graphische Darstellung verwende man die normierte Form mit den Variablen s/e, $v/(e\,\omega)$, $a/(e\,\omega^2)$. (A)

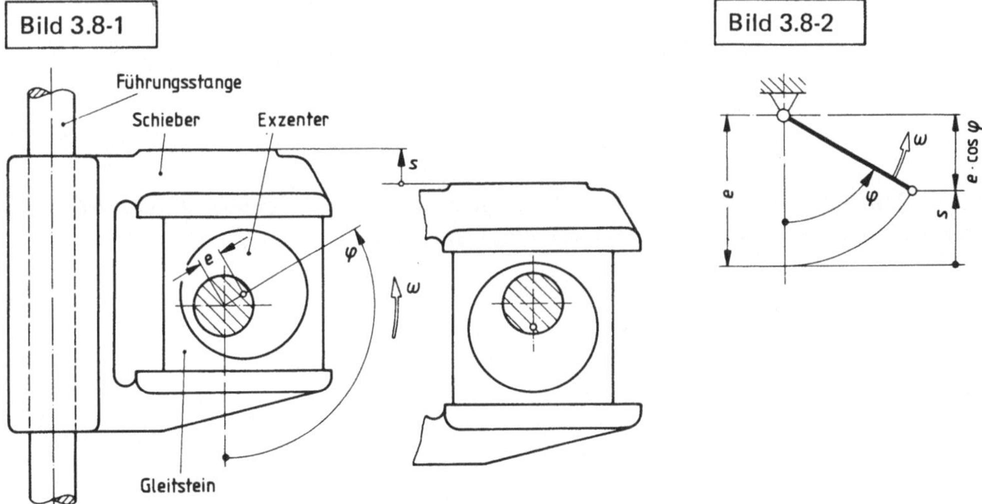

Lösung: Nach Bild 3.8-2 ist mit $\varphi = \omega t$ der Schieberausschlag $s = e - e \cos \varphi =$
$= e \left[1 - \cos(\omega t) \right]$ oder in normierter Form $s/e = \left[1 - \cos(\omega t) \right]$. (1)
Die Funktion für die Schiebergeschwindigkeit erhält man durch Differentiation nach der Zeit $v \equiv \dot{s} = e\,\omega \sin(\omega t)$ oder

$$\frac{v}{e\,\omega} = \sin(\omega t)$$ (2)

und die Beschleunigungsfunktion durch nochmalige Ableitung $a \equiv \dot{v} = e\,\omega^2 \cos(\omega t)$ oder

$$\frac{a}{e\,\omega^2} = \cos(\omega t). \tag{3}$$

Soll die Geschwindigkeit als Funktion des Schieberausschlags dargestellt werden, so muß in Gl. (2) die Zeit t als unabhängige Variable durch den Ausschlag s ersetzt werden.
Aus Gl. (1)

$$\omega t = \arccos\left(1 - \frac{s}{e}\right) \tag{4}$$

in Gl. (2) eingesetzt:

$$\frac{v}{e\,\omega} = \sin\left[\arccos\left(1 - \frac{s}{e}\right)\right] = \sin\left[\arccos\left(\frac{e-s}{e}\right)\right].$$

Dieser Ausdruck kann einfacher geschrieben werden. Für das rechtwinklige Dreieck mit den Bezeichnungen nach Bild 3.8-3 ist

$$\beta = \arccos\left(\frac{e-s}{e}\right) \quad \text{und} \quad \sin\beta = \frac{b}{e} = \sqrt{1 - \left(\frac{e-s}{e}\right)^2}.$$

Es wird also

$$\frac{v}{e\,\omega} = \sqrt{1 - \left(\frac{e-s}{e}\right)^2} \quad \text{oder} \quad \left(\frac{v}{e\,\omega}\right)^2 + \left(1 - \frac{s}{e}\right)^2 = 1. \tag{5}$$

Im Diagramm mit den Achsenmaßstäben $v/(e\,\omega)$ und s/e ist das Bild dieser Funktion ein Kreis mit dem Radius 1 um den Mittelpunkt $s/e = 1$.

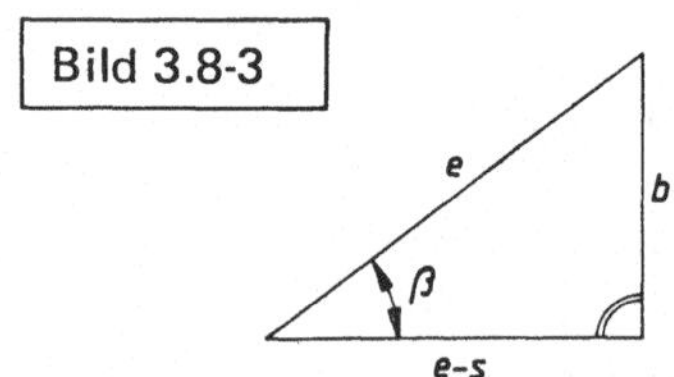

Für die Darstellung der normierten Beschleunigung als Funktion des normierten Ausschlags muß entsprechend Gl. (4) in Gl. (3) eingesetzt werden:

$$\frac{a}{e\,\omega^2} = \cos\left[\arccos\left(1 - \frac{s}{e}\right)\right] = 1 - \frac{s}{e}; \tag{6}$$

im Diagramm ergibt dies eine Gerade.
Zuletzt muß für die Funktion $a(v)$ in die Gl. (6) die umgeformte Gl. (5)

$$s = e\left[1 - \sqrt{1 - \left(\frac{v}{e\,\omega}\right)^2}\right] \quad \text{eingesetzt werden:}$$

$$\frac{a}{e\,\omega^2} = \sqrt{1 - \left(\frac{v}{e\,\omega}\right)^2}.$$

Daraus

$$\left(\frac{a}{e\,\omega^2}\right)^2 + \left(\frac{v}{e\,\omega}\right)^2 = 1, \tag{7}$$

die Gleichung eines Kreises vom Radius 1 mit dem Mittelpunkt im Koordinatenursprung.

In Bild 3.8-4 sind die kinematischen Diagramme in der üblichen Weise zusammengestellt.

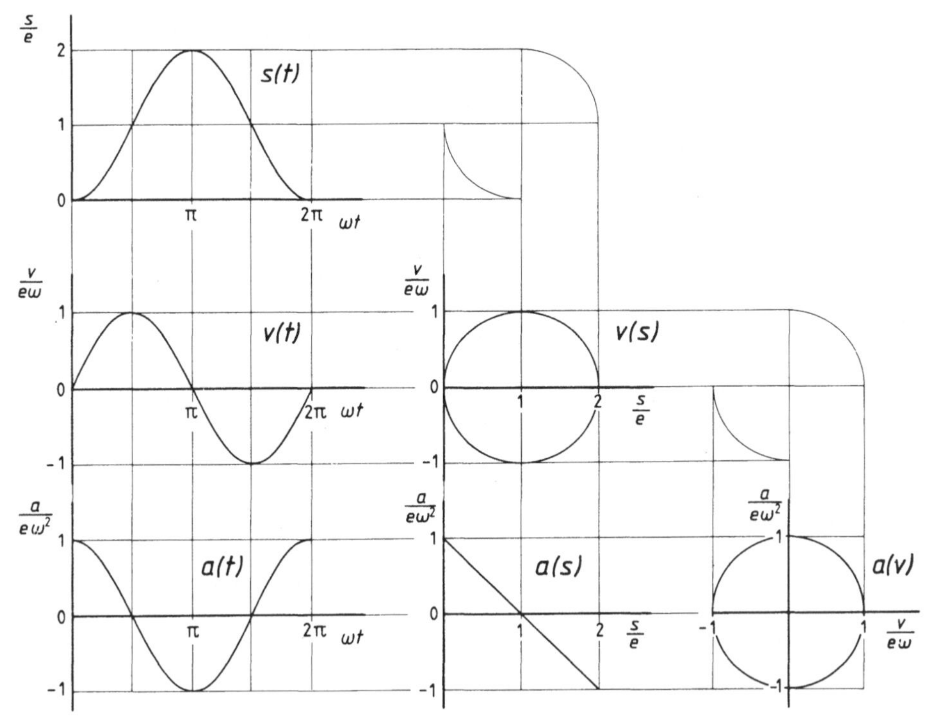

3.9 In einem Peripheriegerät einer Datenverarbeitungsanlage befindet sich ein Malteser-
kreuzgetriebe gemäß Bild 3.9-1, dessen Kurbel mit konstanter Winkelgeschwindigkeit ω_a
rotiert. Dieses Getriebe wandelt eine kontinuierliche Drehung der Antriebswelle in eine
periodisch durch Stillstände (Rasten) unterbrochene Drehung einer zur Antriebswelle parallelen Abtriebswelle um.
Man ermittle allgemein den Winkelgeschwindigkeitsbetrag $\dot{\psi}$ und den Winkelbeschleuni-
gungsbetrag $\ddot{\psi}$ des Malteserkreuzes als Funktion des Kurbelwinkels φ, wobei beim Eintritt
des Treibers in den Schlitz $\varphi = 0$ und $\psi = 0$ gesetzt werden sollen.
Ferner stelle man die normierten Größen $\dot{\psi}/\omega_a$ und $\ddot{\psi}/\omega_a^2$ in Abhängigkeit vom Kurbel-
winkel φ für $z = 6$ Schlitze in einem Schaubild dar. (S)

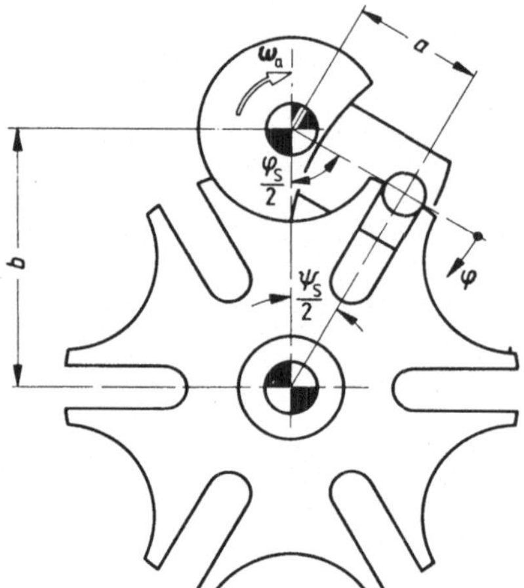

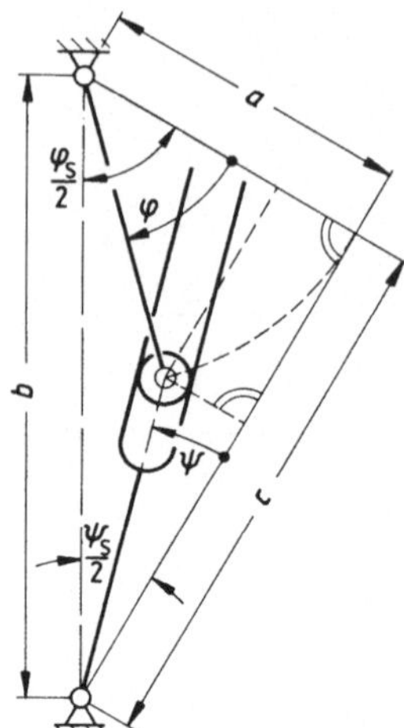

Lösung: Man zeichnet zunächst ein Schemabild des Getriebes in allgemeiner Lage entsprechend Bild 3.9-2. Aus dieser Figur liest man ab

$$\tan \psi = \frac{a - a \cos \varphi}{c - a \sin \varphi}$$

oder $\quad \psi = \text{arc} \tan \dfrac{1 - \cos \varphi}{\dfrac{c}{a} - \sin \varphi} \; .$

Nun ist

$$\frac{c}{a} = \cot \frac{\psi_S}{2} = \cot \frac{\pi}{z} \qquad (\psi_S = \text{Schrittwinkel})$$

und somit

$$\psi = \text{arc} \tan \frac{1 - \cos \varphi}{\cot \frac{\pi}{z} - \sin \varphi} \qquad (0 \leqq \varphi \leqq \varphi_S),$$

wobei φ_S den Schaltwinkel der Kurbel bedeutet.

Vorstehende Funktion nennt man auch Übertragungsfunktion; sie stellt den zwangläufigen, rein geometrischen Zusammenhang zwischen Antrieb und Abtrieb dar.

Der Betrag der Abtriebswinkelgeschwindigkeit ist $\dot{\psi} = \mathrm{d}\psi/\mathrm{d}t$.

Nach der Kettenregel kann man schreiben

$$\frac{\mathrm{d}\psi}{\mathrm{d}t} = \frac{\mathrm{d}\psi}{\mathrm{d}\varphi} \frac{\mathrm{d}\varphi}{\mathrm{d}t} = \frac{\mathrm{d}\psi}{\mathrm{d}\varphi} \, \omega_a.$$

Demnach findet man

$$\dot{\psi} = \omega_a \frac{\sin\varphi \cot\frac{\pi}{z} + \cos\varphi - 1}{\cot^2\frac{\pi}{z} - 2\left(\sin\varphi \cot\frac{\pi}{z} + \cos\varphi - 1\right)}$$

und daraus, weil $\omega_a = konst$,

$$\ddot{\psi} = \omega_a^2 \frac{\cot^2\frac{\pi}{z}\left(\cos\varphi \cot\frac{\pi}{z} - \sin\varphi\right)}{\left[\cot^2\frac{\pi}{z} - 2\left(\sin\varphi \cot\frac{\pi}{z} + \cos\varphi - 1\right)\right]^2}.$$

Die Darstellung normierter Größen wie $\dot{\psi}/\omega_a$ bzw. $\ddot{\psi}/\omega_a^2$ hat den Vorzug, daß das Schaubild 3.9-3 für beliebige (konstante) Winkelgeschwindigkeitsbeträge der Antriebskurbel gilt.

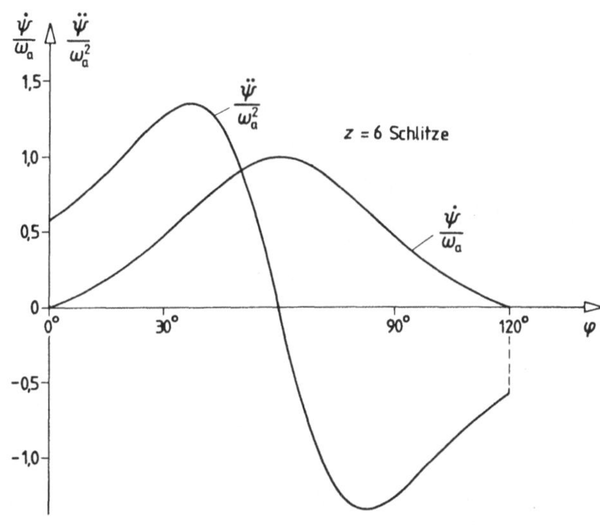

3.10 Beim Synchronmotor nach 1.10 ist die Drehzahl des Dauermagnetläufers $n_I = 500\,\text{min}^{-}$ beim Betrieb mit 50 Hz. Mit den Daten nach 1.10 errechne man das Übersetzungsverhältnis $i = n_I/n_V$ des Getriebes und die Abtriebsdrehzahl n_V. (A)

Lösung: Für die Bewegungsübertragung durch runde Stirnräder gilt allgemein $\omega_1/\omega_2 = z_2/z_1$; im vorliegenden Fall sinngemäß angewendet

$$\frac{\omega_1}{\omega_2} = \frac{z_2}{z_1}, \quad \frac{\omega_3}{\omega_4} = \frac{z_4}{z_3}, \quad \frac{\omega_5}{\omega_6} = \frac{z_6}{z_5} \quad \text{und} \quad \frac{\omega_7}{\omega_8} = \frac{z_8}{z_7}.$$

Die Räder 2 und 3, 4 und 5, 6 und 7 sind jeweils zu Räderblöcken gefügt; es sind also $\omega_2 = \omega_3$, $\omega_4 = \omega_5$ und $\omega_6 = \omega_7$. Rad 1 ist mit dem Motorläufer, Rad 8 mit der Welle V fest verbunden, also $\omega_1 = \omega_I$, $\omega_8 = \omega_V$. Damit wird das Übersetzungsverhältnis

$$i = \frac{\omega_I}{\omega_V} = \frac{n_I}{n_V} = \frac{z_2 z_4 z_6 z_8}{z_1 z_3 z_5 z_7} = 400$$

und die Abtriebsdrehzahl $n_V = \frac{n_I}{i} = 1{,}25\,\text{min}^{-1}$.

3.11 Beim Reibradgetriebe nach Bild 3.11-1
wird der Hartgummi-Reibbelag des Rades 1
im Betrieb außergewöhnlich stark verschleis-
sen. Worauf ist dies zurückzuführen? Welche
Räderformen wären für diesen Zweck am
besten geeignet? Man gebe für diese Räderformen die Abmessungen für ein Übersetzungsverhältnis $i = n_1/n_2 = 2$ an.   (A)

Lösung: Die Räder berühren sich längs der
Geraden g, Bild 3.11-2. Beim Rad 2 haben
alle Punkte dieser Geraden gleiche Geschwindigkeit $v_2 = R_2\,\omega_2$. Bei den Geradenpunkten
des Rades 1 ist die Geschwindigkeit linear
vom Abstand r von der Drehachse abhängig:
$v_1 = r\,\omega_1$. Die Räder 1 und 2 können also
nur in einem einzigen Punkt der Berührungs-
geraden gleiche Geschwindigkeit haben. In
den übrigen Punkten rutschen die Radober-
flächen („Zwangsschlupf"); die Rändelung
von Rad 2 verschleißt die Hartgummiauflage
des Gegenrades.

Betrachtet man zwei sich berührende dünne
Scheiben auf jeder der beiden Wellen
(Bild 3.11-3) und nimmt man an, daß diese
ohne Rutschen aufeinander abrollen, so gilt
für die Umfangsgeschwindigkeiten $v_1 = v_2$,
d.h. $r_1\,\omega_1 = r_2\,\omega_2$ oder $\omega_1/\omega_2 = r_2/r_1$.
Es ist aber $r_2/r_1 = \tan\beta_2 = \cot\beta_1$; soll also
Zwangsschlupf wie bei der gegebenen Anord-
nung vermieden werden, sind die Reibräder
als Kegel auszuführen. Die Kegelwinkel werden durch die gewünschte Übersetzung bestimmt. Hier muß für $i = n_1/n_2 = \tan\beta_2 = 2$

$$\beta_2 = 63°\,26',\qquad \beta_1 = 26°\,34'$$

werden. Es sind hier nur Aussagen über die
Kegelwinkel möglich; die Räderdurchmesser
müssen nach anderen als kinematischen Ge-
sichtspunkten festgelegt werden.

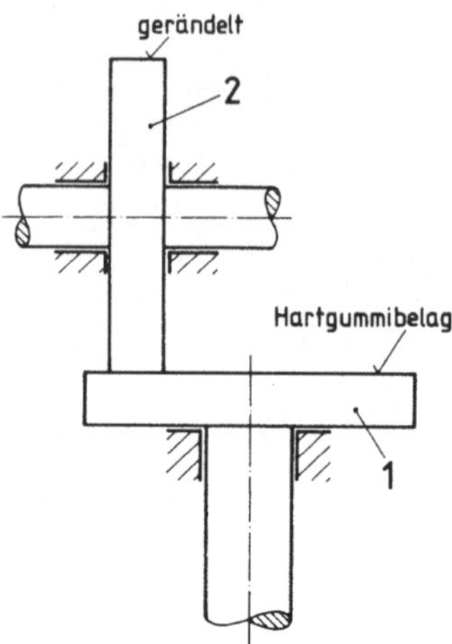

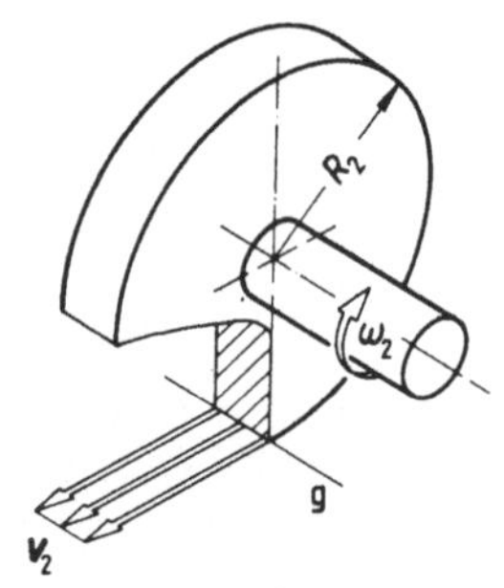

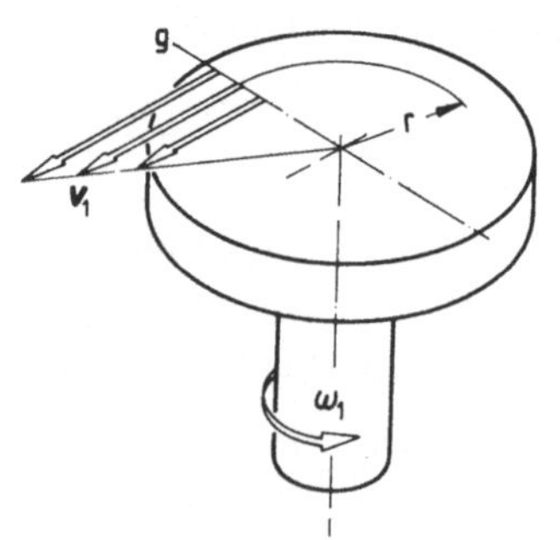

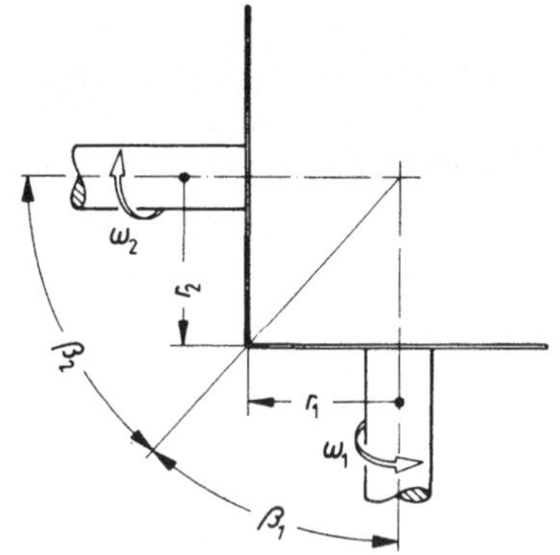

3.12 Einstellgetriebe für einen Drehkondensator.

Die Rotorwelle des Drehkondensators ist in der linken Gehäusewand über eine Kugel und einen Gewindestift abgestützt, in der rechten Gehäusewand über ein Wälzlager, ähnlich einem der handelsüblichen Rillenkugellager. „Innenring" dieses Kugellagers ist die Stellwelle. Die Rotorwelle umschließt die drei Kugeln wie der Käfig eines solchen Wälzlagers. Den „Außenring" bildet die an dieser Stelle zu einer kegeligen Bohrung umgeformte Gehäusewand. Die Platten des Kondensators sind in Bild 3.12-1 der besseren Übersicht wegen weggelassen. Neben seiner Funktion als Führungselement wirkt das rechte Lager aber auch als Getriebe. Dreht man die Stellwelle um den Winkel φ_I, so dreht sich die Rotorwelle um den kleineren Winkel φ_{II}; die Einstellung des Kondensators wird dadurch erleichtert.

Die Rotorwelle hat zwischen begrenzenden Anschlägen einen Stellbereich von 180°. Wie groß ist der zugeordnete Drehwinkel φ_I der Stellwelle? (A)

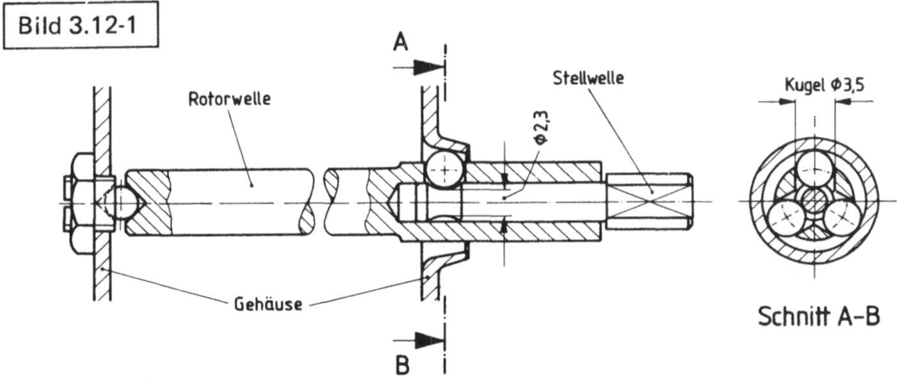

Lösung: Obwohl hier nicht nach Winkelgeschwindigkeiten oder Drehzahlen gefragt ist und diese auch für ein Stellgetriebe unmittelbar nicht interessieren, kann auch in diesem Falle die Lösung über die bekannten Geschwindigkeitspläne gefunden werden. Es sei angenommen, daß die Stellwelle mit der Winkelgeschwindigkeit ω_I rotiere; dann ist die Umfangsgeschwindigkeit am Berührungspunkt A mit einer der Kugeln

$$v_A = \frac{D}{2}\,\omega_I \quad \text{(Bild 3.12-2).}$$

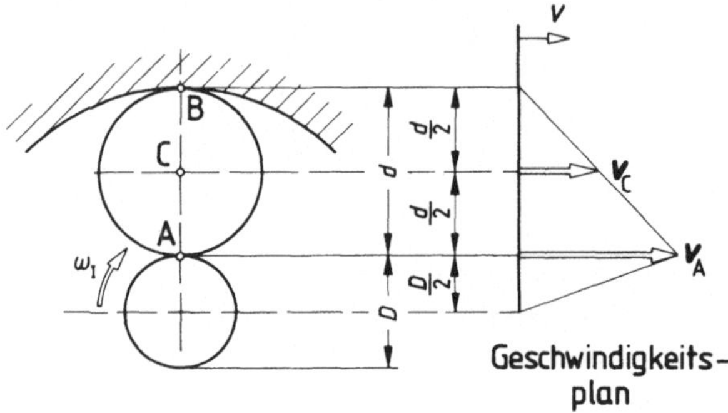

Der entsprechende Punkt auf der Kugel wird aber die gleiche Geschwindigkeit haben. (Durch leichtes Anziehen der Lagerschraube werden die Kugeln über die Stellwelle gegen die Kegelmantelfläche im Gehäuse und die Lauffläche der Stellwelle gedrückt, daß sie auf beiden Flächen ohne Rutschen abrollen müssen.) Der Berührungspunkt B der Kugeln mit der (hier vereinfachend zylindrisch angenommenen) Gehäusebohrung ist aber genau wie das Gehäuse in Ruhe: $v_B = 0$. Die Pfeilspitzen aller Geschwindigkeitsvektoren der Kugelpunkte auf der Strecke AB liegen auf der Verbindungsgeraden von $v_B = 0$ zur Pfeilspitze $\mathbf{v}_A$. Damit wird die augenblickliche Geschwindigkeit des Kugelmittelpunkts C

$$v_C = \frac{1}{2}\,v_A = \frac{D}{4}\,\omega_I.$$

Die Umfangsgeschwindigkeit der Rotorwelle auf dem Radius des Kugelmittelpunkts C ist aber genau so groß, also

$$\frac{D+d}{2}\,\omega_{II} = \frac{D}{4}\,\omega_I \quad \text{oder} \quad \omega_I = 2\,\frac{D+d}{D}\,\omega_{II}.$$

Für gleichförmige Drehung ist $\omega = \frac{\Delta\varphi}{\Delta t}$ und, da die Zeitintervalle Δt für alle Bewegungen des Getriebes gleich sind

$$\Delta\varphi_I = \omega_I\,\Delta t, \quad \Delta\varphi_{II} = \omega_{II}\,\Delta t.$$

Damit können anstatt der Winkelgeschwindigkeiten in den Beziehungen von oben auch die Drehwinkel eingesetzt werden:

$$\Delta\varphi_I = 2\,\frac{D+d}{D}\,\Delta\varphi_{II} \approx 908°.$$

Tatsächlich kann im Betrieb eines kraftschlüssigen Getriebes der tatsächliche Drehwinkel von diesem theoretischen Wert etwas abweichen, da abhängig von der Belastung ein gewisser Schlupf zwischen den aufeinander abrollenden Getriebeteilen auftreten kann. Hier wird die Abweichung aber vernachlässigbar sein, da die Rotorwelle nur durch die geringe Reibung im linken Lager belastet ist.

3.13 Bei einem Umlaufrädergetriebe dreht sich Rad 1 mit einer Winkelgeschwindigkeit ω_{10} vom Betrage $\omega_{10} = 30\,\mathrm{s}^{-1}$. Man ermittle grafisch ω_{30}. Welchen Betrag hat die Winkelgeschwindigkeit, mit der sich Rad 2 um seinen Lagerzapfen dreht? $r_1 = 17{,}5\,\mathrm{mm}$; $r_2 = 8{,}75\,\mathrm{mm}$. (Bild 3.13-1) (S)

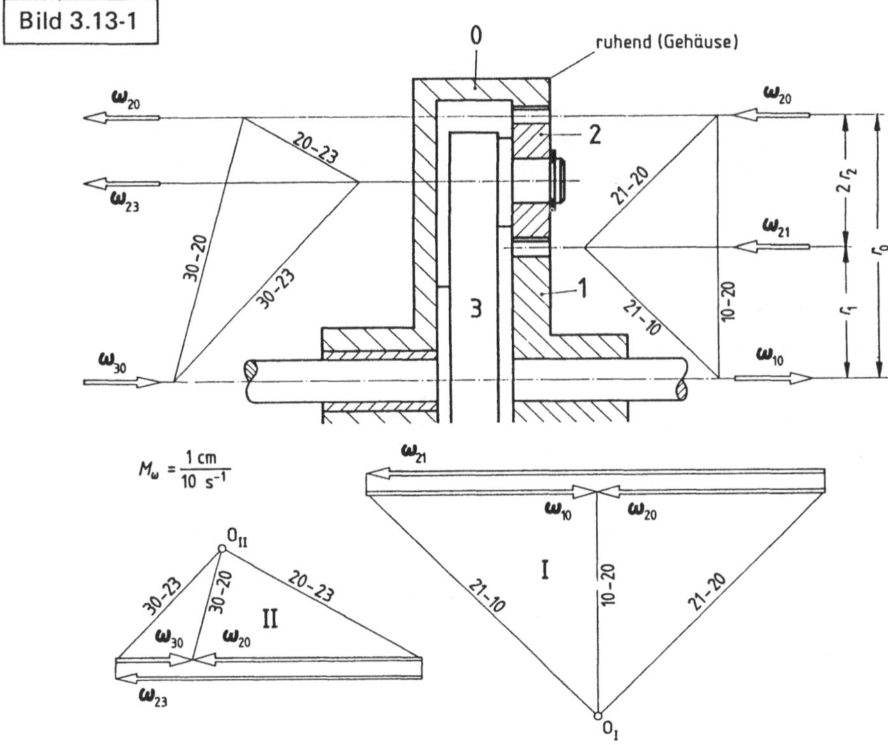

Vorbemerkung: Ein zur Beschreibung einer physikalischen Größe benutzter mathematischer Begriff sollte möglichst alle wesentlichen Eigenschaften der physikalischen Größe wiedergeben. Bei der Drehung eines starren Körpers ist auch die Lage der — möglicherweise veränderlichen — Drehachse von Bedeutung. Es erweist sich als zweckmäßig, den (axialen) Winkelgeschwindigkeitsvektor als linienflüchtigen Vektor zu definieren, der durch seine Lage die der zugehörigen Drehachse angibt. Bei grafischen Lösungen sind dann die für linienflüchtige Vektoren gültigen Methoden anzuwenden.

127

Lösung: Man geht aus von der bekannten Beziehung

$$\omega_{20} = \omega_{10} + \omega_{21}; \tag{1}$$

(der erste Index kennzeichnet den betrachteten Körper, der zweite das Bezugssystem, d.h. den Standort des Beobachters). Von Rad 1 ist der Winkelgeschwindigkeitsvektor ω_{10} gegeben und seine Lage durch die Drehachse ebenfalls bekannt. Rad 2 dreht sich gegenüber dem ruhenden, innenverzahnten Gehäuse mit der (absoluten) Winkelgeschwindigkeit ω_{20}. Seine absolute Drehachse geht durch den Berührungspunkt der Teilkreise bzw. sie deckt sich mit der gemeinsamen Mantellinie der beiden Teilkreiszylinder von Rad 2 und ruhendem Rad 0.

Ein Beobachter auf Rad 1 würde als relative Drehachse des Rades 2 gegenüber dem Rad 1 die gemeinsame Mantellinie der beiden Teilkreiszylinder bezeichnen. Damit ist auch die Lage des (relativen) Winkelgeschwindigkeitsvektors ω_{21} bekannt. Weil die Vektoren ω_{10} und ω_{21} parallel sind, benutzt man zur Resultierendenbildung nach Gl. (1) das Seileckverfahren. Statt einen Pol zu wählen, ist es hier einfacher, ein beliebiges Dreieck mit den Ecken auf den drei Drehachsen bzw. Winkelgeschwindigkeitsvektoren zu zeichnen und die Seillinien nach den Doppel-Indizes der Vektoren zu kennzeichnen, die sie verbinden.

Nach Wahl eines Winkelgeschwindigkeitsmaßstabes zeichnet man zunächst ω_{10}. Parallelen zu denjenigen Seillinien, welche die Bezeichnung 10 tragen, werden an Anfang und Ende dieses Vektors angetragen und ergeben damit als Schnittpunkt den Pol 0_I. Die dritte Parallele durch den Pol legt schließlich auch ω_{21} und ω_{20} fest. Siehe Winkelgeschwindigkeitsplan I.

Das zweite Seileck wird mit der nun bekannten Winkelgeschwindigkeit ω_{20} gemäß

$$\omega_{20} = \omega_{30} + \omega_{23} \tag{2}$$

entsprechend konstruiert. Man findet aus dem Winkelgeschwindigkeitsplan II $\Rightarrow \omega_{30} = 10\,\mathrm{s}^{-1}$; $\omega_{23} = 40\,\mathrm{s}^{-1}$.

Beachte: Die Reihenfolge der Indizes ist nicht beliebig. Statt Gl. (2) läßt sich auch schreiben

$$\omega_{30} = \omega_{20} - \omega_{23} = \omega_{20} + \omega_{32}.$$

Vertauschen der Indizes bedeutet Vorzeichenwechsel!

Anmerkung: Man kann aus dem Lageplan der Vektoren nach dem Satz vom statischen Moment eines resultierenden linienflüchtigen Vektors leicht eine allgemeine Formel für das Übersetzungsverhältnis des Getriebes wie folgt gewinnen:

Momentenpunkt auf der durch ω_{23} definierten Drehachse

$$\omega_{30}\,(r_1 + r_2) = \omega_{20}\,r_2$$

oder

$$\omega_{30} = \frac{r_2}{r_1 + r_2}\,\omega_{20}. \tag{3}$$

Momentenpunkt auf der durch ω_{21} definierten Drehachse

$$\omega_{20}\,2r_2 = \omega_{10}\,r_1$$

d.h. $\quad \omega_{20} = \dfrac{r_1}{2r_2}\,\omega_{10}; \tag{4}$

Gl. (4) in Gl. (3) eingesetzt

$$\omega_{30} = \frac{r_1}{2\,(r_1 + r_2)}\,\omega_{10} = \frac{r_1}{r_0 + r_1}\,\omega_{10}$$

ergibt das Übersetzungsverhältnis

$$\frac{\omega_{10}}{\omega_{30}} = 1 + \frac{r_0}{r_1}\;.$$

3.14 Man zeige mit Hilfe von Winkelgeschwindigkeitsvektoren, daß ein Kardangelenk nicht in der Lage ist, eine gleichförmige Drehung der Antriebswelle 1 bei abgewinkelter Abtriebswelle 2 ($\alpha > 0$) als gleichförmige Drehung weiterzuleiten.

$\omega_{10} = 10\,\mathrm{s}^{-1}$; $\alpha = 30°$ (Bild 3.14-1). (S)

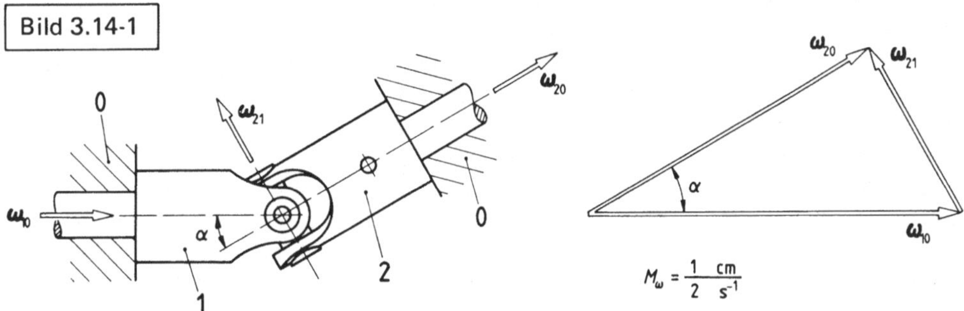

Lösung: Sämtliche Drehachsen schneiden sich in einem Punkt; zusammen mit dem Gestell handelt es sich um ein sphärisches Getriebe.

Für den verlangten Beweis ist es zulässig bzw. hinreichend, eine für die Darstellung bequeme Sonderlage herauszugreifen, wie dies bereits im vorstehenden Bild 3.14-1 geschehen ist. Die zur Bildebene senkrecht stehende Drehachse resp. der zugehörige Winkelgeschwindigkeitsvektor braucht dann nicht beachtet zu werden.

Somit kann man für diese spezielle Stellung schreiben

$$\omega_{20} = \omega_{10} + \omega_{21}$$

und das Vektorbild zeichnen.

Man sieht, daß im betrachteten Augenblick die Abtriebswelle langsamer dreht gemäß

$$\omega_{20} = \omega_{10}\cos\alpha.$$

Somit $\omega_{20} = 8{,}66\,\mathrm{s}^{-1}$.

Da während eines vollen Umlaufs von Welle 1 auch Welle 2 einen vollen Umlauf macht, muß die Abtriebswinkelgeschwindigkeit zeitweise auch größer als die Antriebswinkelgeschwindigkeit sein. Diese (periodisch) schwankende Drehung ist für manche Zwecke nützlich, in der Regel jedoch unerwünscht. Durch Hinzufügen eines zweiten Kardangelenkes

mit gleichem Ablenkungswinkel läßt sich exakte Gleichheit von Antriebs- und Abtriebs-
drehung erreichen. Beide Gabeln der Zwischenwelle müssen dazu in der gleichen Ebene
angeordnet sein!
Denkt man sich die Zwischenwelle immer kürzer werdend, bis sie schließlich nur noch aus
einer Scheibe besteht, dann erhält man ein Doppel-Kardangelenk, und die anschließende
Abtriebswelle läuft synchron mit dem Antrieb.
Die oben gewählte Sonderlage würde den dann vorliegenden Gleichlauf zeigen, allerdings
nicht allgemein beweisen!

3.15 Man ermittle grafisch den halben Kegelwinkel α des in Bild 3.15-1 gezeigten
Kugellagers mittels Winkelgeschwindigkeitsvektoren. Anhand der grafischen Lösung stelle
man eine Formel zur Berechnung des gesuchten Winkels auf.

Laufzapfendurchmesser D = 10 mm; Kugeldurchmesser d = 2,5 mm.   (S)

Lösung: Bild 3.15-2 stellt einen Axialschnitt durch das Kugellager dar. Die absolute momentane Drehachse der Kugel (Teil 2) ist eine Mantellinie des gesuchten, ruhenden Hohl-
kegels (Teil 0). Da die Kugel auch gegenüber Teil 1 eine Rollbewegung ausführen soll,
müssen ihre Berührungspunkte A und B relativ zu Teil 1 momentan ruhen; sie legen also
die relative Drehachse der Kugel fest. Beide Achsen liegen dauernd in einer durch die (absolute) Drehachse von Teil 1 gehenden (mit ω_{10} rotierenden) Ebene. Es muß demnach in
jedem Augenblick gelten: $\omega_{20} = \omega_{10} + \omega_{21}$ oder auch, da $\omega_{21} = -\omega_{12} \Rightarrow \omega_{10} = \omega_{20} + \omega_{12}$,
d.h. die linienflüchtigen Komponenten des resultierenden Vektors ω_{10} müssen sich auf der
Spindelachse schneiden. Damit lassen sich die drei Drehachsen sowie das Parallelogramm
der Winkelgeschwindigkeitsvektoren in einem beliebigen Maßstab zeichnen. Man entnimmt
der Zeichnung α = 60°.

Aus Bild 3.15-2 liest man nun ab

$$\tan\alpha = \frac{\frac{D}{2} + \frac{d}{2} + \frac{d/2}{\cos\alpha}}{D/2}, \qquad (1)$$

ausdividiert

$$\tan\alpha = 1 + \frac{d}{D} + \frac{d}{D}\,\frac{1}{\cos\alpha}. \qquad (1a)$$

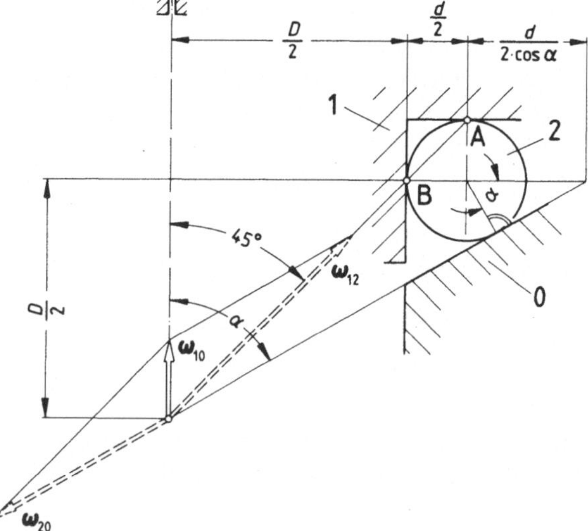

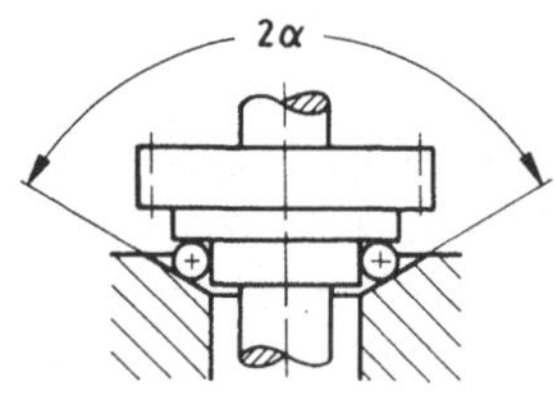

Benutzt man die bekannte Beziehung $1/\cos\alpha = \sqrt{1 + \tan^2\alpha}$ und setzt man vorübergehend zur Abkürzung

$$\tan\alpha = x, \quad \frac{d}{D} = u,$$

so erhält man aus Gl. (1a)

$$x = 1 + u + u\sqrt{1 + x^2}\,,$$

oder $(x - u - 1)^2 = u^2(1 + x^2)$

und somit eine Bestimmungsgleichung für x:

$$x^2(1 - u^2) - 2x(1 + u) + (1 + 2u) = 0.$$

Die Lösung dieser quadratischen Gleichung lautet

$$x_{1,2} = \frac{1 \pm u\sqrt{\dfrac{2}{1+u}}}{1 - u}\,,$$

worin nur das positive Vorzeichen zu gebrauchen ist, weil $x = \tan\alpha > 1$ sein muß. (Siehe vorgegebene Bauform Bild 3.15-2). Setzt man für die Abkürzung wieder die ursprünglichen Bezeichnungen ein, so hat man das Ergebnis

$$\alpha = \text{arc}\tan\frac{1 + \dfrac{d}{D}\sqrt{\dfrac{2}{1 + d/D}}}{1 - d/D}\,.$$

Hieraus errechnet man mit den gegebenen Zahlenwerten: $\frac{d}{D} = \frac{1}{4}$, $\alpha = 60{,}3°$. Es genügt jedoch, $\alpha = 60°$ zu wählen.

3.16 Antriebswelle, Abtriebswelle und Gehäuse des Getriebes nach Bild 3.16-1 sind koaxial. Der innere Getriebeaufbau ist unbekannt. Laut Typenschild ist das Übersetzungsverhältnis $i = n_I/n_{III} = 50$, wobei An- und Abtriebswelle gleichen Drehsinn haben. Das Getriebe wird in einem Antriebssystem mit verschiedenen Geschwindigkeitsstufen in der Weise verwendet, daß sowohl die Antriebswelle als auch das drehbar gelagerte Gehäuse mit nach Betrag und/oder Drehsinn verschiedenen Drehzahlen angetrieben werden können. Gesucht ist ein allgemeiner Ausdruck für die Drehzahl n_{III} der Abtriebswelle, wenn die Antriebswelle mit n_I und das Gehäuse mit n_{II} angetrieben werden. Für die folgenden Betriebsfälle ist mit der gefundenen Beziehung die jeweilige Abtriebsdrehzahl n_{III} zu errechnen (Drehzahlen in min^{-1}):

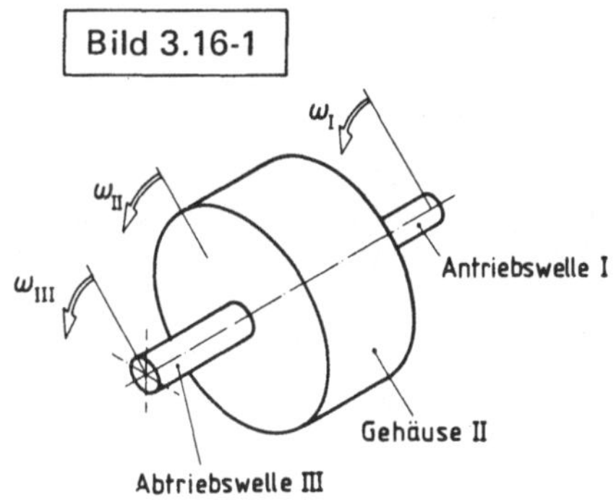

Fall	1	2	3
Drehzahl der Antriebswelle n_I	0	1400	0
Drehzahl des Gehäuses n_{II}	1400	0	-1400

(A)

Lösung: Die in Bild 3.16-1 angegebenen Winkelgeschwindigkeiten und die entsprechenden Winkel werden positiv gerechnet; für gegensinnige Drehungen werden die Werte negativ eingesetzt. Für die Ableitung der gesuchten Beziehung ist es zweckmäßig, zunächst nur die Drehwinkel zu betrachten. Für ruhendes Gehäuse, $n_{II} = 0$, ist $i = n_I/n_{III} = \varphi_I/\varphi_{III} > 0$, d.h. An- und Abtriebswelle drehen sich gleichsinnig. Man betrachte zwei spezielle Betriebszustände nach Bild 3.16-2:

a) Gehäuse fest, Antriebswelle um φ_I gedreht;

b) Antriebswelle fest, Gehäuse um φ_{II} gedreht.

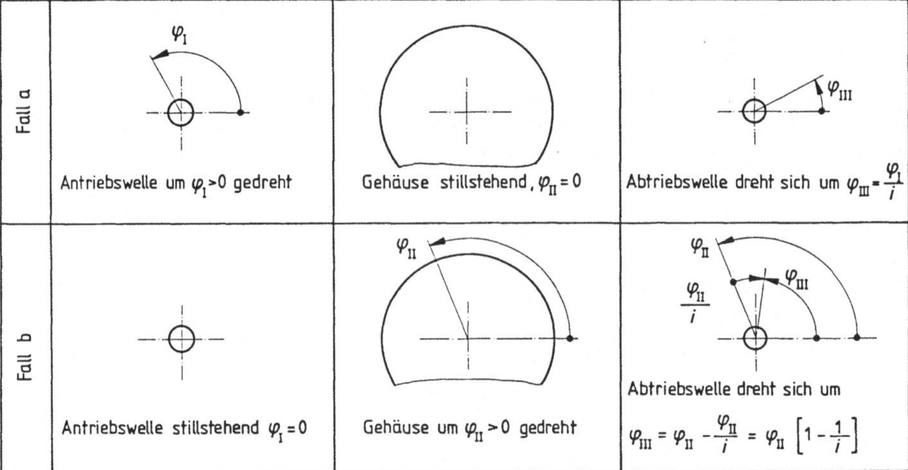

Bild 3.16-2

Fall a ist einfach zu durchschauen und bedarf keiner besonderen Erklärung. Im Fall b denke man sich zunächst das Getriebe als Ganzes um φ_{II} verdreht. Tatsächlich sollte aber die Antriebswelle festgehalten werden, und deshalb drehe man die Antriebswelle wieder um den vorher ausgeführten Winkel φ_{II} im Gegensinne zurück in die Ausgangslage. Zwangsläufig dreht sich damit aber auch die Abtriebswelle um den Winkel φ_{II}/i zurück, führt also bezogen auf die Ausgangslage nur die Drehung $\varphi_{III} = \varphi_{II} - \dfrac{\varphi_{II}}{i} = \varphi_{II}\left[1 - \dfrac{1}{i}\right]$ aus. Der allgemeine Betriebsfall — gleichzeitige Drehung von Antriebswelle und Gehäuse — läßt sich leicht durch Überlagerung der Sonderfälle a und b beschreiben:

$$\varphi_{III} = \frac{\varphi_I}{i} + \varphi_{II}\left[1 - \frac{1}{i}\right] = \varphi_{II} + \frac{\varphi_I - \varphi_{II}}{i}.$$

Anstelle der Drehwinkel φ können in diese Beziehung die entsprechenden Winkelgeschwindigkeiten ω oder Drehzahlen n eingesetzt werden:

$$n_{III} = n_{II} + \frac{n_I - n_{II}}{i}.$$

Daraus die Abtriebsdrehzahlen für die gegebenen Betriebsfälle: Fall 1: n_{III} = 1372 min^{-1};
Fall 2: n_{III} = 28 min^{-1}; Fall 3: n_{III} = $-$ 1372 min^{-1}.

3.17 Das Reibradgetriebe nach Bild 3.17-1 dient zum Bandantrieb in einem Tonbandgerät
für Aufnahme- und Wiedergabebetrieb. Motordrehzahl n_M = 1300 min^{-1} = *konst.*, Bandgeschwindigkeit v = 9,53 cm/s, d_Z = 40 mm, d_S = 130 mm, d_T = 10 mm. Gesucht sind der
Durchmesser d_M der Motorscheibe und die mögliche kurzzeitige Schwankung Δv der
Bandgeschwindigkeit, wenn für die Reibräder folgende Rundlaufabweichungen zulässig
sind: für die Tonwelle T_r = 0,01 mm; für Schwungrad, Zwischenrad und Motorscheibe
T_r = 0,02 mm.   (A)

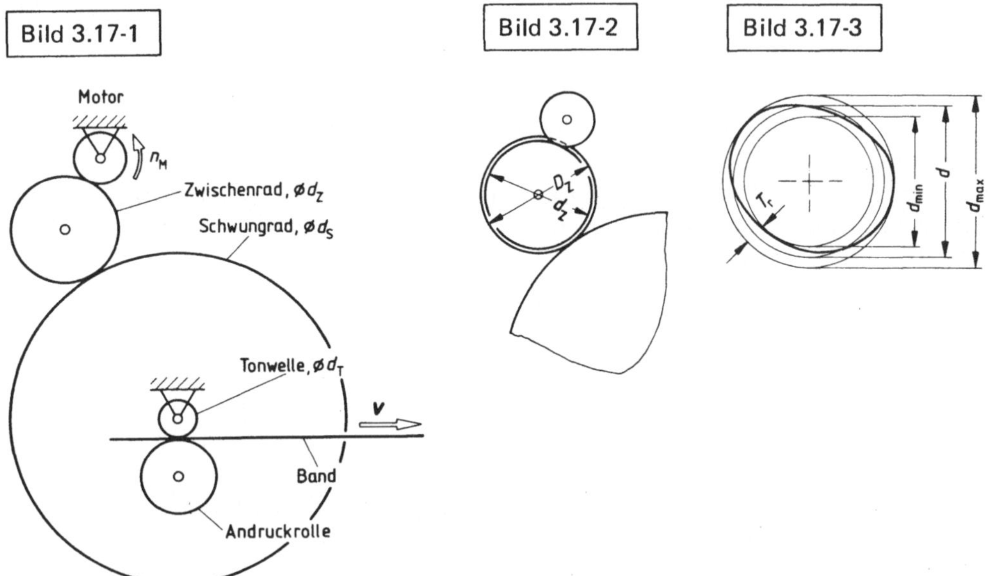

Lösung: Reines Abrollen der Reibräder vorausgesetzt, gilt $v = \frac{1}{2}\,\omega_T\,d_T = \frac{1}{2}\,\omega_S\,d_T$,
$\omega_S\,d_S = \omega_Z\,d_Z$, $\omega_M\,d_M = \omega_Z\,d_Z$ und mit $\omega_M = 2\pi\,n_M$

$$v = \pi\,\frac{d_T\,d_Z\,d_M}{d_S\,d_Z}\,n_M = \pi\,\frac{d_T\,d_M}{d_S}\,n_M\,. \tag{1}$$

Daraus der Durchmesser der Motorscheibe d_M = 18,20 mm. In der Funktion (1) für die
Bandgeschwindigkeit konnte der Zwischenraddurchmesser d_Z herausgekürzt werden. Für
die Berechnung der Geschwindigkeitsschwankung Δv ist dies nicht zulässig, da an den Berührungsstellen mit Motorscheibe bzw. Schwungrad verschiedene (infolge Rundlaufabweichung) Zwischenrad-Radien wirksam sein können. Man nehme an, daß das Zwischenrad aus
zwei verschiedenen Scheiben ($\emptyset d_Z$, $\emptyset D_Z$) besteht; Bild 3.17-2. Dann gilt für die Bandgeschwindigkeit

$$v = \pi\,\frac{d_T\,D_Z\,d_M}{d_S\,d_Z}\,n_M \tag{2}$$

und für den Fehler infolge Rundlaufabweichungen der Räder

$$\Delta v = \frac{\partial v}{\partial d_T}\Delta d_T + \frac{\partial v}{\partial D_Z}\Delta D_Z + \frac{\partial v}{\partial d_M}\Delta d_M + \frac{\partial v}{\partial d_S}\Delta d_S + \frac{\partial v}{\partial d_Z}\Delta d_Z. \tag{3}$$

Für Rundlaufabweichung T_r und Durchmesserfehler Δd gilt allgemein (Bild 3.17-3) $\Delta d = d_{max} - d_{min} = \pm T_r$. Es muß für den ungünstigsten Fall angenommen werden, daß alle Fehler sich zuungunsten des Gleichlaufs auswirken. Bei der Auswertung von Gl. (3) sind deshalb die Vorzeichen der Δd so zu wählen, daß alle Glieder in (3) gleiches Vorzeichen haben. Dann wird $\Delta v = \pm 0,031$ cm/s $\hat{=} \pm 0,33\,\%$.

3.18 Der Schlitten in Bild 3.18-1 soll auf der um die Achse I rotierenden Schlittenführung radial verstellt werden. Das Gehäuse des linken Kegelradgetriebes werde festgehalten. Die Schlittenverstellung wird durch eine Drehung des rechten Getriebegehäuses bewirkt. Man entwickle eine Beziehung $s(\varphi)$ für den Verschiebeweg s des Schlittens als Funktion des Drehwinkels φ des rechten Getriebegehäuses mit den charakteristischen Getriebedaten als Parameter.

Gegeben: $z_1 = z_3 = z_4 = z_6, z_2 = z_5$: Zähnezahlen der Kegelräder; z_7, z_8: Zähnezahlen der Stirnräder; z_9: Gangzahl der Schnecke; z_{10}: Schneckenradzähnezahl; h: Gewindesteigung der Schraubenspindel. (A)

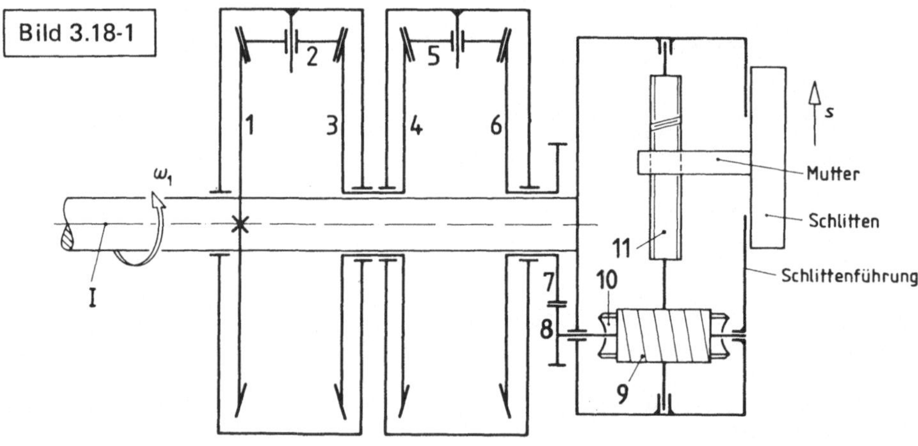

Lösung: Man betrachte aus den jeweiligen Kegelradgrundkörpern herausgeschnittene Scheiben, Bild 3.18-2, und zeichne in beliebigem Maßstab die Geschwindigkeitspläne für die beiden Sonderfälle

a) Welle rotierend $\omega_1 > 0$, rechtes Gehäuse fest;

b) Welle fest $\omega_1 = 0$, rechtes Gehäuse um Achse I rotierend $\omega > 0$.

Im Fall a ist $v_1 = r_1 \omega_1 = -v_3 = -r_3 \omega_3$ und da $r_1 = r_3$, ist $\omega_3 = -\omega_1$. Alle Geschwindigkeiten sind auf die ruhende Umgebung bezogen. Mit $\omega_4 = \omega_3$ und $v_4 = r_4 \omega_4 = -v_6' = -r_6 \omega_6'$ wird, da $r_6 = r_4$, $\omega_6' = -\omega_4 = \omega_1$. Der Räderblock aus den Rädern 6 und 7 dreht sich also gleichsinnig mit der Welle bei gleicher Winkelgeschwindigkeit. Das in Rad 7 eingreifende Rad 8 wird also relativ zur Schlittenführung keine Drehung ausführen, der Schlitten wird nicht verstellt.

Im Fall b genügt es, das rechte System zu betrachten. Rad 4 steht still, $v_4 = 0$. Durch Drehung des Gehäuses — das Kegelradgetriebe ist jetzt ein Umlaufgetriebe — wird die Umfangsgeschwindigkeit der Stegachse auf dem Radius $r_4 : v = r_4 \omega$ und die Geschwindigkeit des Umfangspunktes von Rad 5, der Rad 6 berührt: $v_5 = v_6'' = 2v = 2 r_4 \omega$. Mit $r_4 = r_6$ daraus

$$\omega_6'' = \frac{v_6''}{r_6} = 2\,\omega \qquad \text{(Bilder 3.18-2 und -3).} \tag{1}$$

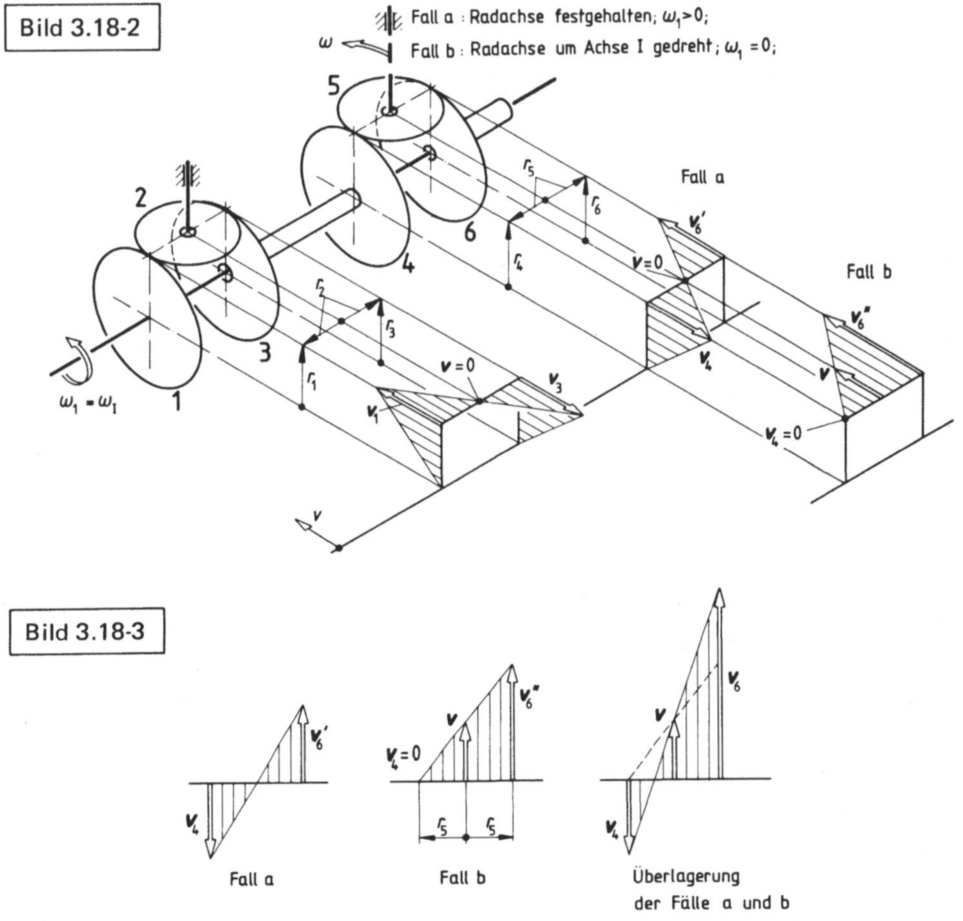

Für den tatsächlichen Betriebsfall $-\omega_1 > 0$, $\omega > 0 -$ erhält man durch Überlagerung der beiden Sonderfälle $v_6 = v_6' + v_6''$, also für die Winkelgeschwindigkeit $\omega_6 = \omega_1 + 2\,\omega$. (2)
Für die Schlittenverstellung interessiert aber nicht die absolute (d.h. auf die ruhende Umgebung bezogene) Winkelgeschwindigkeit ω_6, sondern die relative zum rotierenden System. Aus Gl. (2) also (ω_{61} lies „Omega sechs eins")

$$\omega_{61} = \omega_6 - \omega_1 = 2\,\omega. \tag{3}$$

Die Winkelgeschwindigkeit ω_1 der Welle ist also für den Stellvorgang ganz unerheblich. An Stelle der Winkelgeschwindigkeiten die entsprechenden Drehwinkel eingesetzt:

$$\varphi_{61} = 2\,\varphi. \tag{4}$$

Für das nachgeschaltete Getriebe ist mit $\varphi_{11} = \varphi_{10}$ und $\varphi_9 = \varphi_8$

$$s = \frac{h}{360°}\,\varphi_{10} = \frac{h}{360°}\,\frac{z_9}{z_{10}}\,\varphi_8. \tag{5}$$

Mit Gl. (4) ist die Winkelgeschwindigkeit der Schneckenwelle relativ zum rotierenden System

$$\varphi_8 = \frac{z_7}{z_8}\,\varphi_{61} = \frac{z_7}{z_8}\,2\,\varphi. \quad \text{Damit aus Gl. (5)}$$

$$s = \frac{z_7\,z_9}{z_8\,z_{10}}\,\frac{h}{180}\,\varphi, \tag{6}$$

worin der Drehwinkel φ des rechten Getriebegehäuses (bezogen auf die ruhende Umgebung) im Gradmaß einzusetzen ist.
Ob bei einer positiven Drehung φ des Getriebegehäuses (wie angenommen) der Schlitten um s nach außen oder nach innen verstellt wird, hängt von der Steigungsrichtung der Schraubenspindel und der Schnecke ab und wird zweckmäßig nach Anschauung ermittelt. (Ähnliche Getriebeformen sind als „Phasenschieber" z.B. aus dem Druckmaschinenbau und als Verstellgetriebe für die Rotorblätter von Hubschraubern bekanntgeworden.)

3.19 Der Bildschieber eines Kleinbildprojektors wird mit dem nachstehend skizzierten Mechanismus bewegt. Drehzahl des Zahnrades $n = 25\,\text{min}^{-1}$; Kurbelradius $r_A = 36\,\text{mm}$; Koppellänge $r_{PA} = 83{,}5\,\text{mm}$.
Gesucht: Geschwindigkeits- und Beschleunigungsvektor des Schiebers. Lösung grafisch! (S)
Lösung: (Bild 3.19-1) Mit den gegebenen Größen lassen sich die Beträge

$$v_A = r_A\,\omega = r_A\,2\,\pi\,n$$

und

$$a_A = r_A\,\omega^2 = r_A\,(2\,\pi\,n)^2$$

berechnen. (Wegen $\omega = konst.$ hat der Punkt A keine Tangentialbeschleunigung).
Man findet $v_A = 9{,}42\,\frac{\text{cm}}{\text{s}}$ und $a_A = 24{,}67\,\frac{\text{cm}}{\text{s}^2}$.

Nach EULER gilt allgemein

$$v_P = v_A + v_{PA}.$$ (1)

Es ist üblich, Geschwindigkeiten, die von einem als ruhend angesehenen System aus beobachtet werden — hier vom Gerätegestell aus gemessen — Absolutgeschwindigkeiten zu nennen. In diesem Sinne ist auch die Geschwindigkeit v_{PA} (lies: P um A) des Punktes P um eine momentane Achse durch A eine absolute Geschwindigkeit! Die Richtung dieser Geschwindigkeit ist bekannt (stets senkrecht zu PA), jedoch nicht der Betrag. Dafür kennt man hier bereits die Richtung der gesuchten Geschwindigkeit v_P, da der Schieber geradlinig geführt wird. Somit läßt sich das Parallelogramm der Geschwindigkeitsvektoren konstruieren.

Aus der Figur liest man unter Beachtung des Maßstabes ab: $v_P = 8{,}8 \frac{\mathrm{cm}}{\mathrm{s}}$; $v_{PA} = 6{,}96 \frac{\mathrm{cm}}{\mathrm{s}}$.
Für die Beschleunigung gilt entsprechend

$$a_P = a_A + a_{PA}.$$ (2)

Über a_{PA} ist zunächst nichts bekannt. Man zerlegt deshalb diesen Vektor in die rechtwinkligen Komponenten

$$a_{PA} = a_{PAn} + a_{PAt}.$$ (3)

Den Betrag der Normalbeschleunigung kann man aus dem inzwischen gefundenen Vektor v_{PA} berechnen:

$$a_{PAn} = \frac{v_{PA}^2}{r_{PA}}.$$

Es ergibt sich $a_{PAn} = 5{,}8 \frac{\mathrm{cm}}{\mathrm{s}^2}$.

Nach Wahl eines Maßstabes läßt sich das Vektorbild der Beschleunigung — der Beschleunigungsplan — zeichnen.

Man beginnt mit a_A, addiert geometrisch a_{PAn} und errichtet die dazu Senkrechte. Dies ist ein geometrischer Ort für die gesuchte Resultierende a_P. Deren Richtung ist aber bekannt, da sich der Schieber geradlinig bewegt. Vom Ursprung 0 des Beschleunigungsplanes aus eine Parallele zur Führungsstange liefert mit der Richtung von a_{PAt} einen Schnittpunkt, wodurch a_P bestimmt ist.

Man entnimmt dem Beschleunigungsplan $a_P = 18 \frac{\mathrm{cm}}{\mathrm{s}^2}$ und erkennt, daß im betrachteten Augenblick der Schieber langsamer wird, da der Richtungssinn von a_P dem von v_P entgegengesetzt ist.

Falls nur v_P gesucht wäre, käme man beim vorliegenden Problem etwas einfacher mit Hilfe des Momentanpoles zum Ziel. Die Bahnnormalen der Punkte A und P sind bekannt; ihr Schnittpunkt liefert den Momentanpol (Geschwindigkeitspol). Die Verbindungsgerade vom Pol zur Spitze des bekannten Vektors v_A schließt mit der zugehörigen Bahnnormalen den Winkel δ ein. Dieser Winkel bestimmt v_P wie aus Bild 3.19-1 ersichtlich.

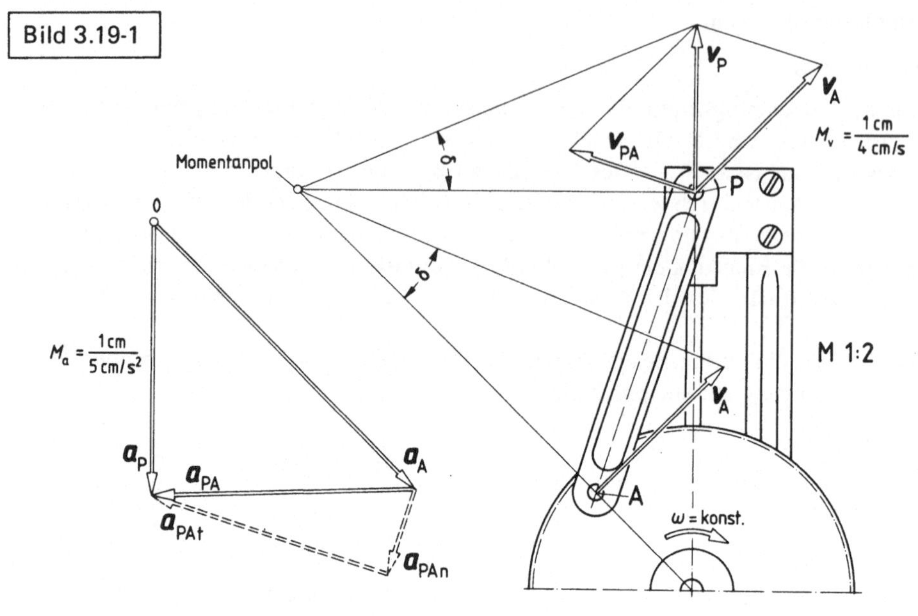

3.20 Kurvengetriebe nach Bild 3.20-1. Drehzahl der Kurvenscheibe n_1 = 500 min^{-1} = *konst.*. Gesucht sind Winkelgeschwindigkeit ω_2 und Winkelbeschleunigung α_2 des Abtasthebels 2 in der gezeichneten Stellung unter der Voraussetzung, daß die Rolle die Kurvenscheibe ständig berührt. (A)

Lösung: Alle Körperpunkte des Hebels bewegen sich auf konzentrischen Kreisbahnen um C. Mit Kenntnis von Geschwindigkeit und Beschleunigung eines Hebelpunktes können daraus Winkelgeschwindigkeit und -beschleunigung errechnet werden. Zunächst sind also für einen geeigneten Hebelpunkt diese Größen zu ermitteln. Der Berührungspunkt von Rolle und Kurve ist aber kein solcher Punkt, denn er verändert seine Lage relativ zum Hebel, selbst dann, wenn die Rolle durch eine entsprechende Hebelrundung ersetzt würde (wie bei sehr kleinen

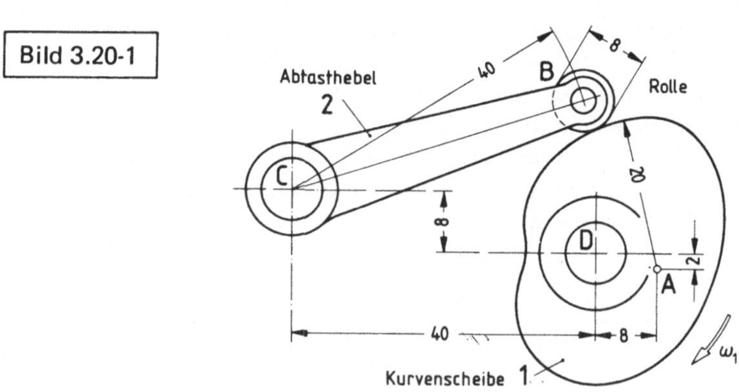

Ausführungen üblich). Der Berührungspunkt liegt auf der Geraden (AB), und diese hat für benachbarte Stellungen veränderte Lagen zum Hebel. Dagegen ist der Rollenmittelpunkt B ein geeigneter Punkt; denn er ist mit dem entsprechenden Hebelpunkt identisch und hat konstanten Abstand zum Kurvenumriß. Damit kann man zwei für die Fragestellung gleichwertige Ersatzsysteme definieren:

I. Gelenkviereck DABC mit Koppellänge c, Bild 3.20-2;

II. Kurvengetriebe mit einer Kurvenkontur gleichen Abstandes („Äquidistante") zum gegebenen Umriß und relativ dazu bewegtem Punkt B, Bild 3.20-3.

Im folgenden werden für beide Ersatzsysteme die Lösungsverfahren durchgeführt.

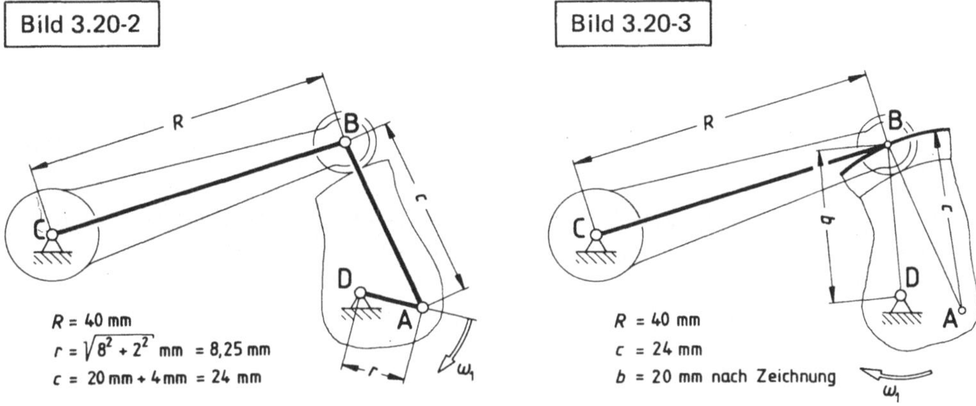

Geschwindigkeit

I. Für Gelenk A ist $v_A = r\,\omega_1 = 43{,}2\ \text{cm/s}$, $v_A \perp (DA)$. Die Bewegung der Koppel kann aus zwei Anteilen zusammengesetzt werden: einem Translationsanteil und einem Rotationsanteil. Der den Translationsanteil kennzeichnende Vektor ist für alle Koppelpunkte v_A. Die Rotation der Koppel beschreibt der Vektor v_{BA}: Geschwindigkeit des Punktes B für die Drehung um A, $v_{BA} \perp (AB)$. Die tatsächliche Geschwindigkeit von B ist die Summe beider Anteile: $v_B = v_A + v_{BA}$ mit $v_B \perp (BC)$, (Bild 3.20-4).

II. Man betrachte die Kurvenscheibe als bewegtes Führungssystem und den Hebelpunkt B als relativ dazu bewegten Punkt. Dann ist die absolute (d.h. auf die ruhende Umgebung bezogene) Geschwindigkeit von B: $v_B = v_F + v_r$. v_F ist die Geschwindigkeit jenes Punktes

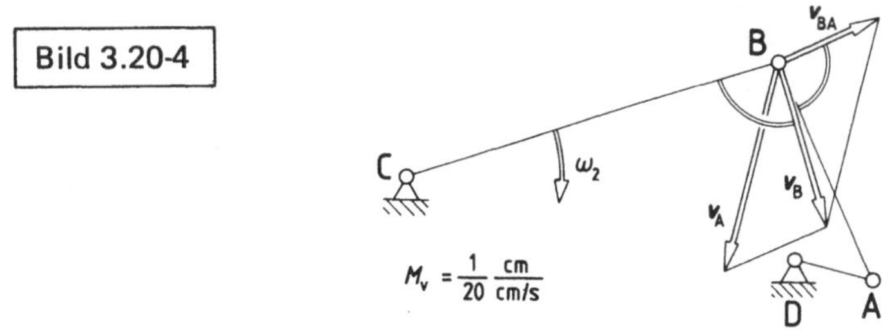

des Führungssystems, in dem sich der Punkt B momentan befindet und zu dem er sich mit der relativen Geschwindigkeit v_r bewegt. $v_F = b\,\omega_1 = 104{,}7\,\text{cm/s}$, $v_F \perp (BD)$; $v_r \perp (AB)$; $v_B \perp (BC)$; (Bild 3.20-5).

Nach beiden Verfahren wird $v_B = 34\,\text{cm/s}$; $\omega_2 = \dfrac{v_B}{R} = 8{,}5\,\text{s}^{-1}$.

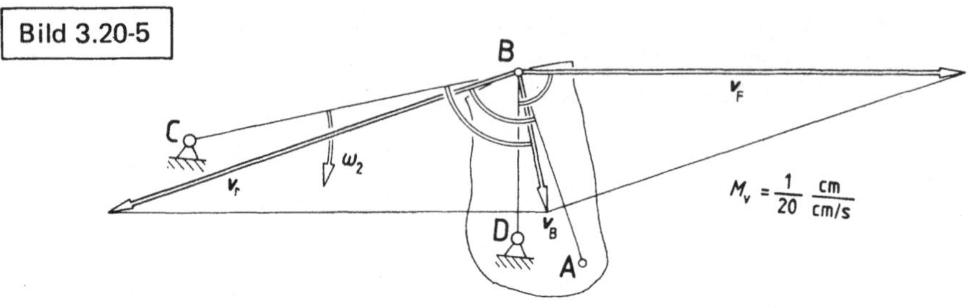

Beschleunigung

I. Aus der Aufteilung der Koppelbewegung in einen Translations- und einen Rotationsanteil erhält man für die Beschleunigungen $a_B = a_A + a_{BA}$, oder mit Zerlegung in Normal- und Tangentialkomponenten

$$a_{Bn} + a_{Bt} = a_{An} + a_{At} + a_{BAn} + a_{BAt}.$$

Im einzelnen sind:

$$a_{Bn} = \frac{v_B^2}{R} = R\,\omega_2^2 = 289\,\text{cm/s}^2, \quad a_{Bn} \text{ von B nach C zeigend};$$

$$a_{Bt} = ?, \quad a_{Bt} \perp (BC);$$

$$a_{An} = r\,\omega_1^2 = 2262\,\text{cm/s}^2, \quad a_{An} \text{ von A nach D zeigend};$$

$$a_{At} = 0, \text{ da } \omega_1 = konst.;$$

$$a_{BAn} = \frac{v_{BA}^2}{c} = 211\,\text{cm/s}^2, \quad a_{BAn} \text{ von B nach A zeigend};$$

$$a_{BAt} = ?, \quad a_{BAt} \perp (BA).$$

In Bild 3.20-6 sind die 5 Vektorkomponenten zum Beschleunigungsplan zusammengesetzt.

II. Bei der Ermittlung der Beschleunigung ist zu beachten, daß in diesem Falle (Führungssystem rotierend) ein Zusatzglied (Coriolisbeschleunigung) in die Beziehung hinzutritt:
$a_B = a_F + a_r + a_C$ oder mit Komponentenzerlegung

$$a_{Bn} + a_{Bt} = a_{Fn} + a_{Ft} + a_{rn} + a_{rt} + a_C.$$

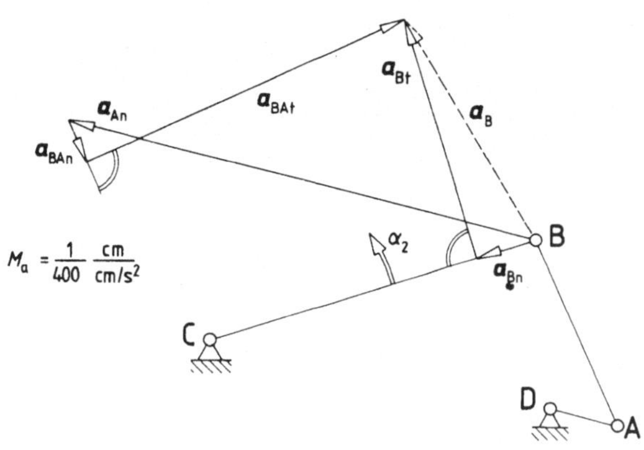

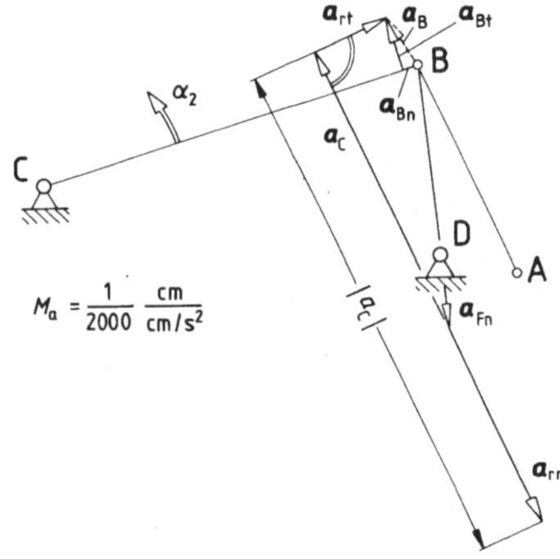

Im einzelnen sind:

a_{Bn} und a_{Bt} wie oben;

$a_{Fn} = b\,\omega_1^2 = 5483\,\text{cm/s}^2$, a_{Fn} von B nach D zeigend;

$a_{Ft} = 0$, da $\omega_1 = konst.$;

$a_{rn} = \dfrac{v_r^2}{c} = 4420\,\text{cm/s}^2$, a_{rn} von B nach A zeigend;

$a_{rt} = ?$, $a_{rt} \perp (BA)$;

$a_C = 2\,v_r\,\omega_1 = 10786\,\text{cm/s}^2$, $a_C \perp v_r$ (im Drehsinn von ω_1).

Zusammensetzung der 6 Vektorkomponenten zum Beschleunigungsplan in Bild 3.20-7.

Nach beiden Verfahren wird $a_{Bt} = 1160\,\text{cm/s}^2$ und daraus $\alpha_2 = \dfrac{a_{Bt}}{R} = 290\,\text{s}^{-2}$. Die Winkelbeschleunigung ist entgegen der augenblicklichen Winkelgeschwindigkeit gerichtet, wirkt also verzögernd.

4 Kinetik

4.1 Bremsvorgang bei einem Kraftfahrzeug. Mit den Bezeichnungen aus Bild 4.1-1 ist ein allgemeiner Ausdruck für das Verhältnis der Radkräfte von Vorder- und Hinterrädern F_{vn}/F_{hn} als Funktion der Abmessungen und der Abbremsung a/g herzuleiten. a: Absolutbetrag der Bremsverzögerung; g: Fallbeschleunigung; F_{vn}, F_{hn}: Normalkräfte von der Fahrbahn auf das vordere bzw. hintere Radpaar. Alle Kräfte sind auf die vertikale Symmetrieebene reduziert. Von Roll- und Luftwiderstand kann abgesehen werden. Für $l_v = 1{,}4\,\text{m}$, $l_h = 1{,}1\,\text{m}$, $h = 0{,}55\,\text{m}$ trage man in einem Diagramm dieses Verhältnis als Funktion der Abbremsung $0 \leqq a/g \leqq 1$ auf. Im Anschluß daran diskutiere man die Bedeutung für das Fahrverhalten.　　　　(A)

Lösung: Vernachlässigt man die beim Bremsen erfahrungsgemäß auftretende leichte Nickbewegung des Wagenkastens und die Drehung der Antriebselemente, so kann man, ebene Fahrbahn vorausgesetzt, reine Translation annehmen. Sieht man weiter von den Massenverlagerungen der Insassen, der Tankfüllung etc. ab, bleibt die Schwerpunktslage im Körper unverändert. Auf den translatorisch bewegten Körper wirken dann die äußeren Kräfte

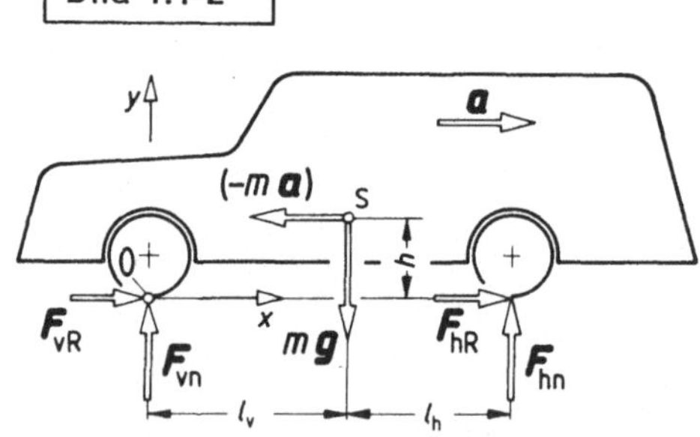

>　F_{vn}, F_{hn}: Normalkräfte auf Räder,
>　F_{vR}, F_{hR}: Reibungskräfte auf Räder,
>　$mg = G$: Fahrzeuggesamtgewichtskraft.

Fügt man zu diesen Kräften die Trägheitskraft $(-m\,a)$ hinzu (angreifend im Massenmittelpunkt $\approx$ Schwerpunkt), so kann man dieses Problem der Kinetik formal genau so behandeln wie eine Gleichgewichtsaufgabe der Statik mit den drei Gleichgewichtsbedingungen für eine ebene Kräftegruppe, Bild 4.1-2:

$$\Sigma F_x = 0 : F_{vR} + F_{hR} - ma = 0; \tag{1}$$

$$\Sigma F_y = 0 : F_{vn} + F_{hn} - mg = 0; \tag{2}$$

$$\Sigma M_0 = 0 : mah - mgl_v + F_{hn}(l_v + l_h) = 0. \tag{3}$$

Gl. (1) wird für die Auswertung hier nicht benötigt. Aus Gl. (2) und Gl. (3) die gesuchte Funktion

$$\frac{F_{vn}}{F_{hn}} = \frac{l_h + \frac{a}{g} h}{l_v - \frac{a}{g} h}.$$

Auswertung für die gegebenen Abmessungen siehe Bild 4.1-3.
Bei $a/g = 0$, d.h. für dauernden Stillstand oder konstante Geschwindigkeit, ist $F_{vn}/F_{hn} = l_h/l_v$; eine Lösung, die man auch bei der Behandlung als statisches Problem erhalten hätte. Mit zunehmender Bremsverzögerung verschiebt sich das Verhältnis der Radnormalkräfte derart, daß F_{vn} größer, F_{hn} aber kleiner wird. Bei zu starkem Bremsen kann der Fall eintreten, daß das auf die Hinterräder antreibend wirkende Moment der Reibungskraft kleiner wird als das Moment der Bremse; die Hinterräder „blockieren", die Reifen rutschen. Neben der Verminderung der Bremswirkung hat dies ungünstige Folgen für die Fahrtrichtungsstabilität.

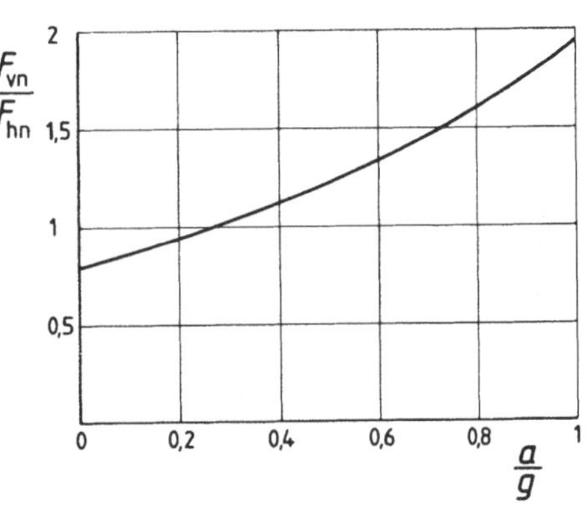

4.2 Der maximale Geschwindigkeitszuwachs, den eine Rakete im Idealfalle, d.h. im leeren, kräftefreien Raum erreichen kann, ist nach ZIOLKOWSKI (1903)

$$v - v_0 = v_r \ln \frac{m_0}{m(t)}.$$

Hierin ist v_r die relative Gasaustrittsgeschwindigkeit, m_0 die Startmasse, $m(t)$ die Raketenmasse zur Zeit t nach dem Start, v_0 die Startgeschwindigkeit.
Man berechne die „Brennschlußhöhe" h_B einer auf der Erde vertikal startenden Rakete mit konstantem Treibstoffdurchsatz $q = -\frac{dm}{dt}$ und konstanter Gasaustrittsgeschwindigkeit v_r.
Die Raketenmasse bei Brennschluß sei m_B.
Das Schwerefeld kann näherungsweise als homogen angesehen werden; vom Einfluß des Luftwiderstandes, des Düsen-Enddruckes und der Erdrotation ist abzusehen. (S)

143

Lösung: Unter den genannten Einschränkungen erweitert sich obige Formel beim Start auf der Erde ($v_0 = 0$) zu

$$v = \frac{ds}{dt} = v_r \ln \frac{m_0}{m(t)} - gt \tag{1}$$

oder $\quad ds = v_r \ln \frac{m_0}{m(t)} \, dt - gt \, dt. \tag{1a}$

Der Treibstoffdurchsatz ist definiert durch $q = -\frac{dm}{dt}$; somit

$$dt = -\frac{dm}{q}, \tag{2}$$

woraus durch Integration — weil $q = konst.$ — ($q > 0$)
die Brenndauer

$$t_B = \frac{m_0 - m_B}{q} \tag{3}$$

folgt.
Substituiert man in Gl. (1a) dt gemäß Gl. (2), so findet man

$$ds = \frac{v_r}{q} \ln \frac{m}{m_0} \, dm - gt \, dt.$$

Um Schreibarbeit zu sparen, wird der erste Term getrennt integriert. Man setzt $m/m_0 = z$ bzw. $dz = dm/m_0$; dann ist

$$s_1 = \frac{v_r}{q} \int\limits_{m_0}^{m_B} \ln \frac{m}{m_0} \, dm = \frac{m_0 v_r}{q} \int\limits_{z=1}^{m_B/m_0} \ln z \, dz = \frac{m_0 v_r}{q} \Big[z \ln z - z \Big]_{z=1}^{m_B/m_0}$$

$$= \frac{v_r}{q} \left[m_0 - m_B \left(1 + \ln \frac{m_0}{m_B} \right) \right].$$

Die Integration des zweiten Terms ergibt

$$s_2 = \frac{g}{2} \, t_B^2 .$$

Damit ist die bei Brennschluß erreichte Höhe $s = h_B = s_1 - s_2$

$$h_B = \frac{v_r}{q} \left[m_0 - m_B \left(1 + \ln \frac{m_0}{m_B} \right) \right] - \frac{g}{2} \, t_B^2$$

oder, wenn man t_B gemäß Gl. (3) eliminiert,

$$h_B = \frac{v_r}{q} \left[m_0 - m_B \left(1 + \ln \frac{m_0}{m_B} \right) \right] - \frac{g}{2 q^2} (m_0 - m_B)^2 .$$

4.3 Der geradgeführte Wagen nach Bild 4.3-1
wird in der gezeichneten Anfangslage $s = 0$
zur Zeit $t = 0$ ohne Anfangsgeschwindigkeit
losgelassen und durch die gespannte Zugfeder
nach rechts bewegt, bis er bei $s = s_1$ auf den
wegbegrenzenden Anschlag trifft.

Gegeben: Wagenmasse $m = 1\,\mathrm{kg}$; $s_1 = 100\,\mathrm{mm}$;
Federkraft der Zugfeder in der Anfangslage
$F_0 = 10\,\mathrm{N}$, in der Endlage $F_1 = 2\,\mathrm{N}$. Alle Bewegungswiderstände sind zu vernachlässigen.

Gesucht: a) Die Wagenbeschleunigung als
Funktion des Weges, $a = a\,(s)$; b) die Wagen-
geschwindigkeit als Funktion des Weges
$v = v\,(s)$; c) der zurückgelegte Weg als Funktion der Zeit, $s = s\,(t)$; d) die Zeit t_1 die der
Wagen benötigt, um den Weg t_1 bis zum Anschlag zurückzulegen; e) die Wagengeschwin-
digkeit als Funktion der Zeit, $v = v\,(t)$;
f) die Wagenbeschleunigung als Funktion der
Zeit, $a = a\,(t)$. g) Die Funktionen a) bis f)
sind in kinematischen Diagrammen maßstäblich darzustellen. (A) .

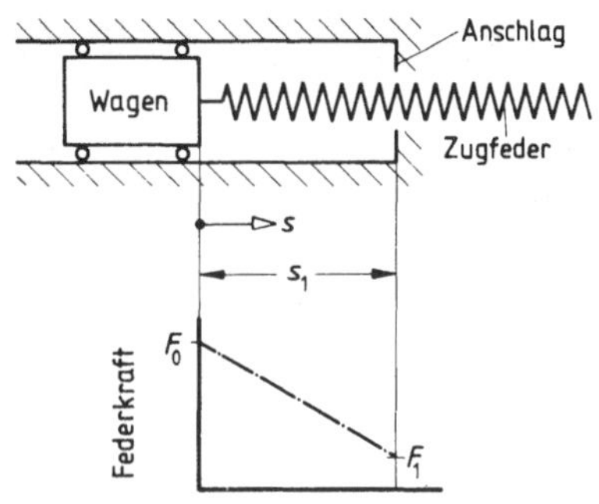

Lösung: a) Aus dem Schwerpunktsatz $F = m\,a$ für unveränderliche Masse folgt hier für die
Beschleunigung als skalare Funktion $a = F/m$. Die Federkraft ist wegabhängig

$$F = F_0 - c\,s \tag{1}$$

mit der Federrate

$$c = (F_0 - F_1)/s_1 = 0{,}08\,\mathrm{N/mm}. \tag{2}$$

Daraus die Wagenbeschleunigung

$$a = (F_0 - c\,s)/m = 10\,\mathrm{m/s^2} - 0{,}08\,\mathrm{m/(s^2\,mm)}\,s. \tag{3}$$

b) Für geradlinige Bewegungen ist $a = \mathrm{d}v/\mathrm{d}t$, wofür man nach der Kettenregel auch schreiben kann

$$a = \frac{\mathrm{d}v}{\mathrm{d}t} = \frac{\mathrm{d}v}{\mathrm{d}s}\frac{\mathrm{d}s}{\mathrm{d}t} = \frac{\mathrm{d}v}{\mathrm{d}s}\,v.$$

Durch Trennung der Variablen wird daraus mit Gl. (3)

$$v\,\mathrm{d}v = a\,\mathrm{d}s = (F_0 - c\,s)/m\,\mathrm{d}s$$

und durch Integration

$$\frac{1}{2}v^2 = \frac{F_0}{m}\,s - \frac{c}{2\,m}\,s^2 + C.$$

Aus der Anfangsbedingung $v = 0$ für $s = 0$ findet man $C = 0$ und damit die Geschwindigkeit

$$v = \sqrt{\frac{2F_0}{m}\,s - \frac{c}{m}\,s^2} = \sqrt{2 \cdot 10^4\,\frac{\text{mm}}{\text{s}^2}\,s - 80\,\frac{1}{\text{s}^2}\,s^2}\,. \tag{4}$$

c) Aus der Definition $v = \mathrm{d}s/\mathrm{d}t$ für diesen Fall durch Trennung der Variablen und mit Gl. (4)

$$\mathrm{d}t = \frac{\mathrm{d}s}{v} = \frac{\mathrm{d}s}{\sqrt{\dfrac{2F_0}{m}\,s - \dfrac{c}{m}\,s^2}}$$

und nach Integration[1])

$$t = -\frac{1}{\sqrt{\dfrac{c}{m}}}\,\arcsin\left(1 - \frac{c}{F_0}\,s\right) + C.$$

Aus der Anfangsbedingung $t = 0$ für $s = 0$ die Konstante

$$C = \frac{\pi}{2}\,\frac{1}{\sqrt{\dfrac{c}{m}}}$$

und damit die Zeit als Funktion des Weges

$$t = \frac{1}{\sqrt{\dfrac{c}{m}}}\left[\frac{\pi}{2} - \arcsin\left(1 - \frac{c}{F_0}\,s\right)\right]. \tag{5}$$

Durch Umformung daraus der Weg als Funktion der Zeit

$$s = \frac{F_0}{c}\left[1 - \cos\left(\sqrt{\frac{c}{m}}\,t\right)\right] = 125\,\text{mm}\ \left[1 - \cos\left(\sqrt{80}\,\text{s}^{-1}\,t\right)\right]. \tag{6}$$

d) Durch Einsetzen der gegebenen Werte und $s = s_1 = 100\,\text{mm}$ in Gl. (5) die Zeit für den Gesamtweg $t_1 = 0{,}153\,\text{s}$.

e) Die Geschwindigkeit als Funktion der Zeit erhält man aus Gl. (6)

$$v = \frac{\mathrm{d}s}{\mathrm{d}t} = \frac{F_0}{c}\sqrt{\frac{c}{m}}\,\sin\left(\sqrt{\frac{c}{m}}\,t\right) = 1{,}1\,\frac{\text{m}}{\text{s}}\,\sin\left(8{,}9\,\text{s}^{-1}\,t\right). \tag{7}$$

f) Die Beschleunigung wird aus Gl. (7)

$$a = \frac{\mathrm{d}v}{\mathrm{d}t} = \frac{F_0}{m}\cos\left(\sqrt{\frac{c}{m}}\,t\right) = 10\,\frac{\text{m}}{\text{s}^2}\,\cos\left(8{,}9\,\text{s}^{-1}\,t\right). \tag{8}$$

g) Bild 4.3-2

---

[1]) Bronstein, I., Semendjajew, K.: Taschenbuch der Mathematik, Frankfurt 1962.

Bild 4.3-2

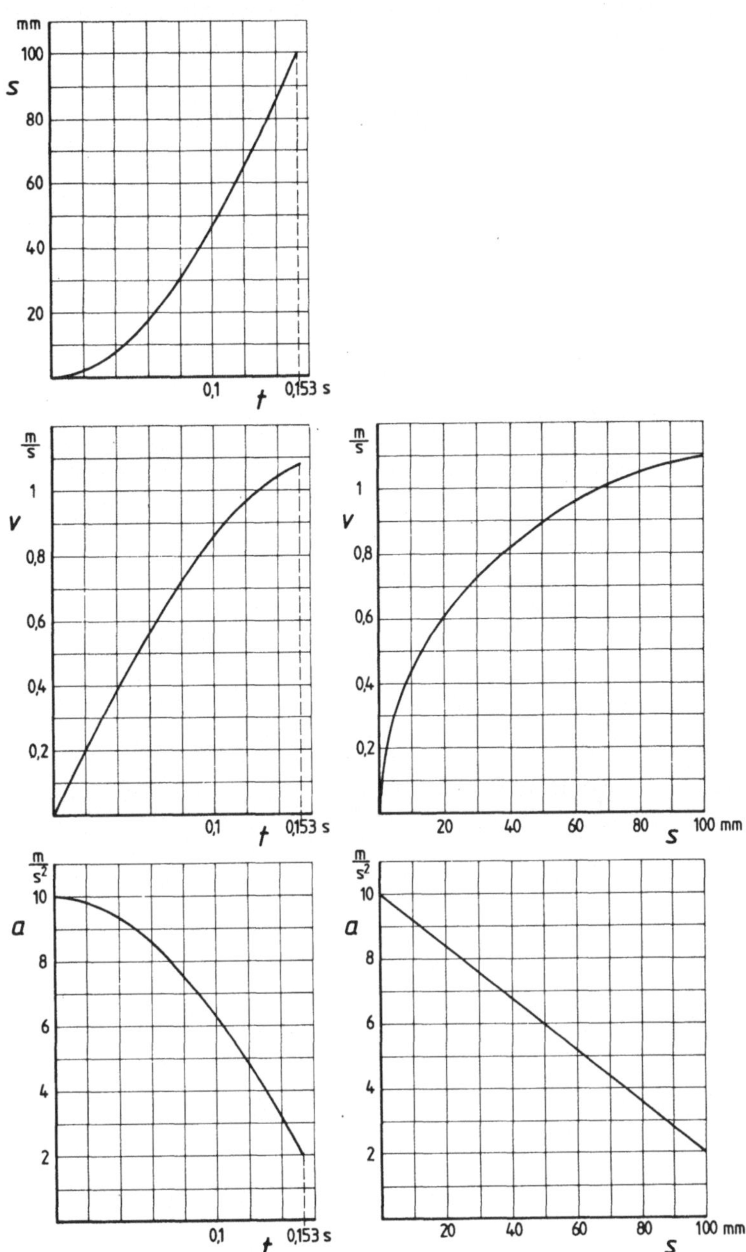

mm
s
100
80
60
40
20
0,1
t
0,153 s

m/s
v
1
0,8
0,6
0,4
0,2
0,1
t
0,153 s

m/s
v
1
0,8
0,6
0,4
0,2
20
40
60
80
100 mm
s

m/s²
a
10
8
6
4
2
0,1
t
0,153 s

m/s²
a
10
8
6
4
2
20
40
60
80
100 mm
s

4.4 Kurvengetriebe mit geradegeführtem Stößel; Bild 4.4-1.

Gegeben: Federkraft der Druckfeder im oberen Stößeltotpunkt $F_0 = 7,5$ N; Federrate der Druckfeder $c = 0,5$ N/mm; Stößelmasse $m = 50$ g; Exzentrizität des Kreisexzenters $e = 3$ mm. Bewegungswiderstände, Gewichtskräfte und Federmasse sind zu vernachlässigen.

Gesucht: a) Höchstzulässige Drehzahl n_{max} der Exzenterwelle. b) Antriebsmoment an der Exzenterwelle als Funktion des Drehwinkels, $M = M(\varphi)$ für die konstanten Drehzahlen $n_1 \approx 0$ (d.h. ganz langsame Drehung) und $n_2 = 2000$ min^{-1}. (A)

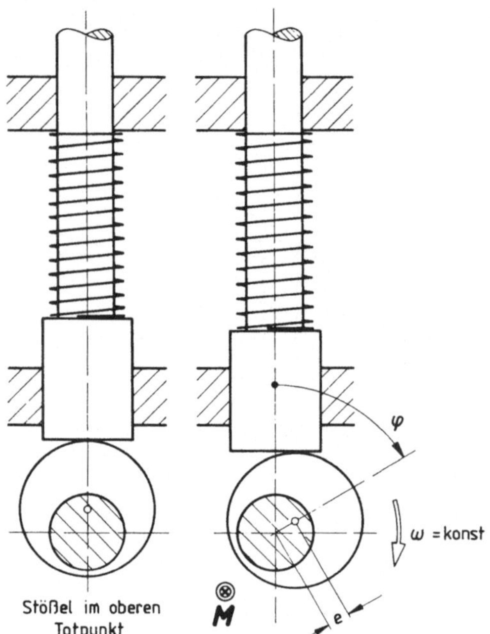

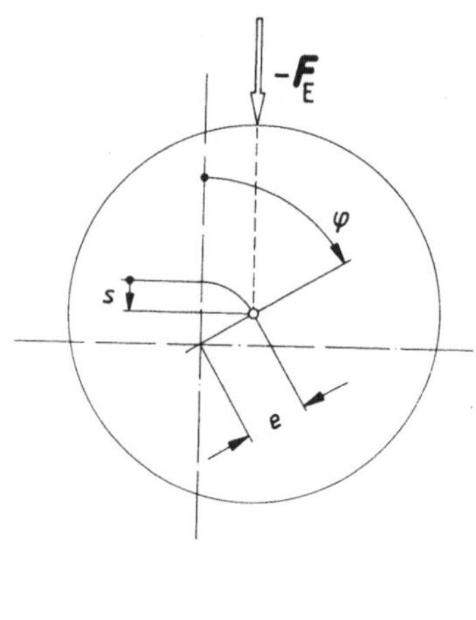

Lösung: a) Aus der Beziehung für den Stößelhub (Bild 4.4-2)

$$s = e(1 - \cos\varphi) = e(1 - \cos\omega t) \tag{1}$$

durch zweimalige Differentiation nach der Zeit die Stößelbeschleunigung

$$a = e\,\omega^2 \cos\omega t = e\,\omega^2 \cos\varphi. \tag{2}$$

Am Stößel wirken in Längsrichtung die stellungsabhängige Federkraft

$$F = F_0 - c\,s = F_0 - c\,e\,(1 - \cos\varphi) \tag{3}$$

und die Reaktionskraft F_E vom Exzenter.

148

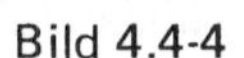

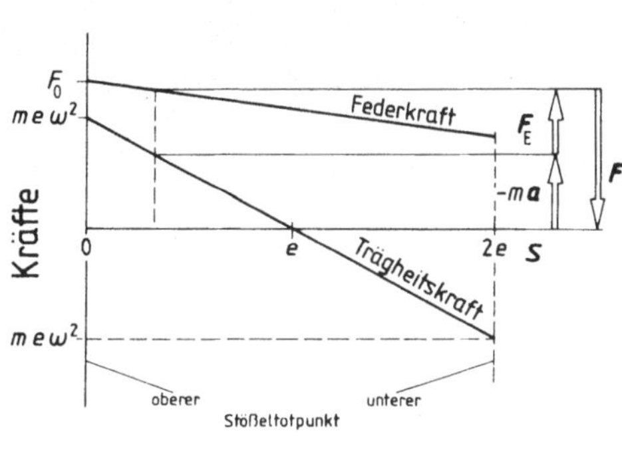

Durch die Hinzunahme der beschleunigungsabhängigen Trägheitskraft

$$-ma = -me\,\omega^2 \cos\varphi \quad \text{(Bild 4.4-3)} \tag{4}$$

und der Anwendung des Gleichgewichtsprinzips wird die Bedingung $\Sigma F_y = 0$ hier

$$F_E - [F_0 - ce(1 - \cos\varphi) - me\,\omega^2 \cos\varphi] = 0. \tag{5}$$

Die Beziehung (1) für den Stößelhub gilt bei diesem kraftschlüssigen Getriebe nur dann, wenn sich Stößel und Exzenter ständig berühren. Es muß also für alle möglichen Stellungen $0 \overset{<}{=} \varphi < 2\pi$ des Exzenters $F_E \overset{>}{(=)} 0$ sein. Aus Gl. (5) also

$$F_E = F_0 - ce(1 - \cos\varphi) - me\,\omega^2 \cos\varphi \overset{>}{(=)} 0 \tag{6}$$

und damit die Bedingung für die Winkelgeschwindigkeit des Exzenters

$$me\,\omega^2 \cos\varphi \overset{<}{(=)} F_0 - ce(1 - \cos\varphi). \tag{7}$$

Hier ist zunächst zu klären, für welchen Wert von φ die Gefahr des Abhebens besteht, ω also ein Minimum wird. Bequemer als die übliche mathematische Methode bei der Extremwertbestimmung ist hier die unmittelbare Betrachtung der Gl. (7): beide Seiten haben für $\cos\varphi = 1$, $\varphi = 0$ Maximalwerte; die Verhältnisse im oberen Stößeltotpunkt sind also für die höchstzulässige Winkelgeschwindigkeit maßgebend. Dieses Ergebnis kann auf andere Weise leicht bestätigt werden.

Die Federkraft ist als Funktion des Stößelhubes bekannt, Gl. (3). Setzt man die umgeformte Funktion (1) in Gl. (2) ein, so erhält man die Beschleunigung abhängig vom Stößelhub $a = e\,\omega^2(1 - s/e)$ bzw. die Trägheitskraft

$$-ma = -me\,\omega^2 (1 - s/e). \tag{8}$$

Die Graphen der Funktionen (3) und (8) sind Geraden, siehe Bild 4.4-4. Für $s = 0$, d.h. $\varphi = 0$ wird F_E minimal; diese Stellung ist demnach für die Berechnung von ω_{max} zugrundezulegen.

Aus Gl. (7) wird damit die höchstzulässige Winkelgeschwindigkeit

$$\omega_{max} = \sqrt{\frac{F_0}{m\,e}} = 223,6 \, s^{-1}$$

und die höchstzulässige Drehzahl $n_{max} = 2135 \, min^{-1}$.

b) Es wird das Moment an der Exzenterwelle aus $-M - F_E \, e \sin\varphi = 0 : M = -F_E \, e \sin\varphi$ oder mit Gl. (6)

$$M = -[F_0 - c\,e\,(1 - \cos\varphi) - m\,e\,\omega^2 \cos\varphi]\,e \sin\varphi. \tag{9}$$

Darstellung der Rechnungsergebnisse in Bild 4.4-5.

Bemerkung: Wie das Kurvengetriebe nach 1.15 ist auch dieses Getriebe lediglich als Modell aufzufassen, das hier deshalb gewählt wurde, um mit einfachen Funktionen rechnen zu können.

Bild 4.4-5

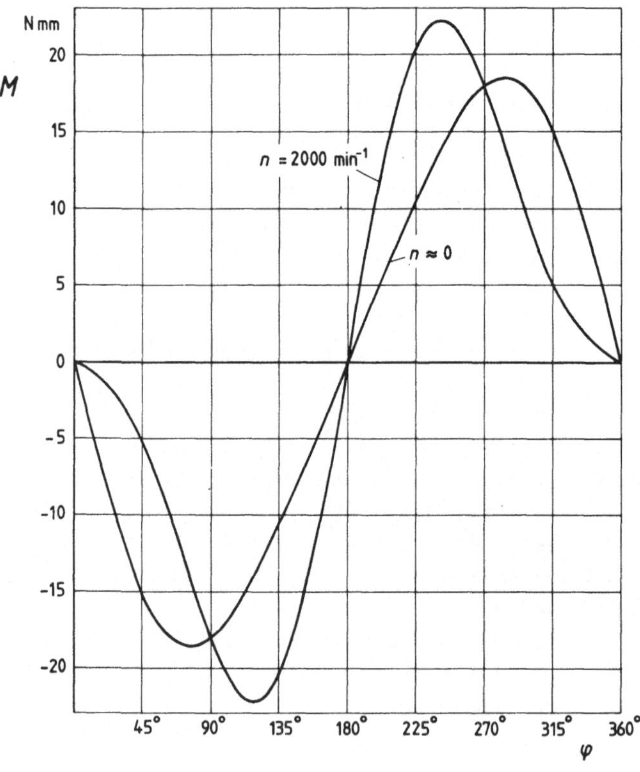

4.5 In Bild 4.5-1 ist eine Fliehkraftbremse dargestellt. Man formuliere allgemein den Betrag M_R des Reibungsmomentes der Bremse, ausgedrückt durch die geometrischen Abmessungen, die Drehzahl n des Zahnrades, die Gleitreibungszahl μ, den Federkraftbetrag F und die Masse m einer Bremsbacke für stationäre Betriebszustände ($dn/dt = 0$).

Von der (unwesentlichen) Lagerreibung und der Verformung des Bremsschuhs kann abgesehen werden. (Die Gewichtskräfte der beiden Bremsbacken können unbeachtet bleiben, da sich ihre Drehmomente aus Symmetriegründen kompensieren.)　　　　　　　(S)

<table>
<tr><td>Bild 4.5-1</td><td>Bild 4.5-2</td></tr>
</table>

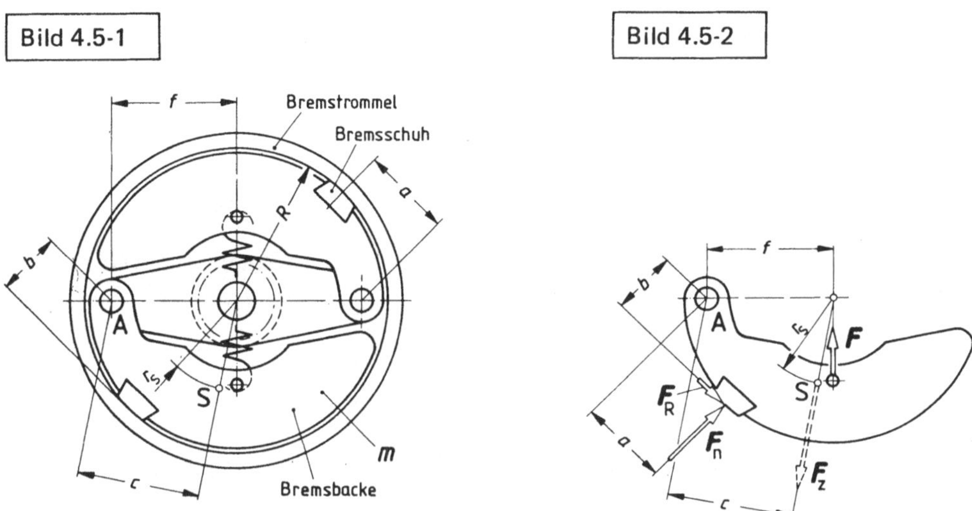

Lösung: Da kein Drehsinn angegeben ist, sei zunächst Drehung des antreibenden Zahnrades im Uhrzeigersinn angenommen. (Die Bremstrommel ist gestellfest.)
Man zeichnet das Freikörperbild einer Bremsbacke und ersetzt die Wirkung der weggelassenen Körper symbolisch durch Kraftvektoren (Bild 4.5-2).
Nach Hinzufügen der resultierenden D'ALEMBERTschen Trägheitskraft (Zentrifugalkraft F_Z) — deren Wirkungslinie stets durch die Drehachse und hier auch durch den Massenmittelpunkt S geht, weil die Bremsbacke eine Symmetrieebene senkrecht zur Drehachse hat — ist man berechtigt, Momentengleichgewicht um A zu fordern:

$$a F_n + b F_R + f F - c F_Z = 0. \tag{1}$$

Nach dem COULOMBschen Reibungsgesetz ist

$$F_R = \mu F_n \Rightarrow F_n = \frac{F_R}{\mu}. \tag{2}$$

(Wegen des kleinen Umschlingungswinkels kann hier μ_z ohne merklichen Fehler durch μ ersetzt werden; vgl. Beispiel 1.37). Gl. (2) in Gl. (1) eingesetzt, ergibt

$$a \frac{F_R}{\mu} + b F_R + f F - c F_Z = 0,$$

hieraus

$$F_R = \frac{c\,F_Z - fF}{\dfrac{a}{\mu} + b}\,.$$

Da zwei Bremsbacken wirken, ist das gesamte Bremsmoment, wenn R den Innenradius der Bremstrommel bedeutet, dem Betrage nach

$$M_R = 2R\,F_R = 2R\,\frac{c\,F_Z - fF}{\dfrac{a}{\mu} + b}\,.$$

Drückt man noch den Betrag der Zentrifugalkraft durch

$$F_Z = m\,r_S\,\omega^2 = m\,r_S\,(2\pi n)^2$$

aus, so hat man das Resultat

$$M_R = 2R\,\frac{4\pi^2\,c\,m\,r_S\,n^2 - fF}{\dfrac{a}{\mu} + b}\,. \tag{3}$$

Drehen sich die Bremsbacken entgegen dem Uhrzeigerdrehsinn, so ändert sich in Gl. (1) lediglich das Vorzeichen des zweiten Terms, weshalb

$$M_R = 2R\,\frac{4\pi^2\,c\,m\,r_S\,n^2 - fF}{\dfrac{a}{\mu} - b} \tag{4}$$

folgt.
Die Bremswirkung wird also stärker, und es könnte, wenn der Nenner gegen Null geht, Blockieren eintreten. Deshalb muß $a > \mu\,b$ gemacht werden!
Damit die Bremse überhaupt wirkt, ist eine Mindestdrehzahl erforderlich; die Grenzdrehzahl n_G, für die M_R gerade Null wird, ist nach Gl. (3) oder (4)

$$n_G = \frac{1}{2\pi}\sqrt{\frac{fF}{m\,r_S\,c}}\,.$$

Die Gleichungen (3) und (4) gelten deshalb nur mit der Einschränkung $n > n_G$!

4.6 Am nsi-Kontakt eines Nummernschalters soll eine Impulsfrequenz von 10 Hz eingehalten werden (Bild 4.6-1).
Man ermittle die erforderliche Drehzahl des Bremsreglers.
Welches Bremsmoment M_R entsteht bei dieser Drehzahl an der Reglerwelle? (Luft- und Zapfenreibung sowie die Verformung der Bremspimpel sind zu vernachlässigen.)
Bei welcher Grenzdrehzahl n_G der Reglerwelle beginnt die Bremswirkung?
Um wieviel Prozent darf das in die Reglerwelle eingeleitete Antriebsmoment im stationären Zustand gegenüber dem Sollwert differieren, wenn bei der Impulsfrequenz eine Abweichung von $\approx \pm 5\,\%$ noch zulässig ist?
$m = 1{,}0$ Gramm (Federmasse vernachlässigbar); Elastizitätsmodul der Feder $E = 110\,\text{kN/mm}^2$; Reibungszahl $\mu = 0{,}3$. $\hspace{2cm}$ (S)

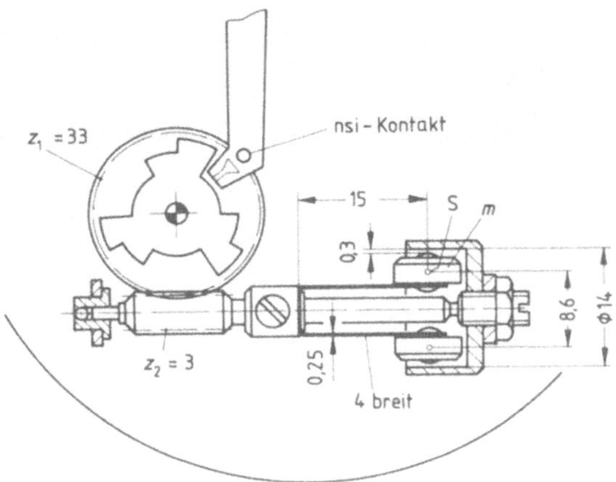

Lösung: Bezeichnet man die Drehzahl des Zahnrades, mit welchem drei Kunststoffnocken fest verbunden sind, mit n_N, die Reglerdrehzahl mit n und das Übersetzungsverhältnis mit i, so ist die Solldrehzahl ($n = n_S$)

$$n_S = \frac{1}{3}\frac{n_N}{i} = \frac{1}{3}\frac{z_1}{z_2}n_N = 2200 \text{ min}^{-1}.$$

Das Bremsmoment an der Reglerwelle ergibt sich aus dem Reibungsmoment der beiden (anliegenden) Bremspimpel

$$M_R = 2\left(m r_0 \omega^2 - 3\frac{fEI}{l^3}\right)\mu\frac{d}{2}.$$

Hierin ist r_0 der Abstand des Massenmittelpunktes von der Drehachse, f die Durchbiegung der Blattfeder, $l \approx 14{,}75$ mm ihre wirksame Länge, I das im wirksamen Bereich konstante, axiale Flächenträgheitsmoment des Federquerschnittes, d der Bremstrommeldurchmesser. Setzt man für $\omega = 2\pi n$, so folgt

$$M_R = \left(4\pi^2 m r_0 n^2 - 3\frac{fEI}{l^3}\right)\mu d. \tag{1}$$

Aus Bild 4.6-1 entnimmt man $f = 0{,}3$ mm; $r_0 = \frac{8{,}6}{2}$ mm + 0,3 mm = 4,6 mm; ferner ist das axiale Flächenträghitsmoment der Blattfeder $I = b h^3/12 = 5{,}21 \cdot 10^{-3}$ mm^4.
Mit den übrigen bekannten Zahlenwerten erhält man aus Gl. (1) $M_R = 0{,}35$ Nmm.

Die Grenzdrehzahl n_G, bei der gerade die Berührung der Bremspimpel mit der Bremstrommel beginnt, errechnet man aus Gl. (1), indem man $M_R(n) = 0$ setzt, zu

$$n_G = \frac{1}{2\pi}\sqrt{\frac{3fEI}{m r_0 l^3}} = 1785 \text{ min}^{-1}.$$

Im stationären Zustand ist das in die Reglerwelle eingeleitete Antriebsmoment dem Betrage nach gleich dem Bremsmoment, wenn man von der Lagerreibung und vom Luftwiderstand absehen kann: $M_A = M_R$; im „Arbeitspunkt" A $\Rightarrow M_A = M_{RA}$.

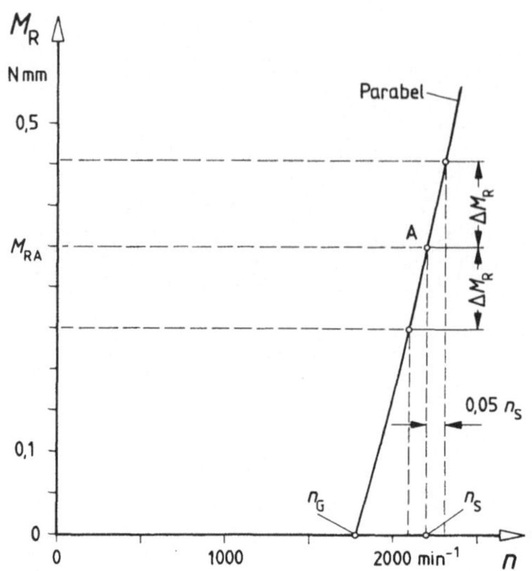

Läßt man dabei eine Impulsfrequenz-Abweichung von $\approx \pm 5\,\%$ zu, so erlaubt dies eine Abweichung vom Sollwert des Antriebsmomentes M_{RA} von rund $\pm 30\,\%$, wie man aus Gl. (1) oder aus Bild 4.6-2 findet. (Die untere erlaubte Abweichung ist wegen der nichtlinearen Kennlinie etwas kleiner.) Über den Anlaufvorgang sagt die Kennlinie jedoch nichts aus! Vergleiche hierzu Beispiel 4.37.

4.7 In einem Mechanik-Lehrbuch ist das auf eine Achse durch den Massenmittelpunkt S bezogene Massenträgheitsmoment einer Kugel wie folgt hergeleitet (Bild 4.7-1):

$$J_S = \int_K r^2\,dm = \int_0^{r_a} r^2 \rho\, 4\pi r^2\,dr = 4\pi\rho \int_0^{r_a} r^4\,dr$$

$$= 4\pi\rho\,\frac{r_a^5}{5} = \frac{4}{3}\pi r_a^3\,\rho\,\frac{3}{5}r_a^2 = \frac{3}{5}m r_a^2.$$

Wo steckt der Fehler?   (S)

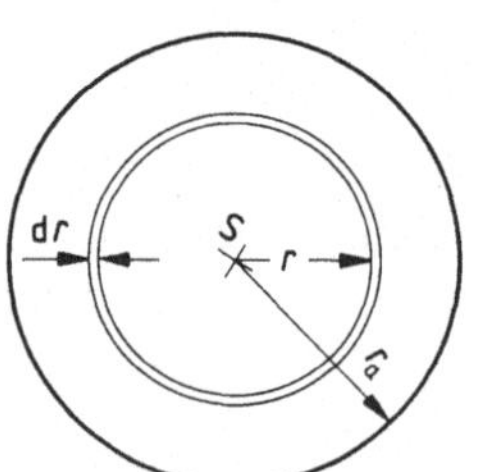

Lösung: Der Fehler in vorstehender Herleitung beruht auf einem Irrtum über die Bedeutung von r in der Definitionsgleichung für J_S; r ist nicht der Betrag eines von 0 ausgehenden Ortsvektors, sondern der Abstand eines Körperelementes der Masse dm von der Bezugsachse — z.B. der x-Achse (Bild 4.7-2):

$$J_x = \int\limits_K r^2 \, dm = \int\limits_K (y^2 + z^2) \, dm.$$

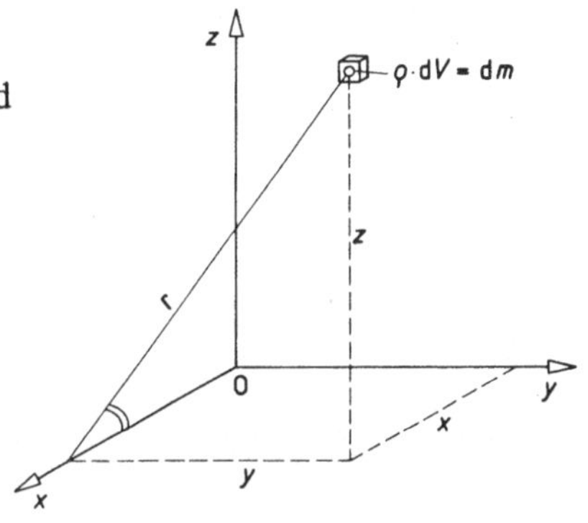

Daher ist auch $dm = \rho\, 4\pi r^2\, dr$ falsch!
Für die beiden anderen Bezugsachsen gilt entsprechend

$$J_y = \int\limits_K (z^2 + x^2) \, dm \qquad J_z = \int\limits_K (x^2 + y^2) \, dm.$$

Berücksichtigt man, daß bei einer Kugel die zentralen Massenträgheitsmomente für jede Achse durch $0 \equiv S$ gleich sind, so gilt auch

$$J_x = J_y = J_z = J_S.$$

Somit

$$3 J_S = \int\limits_K (y^2 + z^2) \, dm + \int\limits_K (z^2 + x^2) \, dm + \int\limits_K (x^2 + y^2) \, dm,$$

was man auch

$$J_S = \frac{2}{3} \int\limits_K (x^2 + y^2 + z^2) \, dm$$

schreiben kann.
Der Integrand ist nun in der Tat das Quadrat eines von $0 \equiv S$ ausgehenden Ortsvektors, und damit ist $dm = \rho\, 4\pi r^2\, dr$ richtig! Man erhält

$$J_S = \frac{2}{3} \rho\, 4\pi \int\limits_0^{r_a} r_S^4 \, dr = \frac{8}{15} \pi \rho\, r_a^5 = \frac{2}{5} m r_a^2 \,,$$

wie als richtig bekannt.

4.8 Gesucht ist das Massenträgheitsmoment des Rotors einer Automatik-Uhr gemäß Bild 4.8-1, bezogen auf die Drehachse A. Dichte ρ = 8,4 g/cm³.   (S)

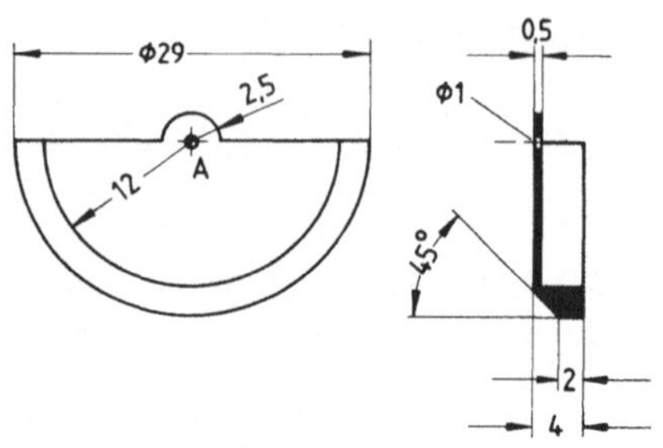

Lösung: Man zerlegt den Rotor in einfache Teilkörper, von denen man Formeln zur Berechnung des Massenträgheitsmomentes bereits kennt oder einer Formelsammlung entnehmen kann. Die Bohrung für die 1 mm dicke Achse kann unbeachtet bleiben (Bild 4.8-2).

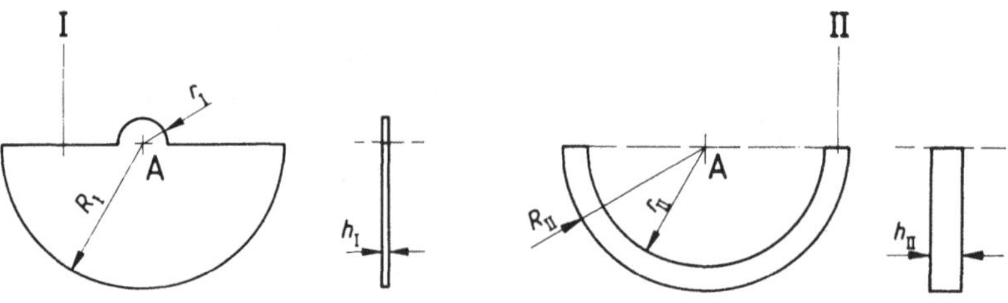

Für die zwei halben Kreiszylinder des Teilkörpers I gilt

$$J_{AI} = \frac{1}{2} \left(\frac{\pi}{2}\, \rho\, R_I^4 + \frac{\pi}{2}\, \rho\, r_I^4 \right) h_I,$$

worin gemäß Bild 4.8-1 R_I = 14,5 mm, r_I = 2,5 mm und h_I = 0,5 mm ist,

$$J_{AI} = \frac{\pi}{4}\, \rho\, h_I\, (R_I^4 + r_I^4) = 1{,}5 \text{ g cm}^2 ;$$

und für den halben Hohlzylinder II

$$J_{AII} = \frac{1}{2} \left[\frac{\pi}{2}\, \rho\, (R_{II}^4 - r_{II}^4) \right] h_{II},$$

mit R_{II} = 14,5 mm, r_{II} = 12 mm und h_{II} = 3,5 mm,

$$J_{AII} = \frac{\pi}{4}\, \rho\, h_{II}\, (R_{II}^4 - r_{II}^4) = 5{,}4 \text{ g cm}^2 .$$

Im Gegensatz zur Bohrung darf die 45°-Fase nicht vernachlässigt werden. Hierfür wird man kaum die erforderliche Formel in einer Formelsammlung finden. Man kann jene jedoch leicht herleiten, wenn man Bild 4.8-3 betrachtet und erkennt, daß sich das Trägheitsmoment dieses abgebildeten Hilfskörpers als Differenz der Trägheitsmomente eines geraden Kreiszylinders und eines geraden Kreiskegelstumpfes berechnen läßt.

Demnach vermindert sich das Massenträgheitsmoment bezüglich der Achse A wegen der Fase mit den Maßen aus Bild 4.8-1 (R_{III} = 14,5 mm, r_{III} = 12,5 mm, h_{III} = 2 mm) um das Trägheitsmoment des halben Hilfskörpers

$$J_{AIII} = \frac{1}{2} \left[\frac{\pi}{2} \rho \, h_{III} R_{III}^4 - \frac{\pi}{10} \rho \, h_{III} \frac{R_{III}^5 - r_{III}^5}{R_{III} - r_{III}} \right]$$

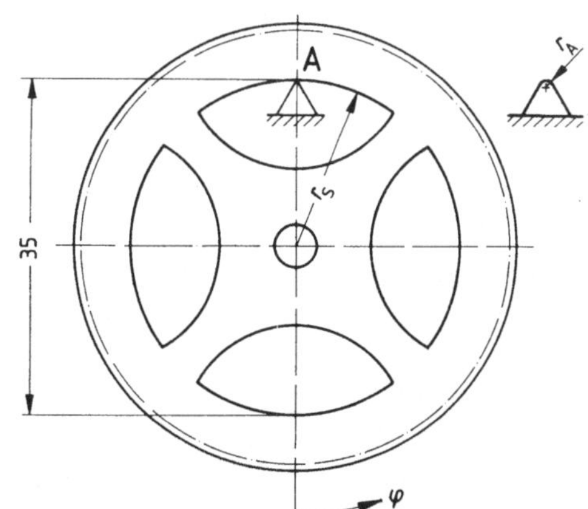

$$= \frac{\pi}{4} \rho \, h_{III} \left(R_{III}^4 - \frac{1}{5} \frac{R_{III}^5 - r_{III}^5}{R_{III} - r_{III}} \right) = 1{,}4 \, \text{g cm}^2.$$

Das Trägheitsmoment des Rotors bezüglich der Achse A ist nun

$$J_A = J_{AI} + J_{AII} - J_{AIII} = 5{,}5 \, \text{g cm}^2.$$

4.9 Das Massenträgheitsmoment eines Zahnrades gemäß Bild 4.9-1 kann experimentell dadurch bestimmt werden, daß man es auf einer Schneide kleine Pendelschwingungen ausführen läßt und die Zeit für 10 (oder 100) Schwingungen mißt. Als „Schneide" kann ein Stück einer fest eingespannten, mindestens 0,15 mm dicken Rasierklinge dienen. Voraussetzung für die Anwendbarkeit dieser Methode ist, daß die Drehachse eine Hauptträgheitsachse ist; ferner darf das Bauteil bzw. die Schwingungsdauer nicht zu klein sein, falls man ohne besondere Hilfsmittel die Zahl der Schwingungen feststellen will. Der Abstand r_S des Schwerpunktes vom Auflager sei bekannt. Vom Einfluß der Dämpfung kann hier abgesehen werden.

In welchem Verhältnis stehen die Schwingungszeiten für eine Schwingung, wenn statt einer idealen Schneide ein abgerundetes Auflager mit dem Abrundungsradius r_A verwendet wird?

(S)

Lösung: Man zeichnet zunächst in das Schemabild 4.9-2 die einzige eingeprägte Kraft, die Gewichtskraft mg im Schwerpunkt S, ein. Nach dem D'ALEMBERTschen Prinzip sind wegen der beschleunigten Bewegung des Massenmittelpunktes (den man hier ohne Bedenken als mit dem Schwerpunkt zusammenfallend ansehen kann) die tangentiale und normale Komponente der resultierenden Trägheitskraft F_T, nämlich F_{Tt} und $F_{Tn} \equiv F_Z$ (Zentrifugalkraft) parallel zu den wahren Beschleunigungskomponenten von S, jedoch mit entgegengesetztem Pfeilsinn im Massenmittelpunkt einzutragen; zudem noch das resultierende Versetzungsmoment M_T der Trägheitskräfte bezüglich des Reduktionspunktes S mit zur wahren Winkelbeschleunigung entgegengesetztem Drehsinn. Die Lagerreaktion in A interessiert hier nicht, da man beim D'ALEMBERTschen Gleichgewichtsansatz den Momentenpunkt im Momentanpol wählen kann.

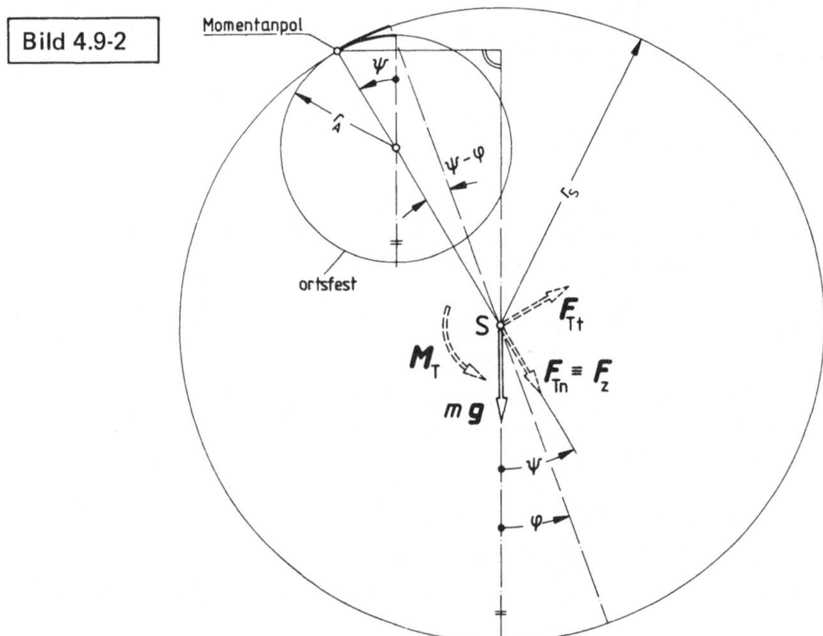

Die kinematische Bedingung (Rollbedingung) nach Auslenkung des Zahnrades um den Winkel φ gegenüber der Vertikalen lautet

$$r_A\, \psi = r_S\, (\psi - \varphi). \tag{1}$$

Das (fiktive) Momentengleichgewicht um den Momentanpol bedingt

$$r_S\, F_{Tt} + M_T - mg\, r_S \sin \psi = 0. \tag{2}$$

Hierin ist gemäß Bild 4.9-2

$$F_{Tt} = -m\, a_{St}.$$

158

Weil der Abstand zwischen dem jeweiligen Momentanpol und S konstant bleibt, (auch, weil S auf der Polbahnnormalen liegt,) ist einfach

$$a_{St} = r_S \ddot{\varphi} \, . \tag{3}$$

Ferner gilt

$$M_T = -J_S \ddot{\varphi};$$

somit

$$r_S \left(-m r_S \ddot{\varphi} \right) - J_S \ddot{\varphi} - mg r_S \sin \psi = 0 \, , \tag{2a}$$

zusammengefaßt

$$\ddot{\varphi} \left(J_S + m r_S^2 \right) + mg r_S \sin \psi = 0. \tag{2b}$$

Aus der Rollbedingung Gl. (1) folgt $(r_A < r_S)$:

$$\psi = \frac{r_S}{r_S - r_A} \varphi \, , \tag{4}$$

in Gl. (2b) eingesetzt

$$\ddot{\varphi} + \frac{mg r_S}{(J_S + m r_S^2)} \sin \left(\frac{r_S}{r_S - r_A} \varphi \right) = 0. \tag{5}$$

Für kleine Auslenkungen φ und $r_A \ll r_S$ ist genau genug

$$\sin \left(\frac{r_S}{r_S - r_A} \varphi \right) \approx \frac{r_S}{r_S - r_A} \varphi$$

und man hat die Differentialgleichung einer Harmonischen Schwingung

$$\ddot{\varphi} + \frac{mg r_S}{(J_S + m r_S^2)} \frac{1}{1 - r_A/r_S} \varphi = 0. \tag{6}$$

Bringt man die DGl. einer Harmonischen Schwingung auf vorstehende Form, dann ist bekanntlich der Faktor vor φ gleich dem Quadrat der Kreisfrequenz

$$\omega^2 = \left(\frac{2\pi}{T} \right)^2 = \frac{mg r_S}{(J_S + m r_S^2)(1 - r_A/r_S)}, \tag{7}$$

woraus

$$T = 2\pi \sqrt{\frac{J_S + m r_S^2}{mg r_S} (1 - r_A/r_S)} \tag{8}$$

folgt.

Gegenüber einer idealen Schneide $(r_A = 0)$ ist somit

$$\frac{T}{T_{id}} = \sqrt{1 - r_A/r_S} \, . \tag{9}$$

Offenbar hängt es von dem Verhältnis r_A/r_S ab, ob der Einfluß des Abrundungsradius von Belang ist.

Nimmt man statt einer (möglichst schwingungsfrei eingespannten) Rasierklingenschneide im vorliegenden Falle einen gehärteten, geschliffenen Rundstahl mit z.B. 3,5 mm Durchmesser (r_A/r_S = 0,1), dann ist der Fehler bei der Schwingungsdauermessung schon rund 5 % und leicht mit einer gewöhnlichen Stoppuhr nachprüfbar. (Obwohl die Rasierklinge keine „Schneide" im mathematischen Sinne ist, kann sie gegenüber dem Radius r_A = 1,75 mm als solche angesehen werden.)

Anmerkung: Es mag zunächst überraschen, daß die Schwingungsdauer T gegenüber einer idealen Schneide kleiner sein soll. Dies liegt daran, daß an die Stelle einer Drehung um eine feste Achse eine Rollbewegung tritt; S bewegt sich statt auf einer Kreisbahn mit dem Radius r_S auf einer solchen mit dem Radius ($r_S - r_A$).

4.10 Das häufig auftretende Problem der unsymmetrischen Massenverteilung an Rotationskörpern bezüglich ihrer Drehachse und der notwendigen Korrektur („Auswuchten") soll am Rotor nach Bild 4.10-1 untersucht werden. Die Massenverteilung im Rotor einschließlich der eingepreßten Achse sei vollkommen symmetrisch zur Drehachse. Auf der Rotormantelfläche ist die kleine Unwuchtmasse m_u aufgebracht, durch die die ideale Massenverteilung des Rotors gestört wird. Rotormasse m = 500 g; Unwuchtmasse m_u = 1 g; Massenträgheitsmoment des Rotors für die Drehachse J = 1 kg cm^2; Rotordrehzahl n = 3000 min^{-1}. x, y, z: ortsfestes Koordinatensystem; X, Y, Z: körperfestes (d.h. mitrotierendes) Koordinatensystem.

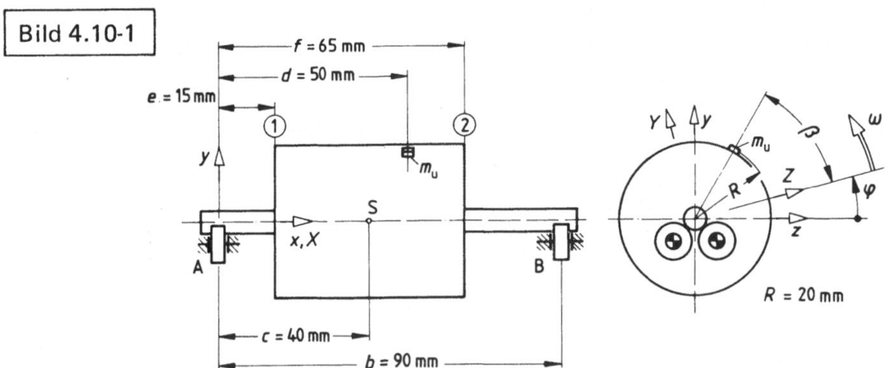

Gesucht: a) Allgemeine Ausdrücke für die skalaren Komponenten F_{Az}, F_{Bz} der Lagerkräfte. b) Extremwerte dieser Lagerkräfte. c) Welche Ausgleichsmassen m_1, m_2 müßten in den Ausgleichsebenen 1, 2 am Radius r = 15 mm angebracht werden, damit die Lagerkräfte F_{Az}, F_{Bz} für jede Rotorstellung φ und jede beliebige Drehzahl n verschwinden? Man bestimme den Phasenwinkel γ der Ausgleichsmassen bezogen auf das körperfeste Bezugssystem. (A)

Lösung: a) Mit den Trägheitswirkungen des Rotors und der Unwuchtmasse lautet die Momentengleichung für die Drehung um die Rotorachse (Bild 4.10-2):

$$M - M_\mathrm{R} - J\alpha - m_\mathrm{u}\,g\,R\,\cos(\beta + \varphi) - m_\mathrm{u}\,a_\mathrm{t}\,R = 0, \tag{1}$$

mit der Tangentialbeschleunigung $a_\mathrm{t} = R\,\alpha = R\,\ddot{\varphi}$.

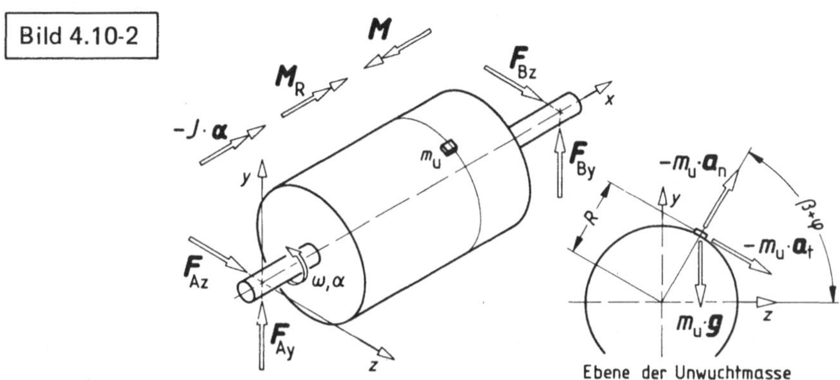

Bei Erreichen eines stationären Zustandes nach Beendigung des Hochlaufs wird das antreibende Moment M gleich dem Moment der Bewegungswiderstände M_R : $M - M_\mathrm{R} = 0$ und damit nach (1) $\alpha \neq 0$, also $\dot{\varphi} \neq konst$. Wollte man den Einfluß der veränderlichen Winkelgeschwindigkeit auf die Lagerkräfte berücksichtigen, würde die Lösung sehr schwierig. Deshalb soll vorweg untersucht werden, ob der Einfluß nicht gegenüber den anderen Kräften vernachlässigbar ist. In (1) werden $m_\mathrm{u}\,g\,R = 1962\,\mathrm{g\,cm^2/s^2}$ und $m_\mathrm{u}\,a_\mathrm{t}\,R = m_\mathrm{u}\,R^2\,\alpha =$
$= 4\,\mathrm{g\,cm^2}\,\alpha$.
Im Extremfall werden für $(\beta + \varphi) = 0$ bzw. $= \pi$ aus (1)

$$|\alpha|_{max} = \frac{m_\mathrm{u}\,g\,R}{J + m_\mathrm{u}\,R^2} \approx 2\,\mathrm{s^{-2}}$$

und damit der in der ungünstigsten Stellung größtmögliche Wert der Tangentialbeschleunigung der Unwuchtmasse $|R\,\alpha|_{max} \approx 4\,\mathrm{cm/s^2}$. Tatsächlich wird diese aber noch geringer, denn die Annahme eines konstanten Antriebsmoments an der Rotorwelle entspricht nicht der Wirklichkeit. Der Rotor ist meist mit dem Antriebsmotor gekuppelt und dessen Massenträgheitsmoment wirkt ebenfalls glättend auf den Geschwindigkeitsverlauf. Die Normalbeschleunigung der Unwuchtmasse ist hier $a_\mathrm{n} = R\,\omega^2 = 1{,}97 \cdot 10^5\,\mathrm{cm/s^2}$, so daß also in den folgenden Gleichungen sowohl die aus der Tangentialbeschleunigung herrührende Kraft als auch die Gewichtskraft $m_\mathrm{u}\,g$ der Unwuchtmasse und ebenso deren Momente vernachlässigt werden dürfen.

$$\Sigma F_\mathrm{z} = 0 : F_\mathrm{Az} + m_\mathrm{u}\,R\,\omega^2\,\cos(\beta + \varphi) + F_\mathrm{Bz} = 0; \tag{2}$$

$$\Sigma M_\mathrm{y} = 0 : -m_\mathrm{u}\,R\,\omega^2\,\cos(\beta + \varphi)\,d - F_\mathrm{Bz}\,b = 0. \tag{3}$$

Daraus die horizontalen Lagerkräfte

$$F_{\text{Bz}} = -m_{\text{u}}\, R\, \omega^2\, \frac{d}{b}\, \cos(\beta + \varphi); \tag{4}$$

$$F_{\text{Az}} = -\left(1 - \frac{d}{b}\right) m_{\text{u}}\, R\, \omega^2\, \cos(\beta + \varphi). \tag{5}$$

b) Extremwerte der Lagerkräfte aus Gl. (4) und (5) für die Stellungen $\beta + \varphi = 0$ bzw. $= \pi$:

$$F_{\text{Bz}} = \pm\, 1{,}1\,\text{N}, \quad F_{\text{Az}} = \pm\, 0{,}9\,\text{N}.$$

c) Wenn an den beiden Stirnflächen 1, 2 des Rotors Ausgleichsmassen m_1, m_2 angebracht sind, müssen die Gl. (2) und (3) durch entsprechende Glieder ergänzt werden. Die waagerechten Lagerkräfte sollen dadurch verschwinden; F_{Az}, F_{Bz} können also weggelassen werden.

$$\Sigma F_{\text{z}} = 0: m_{\text{u}}\, R\, \omega^2\, \cos(\beta + \varphi) + m_1\, r\, \omega^2\, \cos(\gamma + \varphi) + m_2\, r\, \omega^2\, \cos(\gamma + \varphi) = 0; \tag{6}$$

$$\Sigma M_{\text{y}} = 0: -m_{\text{u}}\, R\, \omega^2\, \cos(\beta + \varphi)\, d - m_1\, r\, \omega^2\, \cos(\gamma + \varphi)\, e - m_2\, r\, \omega^2 \\ \cos(\gamma + \varphi)\, f = 0. \tag{7}$$

Für die Vorzeichen der Kräfte und Momente der Ausgleichsmassen wurde dabei angenommen, daß sie phasengleich mit der Unwuchtmasse wirken.
Dies sind zwei Bedingungen für den Phasenwinkel und die Beträge der Ausgleichsmassen.
Ein Verschwinden von F_{Az}, F_{Bz} für alle Stellungen ist offenbar nur möglich, wenn $\cos(\beta + \varphi) = -\cos(\gamma + \varphi)$, wenn also $\gamma = \beta + \pi$, die Ausgleichsmassen der Unwuchtmasse radial gegenüber liegen. Für $(\beta + \varphi) = 0$, $(\gamma + \varphi) = \pi$ lauten dann die Bedingungen für die Beträge der Ausgleichsmassen

$$m_{\text{u}}\, R - m_1\, r - m_2\, r = 0, \tag{8}$$

$$-m_{\text{u}}\, R\, d + m_1\, r\, e + m_2\, r\, f = 0. \tag{9}$$

Für vollkommenen Ausgleich müssen

$$m_1 = m_{\text{u}}\, \frac{R}{r}\left(1 - \frac{e - d}{e - f}\right) = 0{,}4\,\text{g},$$

$$m_2 = m_{\text{u}}\, \frac{R}{r}\left(\frac{e - d}{e - f}\right) = 0{,}93\,\text{g} \quad \text{werden}.$$

Bemerkung: Bei praktischen Auswuchtproblemen ist die Unwuchtmasse und ihre Lage im Körper nicht im vorhinein bekannt. Neben anderen Verfahren werden z.B. die Lagerkräfte F_{Az}, F_{Bz} direkt gemessen nach Größe und (in der Regel verschiedener) Phasenlage. Die Ermittlung der Ausgleichsmassen in allen Bestimmungsstücken wird dann schwieriger als in der vorliegenden Modellrechnung.

4.11 Das Pendel des in Beispiel 4.23 (Bild 4.23-1) gezeigten Pendelschlagwerkes sei um den Hubwinkel α_1 angehoben und durch eine Klinke festgehalten.
Man ermittle grafisch die im Augenblick der Freigabe des Pendels durch den Ausklinkhebel entstehende Stützkraft im Wälzlager A.
Aus dem dabei gefundenen Beitrag der Trägheitskraft errechne man die Beschleunigung des Massenmittelpunktes und die Winkelbeschleunigung bei Bewegungsbeginn. Lagerreibung vernachlässigbar.

Pendelmasse m = 2,6 kg; reduzierte Pendellänge l_{red} = 390 mm; Abstand des Schwerpunktes vom Lager A: r_S = 297 mm. (S)

Lösung: (Bild 4.11-1) Das D'ALEMBERTsche Prinzip erlaubt auch, manche Kinetik-Probleme mit den Gleichgewichtssätzen der grafischen Statik einfach zu lösen.

Dreht sich ein Körper um eine feste Hauptträgheitsachse außerhalb des Massenmittelpunktes, so geht die resultierende Trägheitskraft stets durch den Schwingungsmittelpunkt (im Abstand l_{red} von A).

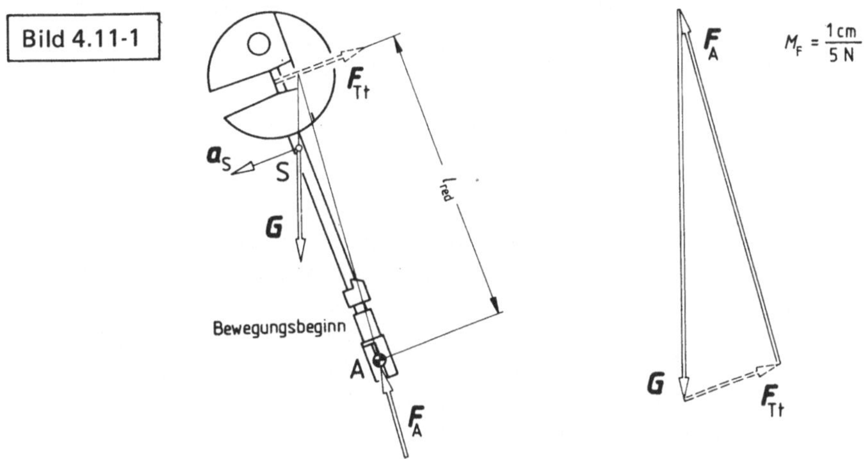

Beim Einzeichnen von Trägheitskräften ist zu beachten, daß sie wie eingeprägte Kräfte zu behandeln und demgemäß auch mit richtigem Pfeilsinn einzutragen sind!

Zu Beginn der Bewegung ist für alle Körperelemente v = 0, demnach auch v^2/r = 0, d.h. bei Bewegungsbeginn haben alle „Punkte" eines Körpers nur eine tangentiale Beschleunigung.

Damit ist die Richtung von $a_S = a_{St}$ und somit auch Richtung und Richtungssinn der Trägheitskraft $F_{Tt} = -m\,a_S$ bekannt.

An dem Pendel greifen nach Bild 4.11-1 drei Kräfte an, deren Wirkungslinien sich bei Gleichgewicht in einem Punkt schneiden müssen, wonach die zunächst unbekannte Wirkungslinie von F_A bestimmt ist.

Aus dem Kräftedreieck liest man ab: F_A = 24 N; F_{Tt} = 6,7 N. Der Betrag der Beschleunigung des Schwerpunktes bei Bewegungsbeginn ist

$$a_S = a_{St} = \frac{F_{Tt}}{m} = 2{,}58\,\frac{m}{s^2} \approx 2{,}6\,\frac{m}{s^2}$$

und daraus die anfängliche Winkelbeschleunigung dem Betrage nach

$$\left(\frac{d\omega}{dt}\right)_{t\,=\,0} = \frac{a_{St}}{r_S} = 8{,}7\,s^{-2}.$$

4.12 Antriebssystem eines Nähautomaten.

Nähautomaten müssen während eines Arbeitszyklus eine dem Nahtprogramm entsprechende ganzzahlige Anzahl von Stichbildungsvorgängen durchlaufen. Die Hauptwelle muß also genau diese Anzahl von Umdrehungen ausführen und dazu in einer vorgegebenen Stellung zuverlässig stillgesetzt werden. Der Antriebsmotor läuft auch in den Pausen zwischen den Arbeitszyklen weiter. Das Triebwerk kann durch ein System nach Bild 4.12-1 angetrieben und gezielt in die Stillstandsposition abgebremst werden. Auch bei einem von Zyklus zu Zyklus stark wechselnden Lastmoment im Triebwerk wird so die Endstellung immer erreicht und andererseits ein Auftreffen der Rastscheibe auf den Festanschlag (Raststift) mit zu hoher Enddrehzahl sicher ausgeschlossen. Bild 4.12-2 zeigt den Ablauf eines Arbeitszyklus im n, t-Diagramm. Das Entriegeln der Rastscheibe und Einschalten der Antriebskupplung wird von der Bedienung ausgelöst; alle folgenden Funktionen laufen dann selbsttätig ab, gesteuert vom Datenträger (hier einer Kurvenscheibe).

Gegeben: Massenträgheitsmoment des Triebwerks bezogen auf die Hauptwelle (einschließlich Kupplungsanteile): $J = 40\,\text{kg cm}^2$; Lastmoment bezogen auf die Hauptwelle: $0 \leqq M_\text{L} \leqq 3\,\text{N m}$; Betriebsdrehzahl $n_\text{I} = 2000\ \text{min}^{-1}$; Stelldrehzahl $n_\text{II} = 50\ \text{min}^{-1}$.

Gesucht: a) Das erforderliche schaltbare Kupplungsmoment M_I der Antriebskupplung, wenn der Anlaufvorgang des mit $M_\text{L} = 3\,\text{N m}$ belasteten Triebwerks aus dem Stillstand während einer Umdrehung der Hauptwelle stattfinden soll.

b) Das schaltbare Kupplungsmoment M_II der Bremskupplung, wenn das Abbremsen der unbelasteten ($M_\text{L} = 0$) Hauptwelle von der Betriebsdrehzahl n_I auf die Stelldrehzahl n_II während einer Hauptwellenumdrehung stattfinden soll.

c) Die Anlaufzeit t_1 bei Triebwerksbelastung $M_\text{L} = 3\,\text{N m}$.

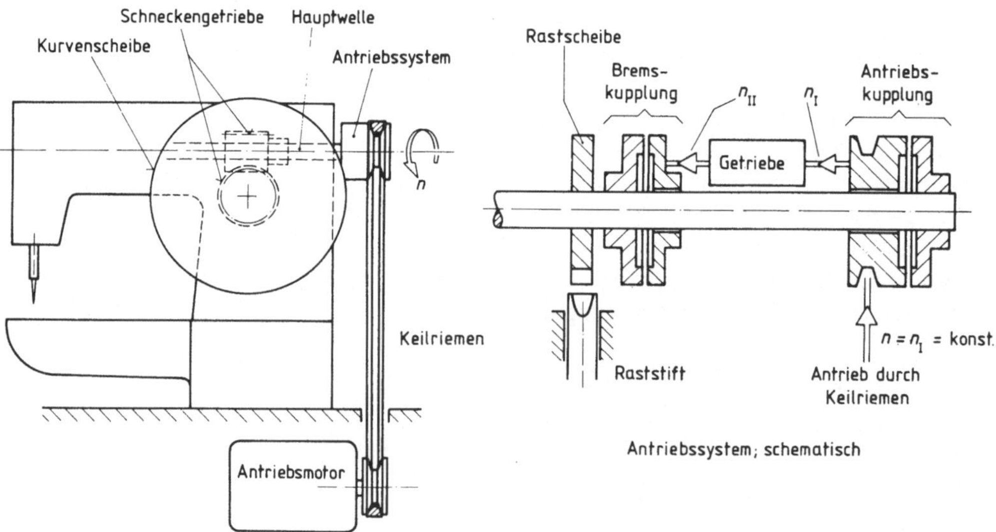

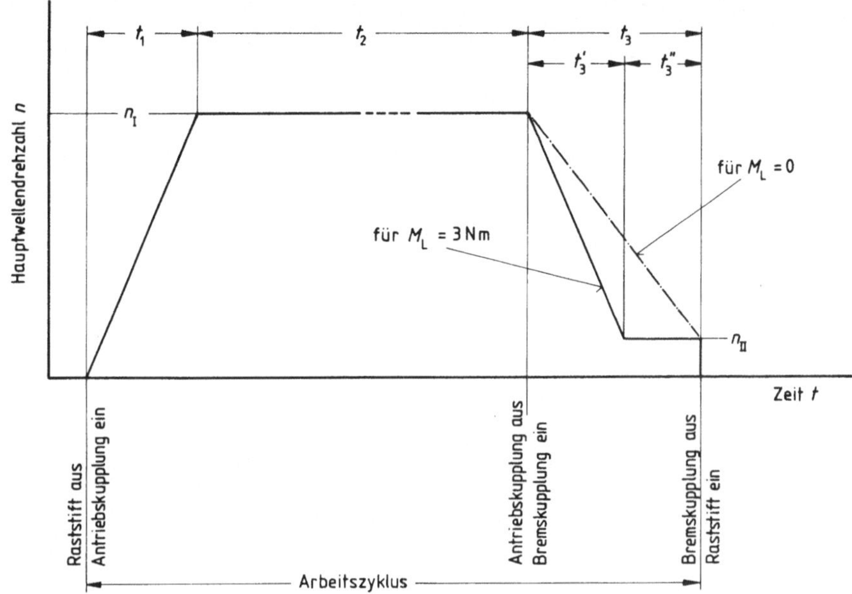

d) Die Zeit t_3 für den Stillsetzvorgang, wenn das Triebwerk mit $M_L = 3\,\mathrm{N\,m}$ belastet ist und eine Umdrehung vor Erreichen der Endstellung der Vorgang eingeleitet wird.

e) Die Zeit t_{ges} für einen Arbeitszyklus von $m = 40$ Stichen mit den Bedingungen und Ergebnissen von c) und d).

Annahme: Bei beiden Kupplungen soll das jeweilige Kupplungsmoment unmittelbar nach dem Schaltvorgang in voller Größe wirksam sein und während des Kupplungsvorgangs konstant bleiben. (A)

Lösung: Dazu ein Hinweis: Alle Kurzzeichen für Momente sind als Formelzeichen für deren Beträge aufzufassen; die Vorzeichen in den Gleichungen werden nach der Anschauung festgelegt.

a) Für den linearen Anstieg der Winkelgeschwindigkeit beim Anlaufen ist die Winkelbeschleunigung $\alpha_I = \omega_I/t_1$ und damit das erforderliche Kupplungsmoment

$$M_I = M_L + J\alpha_I = M_L + J\frac{\omega_I}{t_1}\,. \tag{1}$$

Die Beziehung zwischen Anlaufzeit und Anlaufdrehwinkel aus dem kinematischen Diagramm $\omega(t)$, Bild 4.12-3: Die Fläche unter der ω,t-Linie ist ein Maß für den Drehwinkel

$$\varphi_I = \frac{1}{2}\omega_I t_1, \quad \text{also} \quad t_1 = \frac{2\varphi_I}{\omega_I}\,. \tag{2}$$

Gl. (2) in Gl. (1) eingesetzt und $\varphi_I = 2\pi$:

$$M_I = M_L + \frac{1}{2}\frac{\omega_I^2}{\varphi_I} J \approx 17\,\mathrm{N\,m}.$$

b) Für das Bremsen ist hier der ungünstigste Fall angenommen, $M_L = 0$. Es muß das Kupplungsmoment

$$M_{II} = J\,|\alpha_{II}| = J\left|\frac{\omega_{II} - \omega_I}{t_3}\right|. \qquad (3)$$

Entsprechend Gl. (2) wird hier der Bremsdrehwinkel

$$\varphi_{II} = \frac{1}{2}(\omega_I + \omega_{II})\,t_3, \quad \text{(Bild 4.12-3)},$$

oder die Bremszeit

$$t_3 = \frac{2\,\varphi_{II}}{(\omega_I + \omega_{II})}. \qquad (4)$$

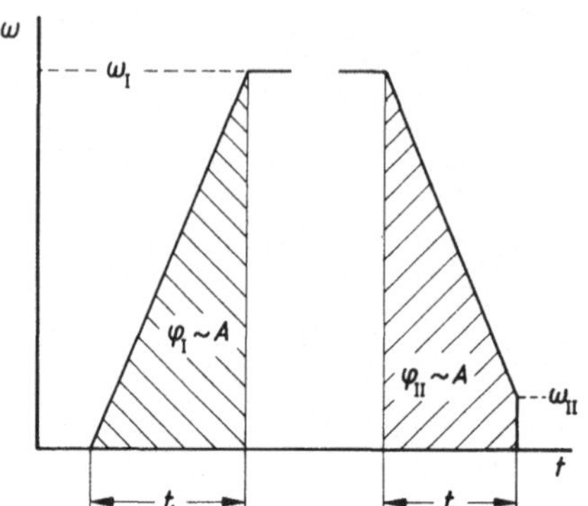

Gl. (4) in Gl. (3) eingesetzt:

$$M_{II} = J\frac{\omega_I^2 - \omega_{II}^2}{2\,\varphi_{II}} \approx 14\,\mathrm{N\,m}.$$

c) Aus Gl. (2) wird mit $\varphi_I = 2\pi \Rightarrow t_1 = \frac{2\,\varphi_I}{\omega_I} = 0{,}06\,\mathrm{s}$.

d) Bei unbelastetem Triebwerk wird die Bremskupplung die Hauptwelle auf $\varphi_{II} = 2\pi$ stillsetzen. Ist das Triebwerk mit $M_L = 3\,\mathrm{N\,m}$ belastet, wird der Bremswinkel kleiner, $\varphi'_{II} < \varphi_{II}$. Aus

$$M_{II} + M_L = J\,|\alpha_{II}| = J\left|\frac{\omega_{II} - \omega_I}{t'_3}\right| = J\frac{\omega_I - \omega_{II}}{t'_3}$$

die Bremszeit

$$t'_3 = J\frac{\omega_I - \omega_{II}}{M_{II} + M_L} = 0{,}048\,\mathrm{s}.$$

Der Bremswinkel der Hauptwelle damit aus Gl. (4)

$$\varphi'_{II} = \frac{1}{2}(\omega_I + \omega_{II})\,t'_3 = 5{,}15 \approx 295°.$$

Unabhängig von der Belastung muß aber $\varphi_{II} = 2\pi$ vor der Endposition der Bremsvorgang eingeleitet werden; der Restdrehwinkel $\Delta\varphi = \varphi_{II} - \varphi'_{II} = 65° = 1{,}13$ wird mit der Stelldrehzahl zurückgelegt. Zeitbedarf dafür $t''_3 = \Delta\varphi/\omega_{II} = 0{,}215\,\mathrm{s}$. Der gesamte Stillsetzvorgang dauert also

$$t_3 = t'_3 + t''_3 = 0{,}263\,\mathrm{s}.$$

d) Während eines Arbeitszyklus werden $(m - 2)$ Umdrehungen der Hauptwelle mit der Betriebsdrehzahl n_I ausgeführt. Dafür sind $t_2 = (m - 2)\, 2\,\pi/\omega_I = 1,14\,\text{s}$ erforderlich. Gesamtzeit für einen Arbeitszyklus damit

$$t_{\text{ges}} = t_1 + t_2 + t_3 = 1,463\,\text{s} \approx 1,5\,\text{s}.$$

4.13 In den Prüf- und Abnahmebedingungen eines in größeren Stückzahlen hergestellten, pneumatisch angetriebenen Kreisels wird gefordert, daß nach Erreichen der Betriebsdrehzahl von $n = 40\,000\,\text{min}^{-1}$ und Abstellen der Luftzufuhr die Auslaufzeit größer als 6 Minuten sein muß. Wenn auch diese Methode für die Kontrolle bei Serienfertigung des gleichen Gerätes ausreichend sein mag, liefert sie jedoch keinen Zahlenwert über den Betrag des Lagerreibungsmomentes.
Um hierüber Angaben machen zu können, wurden bei dem in Bild 4.13-1 dargestellten, in einem geschlossenen Gehäuse rotierenden Kreisel bzw. „Läufer" mit dem Lichtblitz-Stroboskop durch Beobachten von im Schauglas sichtbaren Strichmarken in zweckmäßig gewählten Zeitabständen beim Auslauf folgende Drehzahlen gemessen:

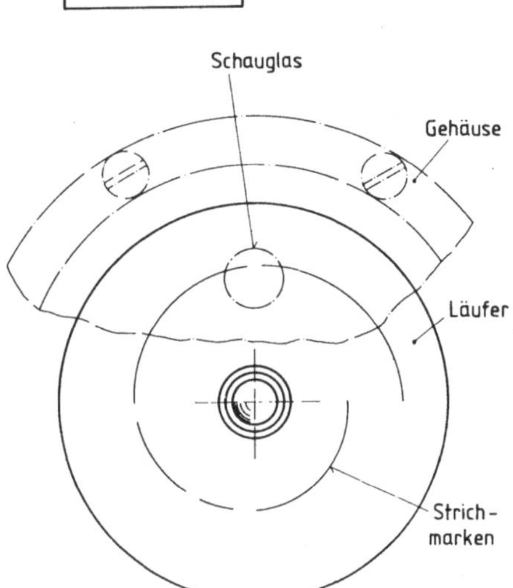

$\dfrac{n}{\text{min}^{-1}}$	40000	28000	20500	14900	10700	7600	5400	3700	2550	1600	950	400	0
$\dfrac{t}{\text{min}}$	0	1	2	3	4	5	6	7	8	9	10	11	12

Man ermittle durch grafische Differentiation den zeitlichen Verlauf von $\alpha = \mathrm{d}\omega/\mathrm{d}t$. Danach berechne man das Lagerreibungsmoment bei verschwindend kleiner Drehzahl.
Massenträgheitsmoment des Läufers $J_S = 0,64\,\text{kg cm}^2$.
Darstellungsmaßstäbe: Drehzahlmaßstab $M_n = 1\,\text{cm}/10^4\,\text{min}^{-1}$; Zeitmaßstab $M_t = 1\,\text{cm}/2\,\text{min}$; Winkelbeschleunigungsmaßstab $M_\alpha = 1\,\text{cm}/5\,\text{s}^{-2}$. (S)

Lösung: Man zeichnet zunächst unter Beachtung der angegebenen Maßstäbe die Drehzahl n als Funktion der Zeit t anhand der Meßwerte in ein rechtwinkliges Koordinatensystem (Bild 4.13-2). Dabei ist möglichst sorgfältig eine glatte Kurve durch die eingetragenen Punkte zu legen. (Abwegig wäre, die Punkte durch Geradenstücke zu verbinden!) Es ist nicht erforderlich, anstelle der gemessenen Drehzahlen $\omega(t)$ aufzuzeichnen.
$(\alpha = \mathrm{d}\omega/\mathrm{d}t = 2\,\pi\,\mathrm{d}n/\mathrm{d}t)$.

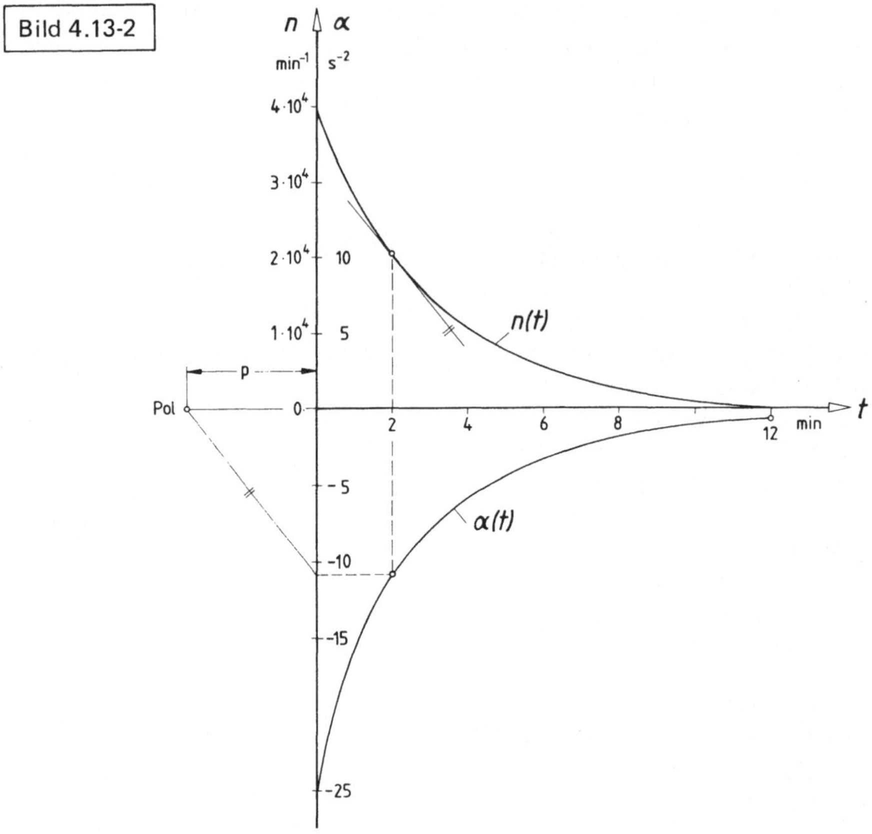

Weil die Maßstäbe gegeben sind, liegt der Polabstand p damit bereits fest:

$$p = \frac{M_\alpha\, M_\mathrm{t}}{M_\omega} = 2\,\pi\,\frac{M_\alpha\, M_\mathrm{t}}{M_\mathrm{n}} = 1{,}745\ \mathrm{cm} = 17{,}45\ \mathrm{mm}.$$

Die grafische Differentiation wird als bekannt vorausgesetzt; die Konstruktion ist für einen Punkt in Bild 4.13-2 gezeigt. Da Lager- und Luftreibung die Winkelgeschwindigkeit vermindern, haben α und ω (bzw. n) verschiedenen Drehsinn; α wird hier negativ. Bedeutet M_R den Betrag des gemessenen Reibungsmomentes, so gilt unmittelbar vor dem Stillstand mit $\alpha = -\,0{,}75\ \mathrm{s}^{-2}$

$$M_\mathrm{R} = -J_\mathrm{S}\,\alpha = 4{,}8 \cdot 10^{-3}\ \mathrm{N\,cm}.$$

Der Luftwiderstand geht mit der Drehzahl gegen Null, so daß man dieses Ergebnis als den Betrag des Lagerreibungsmomentes bei kleinen Drehzahlen ansehen darf. Mit der Drehzahl nimmt der Luftwiderstand zu und übersteigt bei Betriebsdrehzahl die Lagerreibung um ein Vielfaches. Man kann aber die Lagerreibung auch bei höheren Drehzahlen messen, wenn man den Auslaufversuch im Vakuum durchführt.

Man könnte daran denken, die gesamte Verlustleistung bei stationärem Betrieb aus den vorliegenden Meßergebnissen zu berechnen. Da sich jedoch die Strömungsverhältnisse im Gehäuse bei Luftzufuhr ($p_ü$ = 1 bar!) ändern, wäre dies allenfalls als erste Näherung anzusehen.

4.14 Ein Indikator ist ein schreibendes Druckmeßgerät zur Messung des Druckverlaufes im Zylinder von Kolbenmaschinen (Verbrennungsmotoren, Kolben-Kompressoren, KunststoffSpritzgießmaschinen u.a.) während des Betriebs.

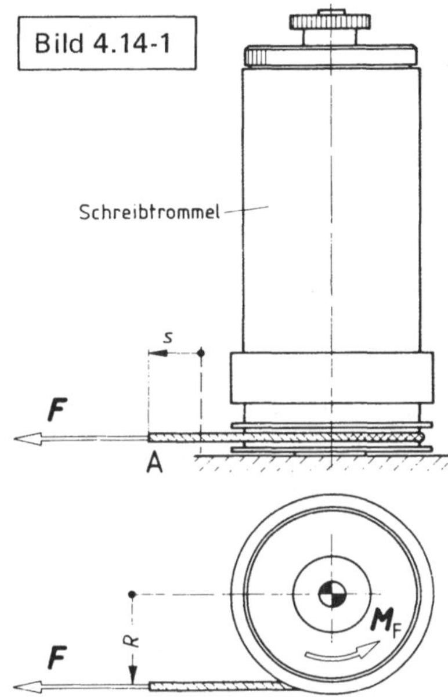

Die Schreibtrommel wird mittels Schnur und Drehfeder (M_F) gemäß dem Bewegungsgesetz der untersuchten Maschine nach Zwischenschalten eines Hubverminderers um einen zweckmäßig gewählten Winkel vor- und zurückgedreht. (Bild 4.14-1).
Beim Indizieren eines doppelt wirkenden Kolbenkompressors laute das Bewegungsgesetz des Punktes A der Schnur

$$s = r\,(1 - \cos\varphi(t)), \qquad (1)$$

worin φ den Kurbeldrehwinkel der Kolbenmaschine, $2r = s_\mathrm{max}$ die Diagrammlänge bedeutet. $\dot\varphi \equiv \omega = konst.$
Gesucht ist diejenige Drehzahl der Maschine, bei der die Spannkraft der Schnur erstmals Null wird (sog. „Schleuderdrehzahl" n_Sch).
Die auf die Schnurmitte reduzierte Vorspannkraft der Feder habe den Betrag F_0; die analog reduzierte Federkonstante (Federrate) sei c ($[c]$ = N/mm); $m_\mathrm{red} = J_\mathrm{S}/R^2$ = reduzierte Masse der Schreibtrommel.
Biegesteifigkeit, Masse und Dehnung der Schnur, Federmasse sowie Lager- und Luftreibung dürfen vernachlässigt werden. (S)

Lösung: Der Betrag der Beschleunigung des geradlinig bewegten Punktes A in Bild 4.14-1 folgt aus Gl. (1)

$$\ddot s = r\,\omega^2\cos\varphi \quad (\omega = konst.). \qquad (2)$$

Damit ist der Betrag der Schnurkraft

$$F = F_0 + c\,s + m_\mathrm{red}\,\ddot s,$$

mit Gl. (1) und (2)

$$F = F_0 + c\,r\,(1 - \cos\varphi) + m_\mathrm{red}\,r\,\omega^2\cos\varphi. \qquad (3)$$

Für $-\pi/2 < \varphi < \pi/2$ ist $\ddot s$ positiv, und die Massenträgheit vergrößert die Schnurspannung. Für $\pi/2 < \varphi < 3\pi/2$ wird $\cos\varphi$ negativ; die Massenträgheit vermindert die Schnurspannung, um so mehr, je größer ω wird. Zwanglauf liegt nur vor, solange $F > 0$.

169

Wird erstmals bei Beginn des Rückganges ($\varphi = \pi, \Rightarrow \cos\varphi = -1$) $F = 0$, so gilt

$$0 = F_0 + 2\,c\,r - m_{red}\,r\,\omega_{Sch}^2,$$

d.h. $\quad \omega_{Sch} = \sqrt{\dfrac{F_0 + 2\,c\,r}{m_{red}\,r}}.$ \hfill (4)

Mit $r = s_{max}/2$ hat man dann die Schleuderdrehzahl

$$n_{Sch} = \frac{1}{2\,\pi}\,\sqrt{\frac{F_0 + c\,s_{max}}{m_{red}\,\dfrac{s_{max}}{2}}}. \hfill (5)$$

Man erkennt aus Gl. (5), daß das Trägheitsmoment der Trommel (bzw. m_{red}) möglichst klein sein sollte, um das Gerät für höhere Drehzahlen brauchbar zu machen. Auch kann man in gewissen Grenzen durch Erhöhen der (einstellbaren) Vorspannkraft die Schleuderdrehzahl nach oben verschieben. Ferner sollte die Diagrammlänge s_{max} nicht unnötig groß gemacht werden.

Anmerkung: Die Schleuderdrehzahl ist nicht das einzige Kriterium für die obere Drehzahlgrenze!

4.15 Der Gleichstrom-Stellmotor mit eisenlosem Anker nach Bild 4.15-1 hat eine lineare Drehmoment-Drehzahl-Kennlinie. Nach Datenblatt des Herstellers sind
das Anlaufmoment $M_a = 12{,}3 \cdot 10^{-4}\,\mathrm{N\,m}$,
die Leerlaufdrehzahl $n_0 = 16\,000\,\mathrm{min}^{-1}$,
das Massenträgheitsmoment des Rotors $J = 0{,}41 \cdot 10^{-7}\,\mathrm{kg\,m}^2$.

a) Für den unbelasteten Motor errechne man für den Anlauf aus dem Stillstand die Drehzahlfunktion $n(t)$ und trage diese in einem n, t-Diagramm auf.
b) In welcher Zeit τ würde der Motor die Leerlaufdrehzahl n_0 erreichen, wenn über den ganzen Drehzahlbereich das Anlaufdrehmoment M_a wirksam wäre?
c) Man diskutiere das Anlaufverhalten bei reiner (drehzahlunabhängiger) Reibungsbelastung und zum anderen bei reiner Trägheitskraftbelastung durch zu beschleunigende Massen. (A)

Bild 4.15-1

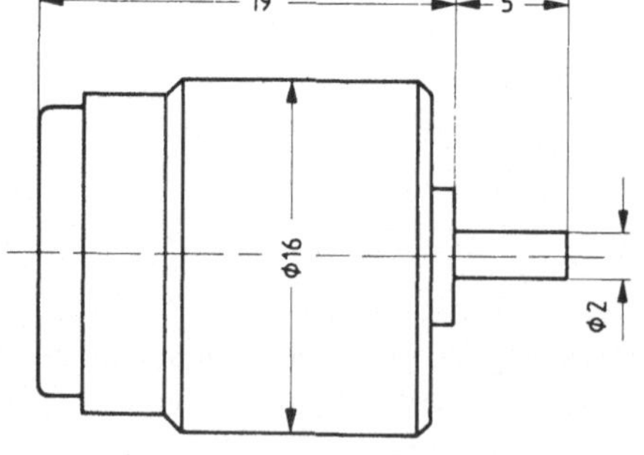

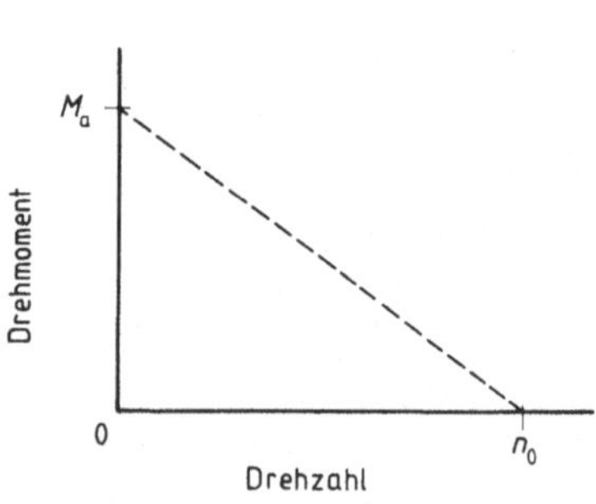

Lösung: a) Aus der Bewegungsgleichung für den Rotor

$$M = J\alpha = J\frac{\mathrm{d}\omega}{\mathrm{d}t}$$

durch Trennung der Variablen

$$\mathrm{d}t = \frac{J}{M}\,\mathrm{d}\omega. \tag{1}$$

Um die Integration ausführen zu können, wird für das Moment die aus dem Diagramm hergeleitete Funktion

$$M = M_\mathrm{a}\left(1 - \frac{n}{n_0}\right) = M_\mathrm{a}\left(1 - \frac{\omega}{\omega_0}\right) = M_\mathrm{a}\left(\frac{\omega_0 - \omega}{\omega_0}\right)$$

in Gl. (1) eingesetzt:

$$\mathrm{d}t = \frac{J}{M_\mathrm{a}}\,\frac{\omega_0}{\omega_0 - \omega}\,\mathrm{d}\omega$$

und dann integriert

$$\int \mathrm{d}t = \frac{J}{M_\mathrm{a}}\,\omega_0\int\frac{\mathrm{d}\omega}{\omega_0 - \omega}.$$

In den Integraltafeln findet man dafür die allgemeine Lösung

$$t = -\frac{J}{M_\mathrm{a}}\,\omega_0\ln(\omega_0 - \omega) + C \tag{2}$$

und mit der Anfangsbedingung $\omega = 0$ für $t = 0$ die Konstante

$$C = \frac{J}{M_\mathrm{a}}\,\omega_0\ln\omega_0. \tag{3}$$

Aus Gl. (2) mit Gl. (3) dann die spezielle Lösung

$$t = \frac{J}{M_\mathrm{a}}\,\omega_0\ln\left(\frac{\omega_0}{\omega_0 - \omega}\right)$$

und die Umkehrfunktion

$$\omega = \omega_0\left[1 - e^{-\frac{M_\mathrm{a}}{\omega_0 J}t}\right] \tag{4}$$

bzw. die gesuchte Drehzahlfunktion

$$n = n_0\left[1 - e^{-\frac{M_\mathrm{a}}{2\pi n_0 J}t}\right]. \tag{5}$$

Aufzeichnung siehe Bild 4.15-2.

b) Für $M = konst. = M_\mathrm{a}$ wäre $\alpha = \frac{\mathrm{d}\omega}{\mathrm{d}t} = \left(\frac{\mathrm{d}\omega}{\mathrm{d}t}\right)_{t=0} = konst.;$ durch Differentiation von Gl. (4) und Einsetzen von $t = 0$

$$\alpha = \frac{M_\mathrm{a}}{J}\,e^{-\frac{M_\mathrm{a}}{J\omega_0}t} = \frac{M_\mathrm{a}}{J}.$$

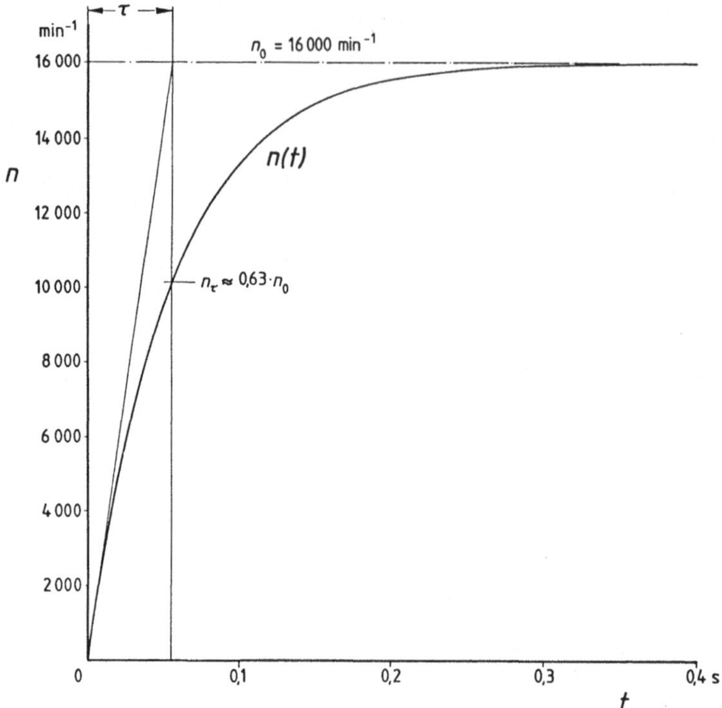

Mit dieser konstanten Beschleunigung wäre nach

$$\tau = \frac{\omega_0}{\alpha} = \frac{J}{M_\mathrm{a}}\,\omega_0 = \frac{2\pi J}{M_\mathrm{a}}\,n_0 \tag{6}$$

die Leerlaufdrehzahl erreicht. Man nennt τ die „mechanische Zeitkonstante" oder „Anlaufzeitkonstante" des Motors. Sie wird hier $\tau = 0{,}056\,\mathrm{s} = 56\,\mathrm{ms}$. Tatsächlich hat der Motor nach Ablauf der Zeit τ aber erst $n_\tau = 0{,}63\,n_0$, d.h. 63 % der Leerlaufdrehzahl erreicht; siehe Bild 4.15-2.

c) Bei Belastung mit einem drehzahlunabhängigen Lastmoment M_L könnte der Motor nur eine Enddrehzahl

$$n_\mathrm{L} = n_0 \left[1 - \frac{M_\mathrm{L}}{M_\mathrm{a}} \right] < n_0$$

erreichen, wie man durch Einzeichnen der Lastmomentlinie in das M, n-Diagramm leicht ablesen kann. In Gl. (5) wäre für diesen Lastfall an Stelle von M_a der Wert $(M_\mathrm{a} - M_\mathrm{L})$ einzusetzen. Die „Zeitkonstante" bliebe dagegen ungeändert wie im unbelasteten Zustand

$$\tau = \frac{2\pi J}{M_\mathrm{a} - M_\mathrm{L}}\,n_\mathrm{L} = \frac{2\pi J}{M_\mathrm{a} - M_\mathrm{L}}\,n_0 \left[1 - \frac{M_\mathrm{L}}{M_\mathrm{a}} \right] = \frac{2\pi J}{M_\mathrm{a}}\,n_0.$$

172

Bei Belastung des Motors nur mit zu beschleunigenden Massen bleibt dagegen die Enddrehzahl ungeändert n_0, der Anlauf dauert aber länger. In den Gl. (5) und (6) ist dann statt des Rotorträgheitsmomentes J das auf die Motorwelle bezogene Massenträgheitsmoment des gesamten Triebwerks einzusetzen; die „Zeitkonstante" wird entsprechend größer.

4.16 Ein Drehpendel-Drehzahlmesser rotiert mit konstanter Winkelgeschwindigkeit ω (Bild 4.16-1). Das Pendel hat eine Symmetrieebene, in der auch die durch ω gekennzeichnete Drehachse liegt; senkrecht dazu stehend eine zweite Symmetrieebene, deren Spurgerade durch den Massenmittelpunkt S sowie den Durchstoßpunkt der Drehachse A in der erstgenannten Ebene geht und mit der Pendelachse den Winkel γ einschließt.
Man reduziere die Zentrifugalkräfte mit S als Reduktionspunkt. (S)

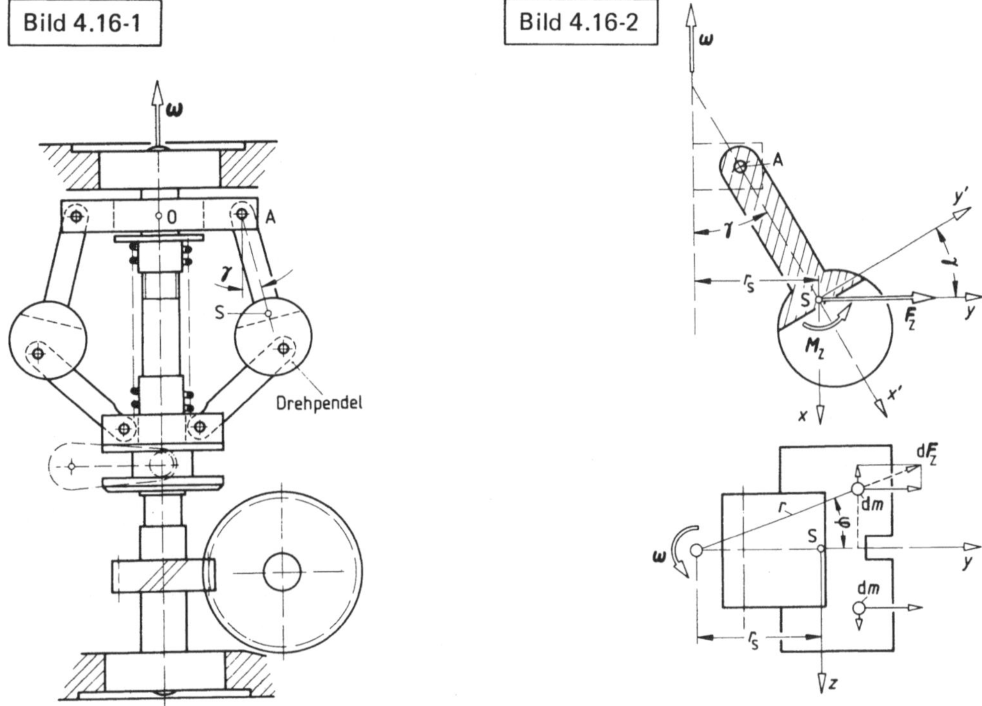

Lösung: Man wählt zunächst ein körperfestes Achsenkreuz mit dem Ursprung im Massenmittelpunkt, wobei die x-Achse parallel zur Spindelachse (d.h. zu ω) mit positiver Zählrichtung nach unten weisen möge (Bild 4.16-2).
An einem beliebigen Körperelement mit der Masse dm im Abstand r von der Drehachse hat die Zentrifugalkraft den Betrag $dF_Z = r\,\omega^2\,dm$. Sie schneidet rechtwinklig die Drehachse. Zerlegt man die Kraft in Komponenten in y-Richtung und in z-Richtung, so gibt es wegen der vorausgesetzten Symmetrie ein zweites Körperelement mit gleich großer Fliehkraft-Komponente in y-Richtung, während die beiden Komponenten in z-Richtung ein

Nullpaar bilden. Demnach hat man nur noch parallele Kräfte vom Betrage $\mathrm{d}F_Z \cos\varphi = r\omega^2\,\mathrm{d}m\cos\varphi$ zu addieren, und der Betrag der resultierenden Zentrifugalkraft ist

$$F_Z = \int\limits_K r\,\omega^2 \cos\varphi\,\mathrm{d}m = \omega^2 \int\limits_K (r_S + y)\,\mathrm{d}m. \tag{1}$$

Da der Ursprung des gewählten Koordinatensystems im Massenmittelpunkt liegt, wird

$\int\limits_K y\,\mathrm{d}m = 0$, weshalb lediglich

$$F_Z = m\,r_S\,\omega^2 \tag{1a}$$

verbleibt. Dieses Resultat hätte man auch ohne Rechnung aufgrund des Massenmittelpunkt-Satzes hinschreiben können!

Bezüglich der x- und y-Achse haben die Komponenten der Elementarfliehkräfte kein Moment, wie aus der Symmetrie folgt. Dagegen ist mit dem Hebelarm x unter Benutzung von Gl. (1) der Betrag des resultierenden Momentes M_Z der elementaren Zentrifugalkräfte

$$M_Z = \int\limits_K x\,(r_S + y)\,\omega^2\,\mathrm{d}m = \omega^2 r_S \int\limits_K x\,\mathrm{d}m + \omega^2 \int\limits_K x\,y\,\mathrm{d}m. \tag{2}$$

Das erste Integral verschwindet wegen der Wahl des Reduktionspunktes S. Das zweite Integral in Gl. (2)

$$J_{xy} = \int\limits_K x\,y\,\mathrm{d}m \tag{3}$$

nennt man Deviationsmoment. Damit läßt sich schreiben

$$M_Z = J_{xy}\,\omega^2. \tag{4}$$

Die gesamten im Massenmittelpunkt reduzierten Zentrifugalkräfte bestehen somit im vorliegenden Falle aus einem resultierenden Kraftvektor F_Z und einem dazu senkrecht stehenden Momentvektor M_Z, oder kürzer, dem Winder der Trägheitskräfte $\{F_Z, M_Z\}$.

Das Deviationsmoment J_{xy} läßt sich in diesem, technisch wichtigen, Sonderfall besser durch die zentralen Hauptträgheitsmomente mit den Hauptachsen y' und x' ausdrücken. Dreht man das ursprünglich gewählte Koordinatensystem um den Winkel γ, so besteht zwischen den alten und neuen Koordinaten die Beziehung

$$x\,y = (x'\cos\gamma - y'\sin\gamma)\,(x'\sin\gamma + y'\cos\gamma),$$

damit

$$J_{xy} = \int\limits_K xy\,\mathrm{d}m = \int\limits_K (x'\cos\gamma - y'\sin\gamma)\,(x'\sin\gamma + y'\cos\gamma)\,\mathrm{d}m,$$

ausmultipliziert

$$J_{xy} = \sin\gamma\cos\gamma \int_K x'^2\,dm - \sin^2\gamma \int_K x'y'\,dm + \cos^2\gamma \int_K x'y'\,dm - \sin\gamma\cos\gamma \int_K y'^2\,dm$$

Zu jedem x' gibt es wegen der Symmetrie ein positives und ein negatives y' (siehe Bild 4.16-2), so daß die beiden mittleren Integrale (die Deviationsmomente) in vorstehender Gleichung Null sind.
Es verbleibt

$$J_{xy} = \sin\gamma\cos\gamma \int_K (x'^2 - y'^2)\,dm. \tag{5}$$

Mit der Identität

$$x'^2 - y'^2 = (x'^2 + z^2) - (y'^2 + z^2) \tag{6}$$

folgt aus Gl. (5)

$$J_{xy} = \sin\gamma\cos\gamma\left[\int_K (x'^2 + z^2)\,dm - \int_K (y'^2 + z^2)\,dm\right],$$

wobei

$$J_{y'} = \int_K (x'^2 + z^2)\,dm \quad \text{und} \quad J_{x'} = \int_K (y'^2 + z^2)\,dm$$

die Hauptträgheitsmomente bezüglich der y'-Achse bzw. der x'-Achse darstellen.
Demnach gilt

$$J_{xy} = (J_{y'} - J_{x'}) \sin\gamma\cos\gamma$$

und

$$M_Z = J_{xy}\,\omega^2 = [(J_{y'} - J_{x'}) \sin\gamma\cos\gamma]\,\omega^2. \tag{7}$$

Wie man anhand von Bild 4.16-1 leicht einsieht, verschwindet M_Z für $\gamma = 0$ und $\gamma = \pi/2$; die Drehachse ist dann eine Hauptträgheitsachse. Ferner wird $M_Z = 0$, wenn $J_{y'} = J_{x'}$ ist.
Da der resultierende Vektor M_Z senkrecht auf F_Z steht, kann man durch Parallelverschieben der Zentrifugalkraft F_Z erreichen, daß M_Z verschwindet. Dieses Vorgehen ist für grafische Lösungen nützlich.

4.17 Zur Drehzahlmessung an Werkzeugmaschinen u. ä. werden auch heute noch mechanische Ringpendel-Drehzahlmesser wegen der einfachen Handhabung dieser Geräte benutzt. Auf das in Bild 4.17-1 gezeigte Ringpendel übt eine Spiralfeder in der gezeichneten Stellung bei $\gamma = 60°$ bzw. $\delta = 30°$ ein Drehmoment vom Betrage $M_F = 0{,}38\,\text{N cm}$ im Uhrzeigersinn aus. (Der Übertragungsmechanismus auf den Zeiger ist nicht dargestellt; sein Einfluß darf vernachlässigt werden.)
Welche Drehzahl liegt vor, wenn diese Lage den eingeschwungenen Zustand darstellt?

Welchen Betrag muß das Federmoment haben, wenn der Meßbereich bei 3000 min⁻¹ enden und dabei $\delta = 10°$ betragen soll? (Bei $\delta = 8°$ wird der Pendelausschlag durch Anschlag begrenzt.)

Ließe sich unter Beibehaltung von r_a, r_i, der Dichte ρ und der grundsätzlichen Konstruktion, einschließlich $\delta_{max} = 30°$, die optimale Höhe h verwirklichen, bei der das Drehmoment der Zentrifugalkräfte einen Maximalwert annehmen würde?

$r_a = 12{,}5$ mm; $r_i = 6{,}5$ mm; $h = 8$ mm; Masse $m = 31{,}5$ g; Federmasse vernachlässig bar. (S)

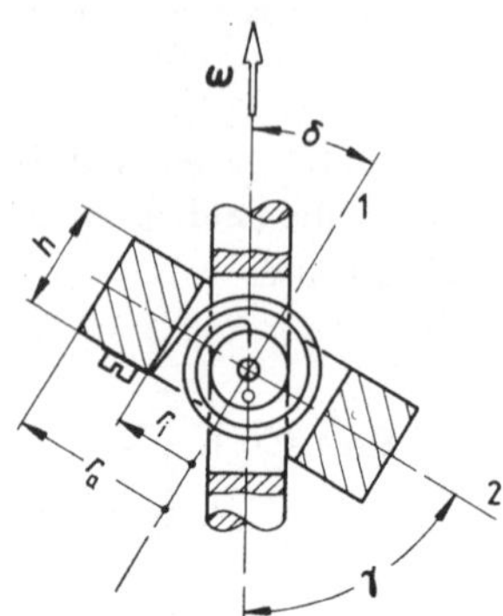

Lösung: Da der Massenmittelpunkt des Pendels auf der Drehachse liegt, ist die resultierende Zentrifugalkraft Null; das resultierende Drehmoment M_Z jedoch bezüglich S hat nach Beispiel 4.16 Gl. (7) den Betrag

$$M_Z = [(J_1 - J_2)\sin\gamma\cos\gamma]\,\omega^2, \tag{1}$$

wenn nun bei der Bezeichnung der Hauptträgheitsachsen die Indizes 1 und 2 benutzt werden.

Im vorliegenden Falle ist mit den bekannten Formeln für die zentralen Hauptträgheitsmomente eines Kreisringes mit Rechteckquerschnitt

$$J_1 = \frac{1}{2} m\,(r_a^2 + r_i^2) = 31{,}26 \text{ g cm}^2$$

und

$$J_2 = \frac{1}{12} m\,[h^2 + 3\,(r_a^2 + r_i^2)] = 17{,}31 \text{ g cm}^2.$$

Aus Gl. (1) folgt für stationäre Betriebszustände $M_Z = M_F$; und mit $\omega = 2\pi n$

$$n = \frac{1}{2\pi} \sqrt{\frac{M_F}{(J_1 - J_2)\sin\gamma\cos\gamma}}. \tag{2}$$

Da $\sin\gamma = \sin(\pi/2 - \delta) = \cos\delta$ und $\cos\gamma = \cos(\pi/2 - \delta) = \sin\delta$ ist, kann man statt dessen auch die in manchen Fällen vorteilhaftere Schreibweise

$$n = \frac{1}{2\pi} \sqrt{\frac{M_F}{(J_1 - J_2)\sin\delta\cos\delta}} \tag{2a}$$

benutzen. Man findet mit den gegebenen Zahlen $n = 757 \text{ min}^{-1}$.

Soll der Meßbereich bei $n = 3000 \text{ min}^{-1}$ enden, so muß das Drehmoment der Spiralfeder nach Gl. (2a)

$$M_F = 4\pi^2 n^2 (J_1 - J_2)\sin\delta\cos\delta = 2{,}35 \text{ N cm}$$

betragen.

Anmerkung: Durch Vorschalten eines 6-stufigen Stirnradgetriebes können mit diesem Gerät alle Drehzahlen ab 25 min⁻¹ bis 30 000 min⁻¹ gemessen werden!

176

Bei ausschließlicher Änderung der Höhe h des Ringpendels wird M_Z ein Maximum, wenn $J_1 - J_2$ einen Größtwert annimmt.

$$J_1 - J_2 = m \left[\frac{1}{4} (r_a^2 + r_i^2) - \frac{1}{12} h^2 \right], \qquad (3)$$

wobei zu beachten ist, daß m ebenfalls eine Funktion von h ist. Somit

$$J_1 - J_2 = \pi \rho (r_a^2 - r_i^2) h \left[\frac{1}{4} (r_a^2 + r_i^2) - \frac{1}{12} h^2 \right] = k \left[\frac{1}{4} (r_a^2 + r_i^2) h - \frac{1}{12} h^3 \right]. \qquad (4)$$

(Der konstante Faktor vor der eckigen Klammer wurde abkürzend k genannt.)
Bildet man die Ableitung der Funktionsgleichung (4) nach h, so wird

$$\frac{d}{dh} (J_1 - J_2) = k \left[\frac{1}{4} (r_a^2 + r_i^2) - \frac{1}{4} h^2 \right]. \qquad (5)$$

Nullsetzen der Ableitung ergibt ($k \neq 0$)

$$h_{max} = \sqrt{r_a^2 + r_i^2} = 14{,}1 \text{ mm}. \qquad (6)$$

Die weitere Ableitung von Gl. (5) wird negativ; es handelt sich also um ein Maximum.
Man erkennt aus Bild 4.17-1, daß sich diese Höhe unter Beibehaltung der Ringform nur
mit einer erheblich veränderten, die Handlichkeit des Gerätes nachteilig beeinflussenden
Konstruktion verwirklichen ließe. Ändert man den Ring, z.B. durch Freifräsungen, dann
gilt vorstehende Rechnung nicht mehr; ohne zusätzliche Ausgleichskörper würden sich dadurch auch die ursprünglichen Hauptträgheitsachsen 1 und 2 im Sinne eines kleiner werden-
den Winkels δ verlagern.

4.18 In einem auf waagrechter Straße gerade-
aus fahrenden Pkw befindet sich der in Bild
4.18-1 gezeigte Pendel-Beschleunigungsmesser,
dessen Gehäuse völlig mit einer Dämpfungsflüssigkeit gefüllt ist. Durch eine Zahnradüber-
setzung (Kronenradgetriebe) wird der Pendelausschlag vergrößert auf den Zeiger des Meßgerätes übertragen. Die Drehachse B ist eine
Hauptträgheitsachse; sie steht senkrecht zur
Fahrtrichtung.
Welcher mathematische Zusammenhang besteht zwischen dem Pendelausschlagswinkel β
und konstanter Fahrzeugbeschleunigung a_F
im eingeschwungenen Zustand? Das Schwerefeld soll als homogen angesehen werden; ferner sei die Dichte des Pendels konstant.
Man stelle die Bewegungs-Differentialgleichung des Pendels für den zur Vereinfachung
idealisierten Fall auf, daß das Fahrzeug plötz-
lich (sprunghaft) mit konstanter Beschleuni-

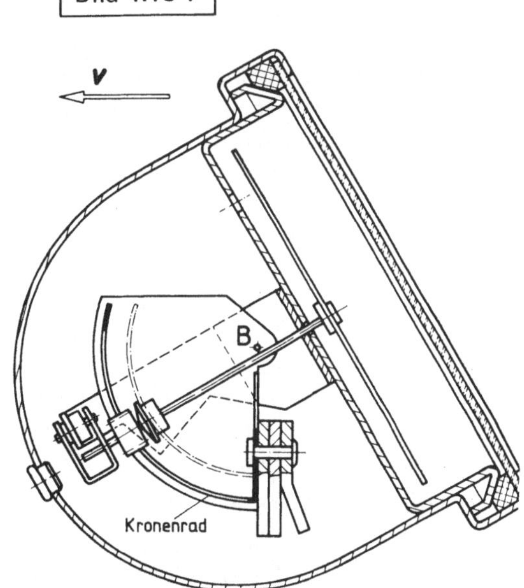

gung anfährt. Das Dämpfungsmoment ist dem Betrag der Winkelgeschwindigkeit direkt proportional, jedoch von entgegengesetztem Drehsinn. Vom Einfluß des Zeigers kann abgesehen werden. (Den eingeschwungenen Zustand kennzeichne man wiederum mit dem Winkel β; die vorübergehende Abweichung von dieser relativen Gleichgewichtslage durch den Winkel φ.)

Wie lautet die linearisierte DGl, wenn der Winkel φ, um den das Pendel von dem Winkel β anfänglich abweicht, klein ist?   (S)

Lösung: Für den im beschleunigten Fahrzeug befindlichen Beobachter addiert sich zum (homogenen) Schwerkraftfeld das wegen der konstanten Beschleunigung homogene Feld der Trägheitskräfte. Siehe Bild 4.18-2a.

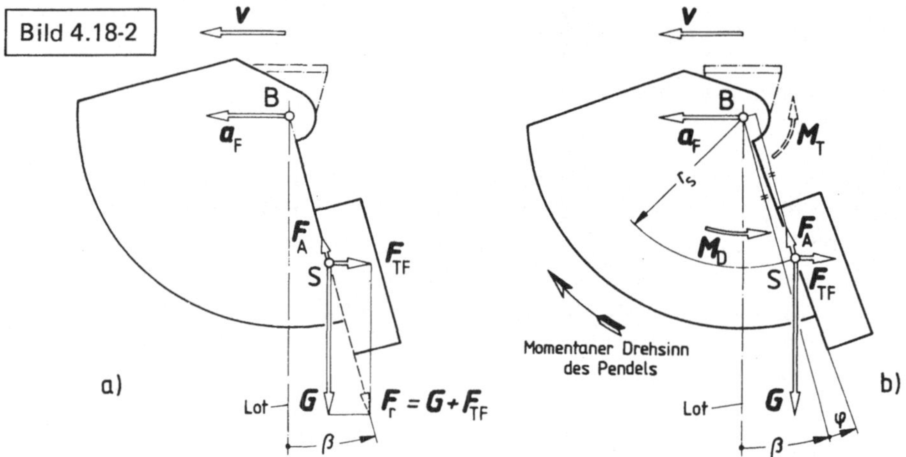

F_r sei die Resultierende der am Pendel wirkenden Feldkräfte; sie geht wie ihre Komponenten $G = mg$ und $F_{TF} = -ma_F$ durch dessen Massenmittelpunkt S. (F_{TF} ist die von der Fahrzeugbeschleunigung a_F herrührende Trägheitskraft-Komponente von F_r.) Die Richtung von F_r nennt man auch „Scheinlot". Die Wirkungslinie der Auftriebskraft F_A geht durch den Mittelpunkt des vom Pendel verdrängten Flüssigkeitsvolumens. Ist der Pendelwerkstoff homogen, so fällt obiger Volumenmittelpunkt mit dem Massenmittelpunkt des Pendels zusammen.

Ruht das Fahrzeug relativ zur Erde, dann hat die Wirkungslinie der Auftriebskraft F_A die Richtung des gewöhnlichen Lotes, im beschleunigt bewegten Fahrzeug (Führungssystem) die des Scheinlotes. (Beiläufig sei bemerkt, daß das „wahre" Lot eines relativ zur Erde ruhenden Beobachters im allgemeinen ebenfalls einen Richtungsanteil hat, der von einer Trägheitskraft herrührt, nämlich den der Zentrifugalkraft infolge der Erdrotation.)

Bei konstanter Fahrzeugbeschleunigung geht im eingeschwungenen Zustand die Wirkungslinie von $F_r = F_{TF} + G$ durch den Massenmittelpunkt S und den Durchstoßpunkt B der Drehachse mit der Symmetrieebene des Pendels; dasselbe gilt für die Auftriebskraft F_A.

Aus Bild 4.18-2a liest man ab

$$\tan\beta = \frac{F_{TF}}{G} = \frac{m a_F}{mg} = \frac{a_F}{g} \tag{1}$$

oder $\beta = \arctan\dfrac{a_F}{g}$.   (1a)

Der Zeigerausschlag ergibt sich hieraus durch Berücksichtigung der konstanten Zahnrad-
übersetzung.

Zur Aufstellung der Bewegungs-Differentialgleichung bei sprunghaft einsetzender, konstanter Beschleunigung betrachte man Bild 4.18-2b. Die Kraft im Aufhängepunkt ist für das
Aufstellen der Momentengleichung unwesentlich, wenn B als Momentenpunkt gewählt
wird, und deshalb nicht eingezeichnet.

Die Trägheitskraft F_{TF} ist vom mitfahrenden Beobachter wie eine eingeprägte, reale Kraft
zu betrachten. Er kann seinerseits das D'ALEMBERTsche Prinzip anwenden und M_T hinzufügen, um einen Gleichgewichtsansatz machen zu können. Mit dem Momentenpunkt in B
hat er dann

$$F_A\, r_S\, \sin\varphi - G\, r_S\, \sin(\beta + \varphi) + F_{TF}\, r_S\, \cos(\beta + \varphi) + M_T + M_D = 0. \qquad (2)$$

Hierin ist $F_A = \rho_{Fl}\, V_P\, \sqrt{a_F^2 + g^2}$, wobei ρ_{Fl} die Dichte der Dämpfungsflüssigkeit, V_P
das vom Pendel verdrängte Flüssigkeitsvolumen bedeutet. Mit m als Pendelmasse ist der
Betrag $F_{TF} = m\, a_F$; ferner ist nach D'ALEMBERT $M_T = -J_B\, \ddot{\varphi}$ ($\ddot{\varphi}$ ist in Bild 4.18-2b negativ), worin J_B das Massenträgheitsmoment bezüglich der Pendeldrehachse bedeutet. Der
Betrag des Dämpfungsmomentes M_D ist bei dem angenommenen Drehsinn des Pendels
$M_D = -k\dot{\varphi}$; k = Dämpfungskonstante ($\dot{\varphi}$ ist in Bild 4.18-2b negativ). Nach Gl. (2) gilt
damit

$$\rho_{Fl}\, V_P\, \sqrt{a_F^2 + g^2}\; r_S\, \sin\varphi - mg\, r_S\, \sin(\beta + \varphi) + m\, a_F\, r_S\, \cos(\beta + \varphi) - J_B\, \ddot{\varphi} - k\dot{\varphi} = 0.$$

Dividiert man durch J_B und ordnet etwas um, so gilt

$$\ddot{\varphi} + \frac{k}{J_B}\, \dot{\varphi} + \frac{mg\, r_S}{J_B}\, \sin(\beta + \varphi) - \frac{m\, a_F\, r_S}{J_B}\, \cos(\beta + \varphi) - \rho_{Fl}\, V_P\, \frac{\sqrt{a_F^2 + g^2}\, r_S}{J_B}\, \sin\varphi = 0. \qquad (3)$$

Führt man noch die Abklingkonstante $\delta = k/2J_B$ ein, so ist schließlich

$$\ddot{\varphi} + 2\,\delta\,\dot{\varphi} + \frac{m\, r_S}{J_B}\, [g\, \sin(\beta + \varphi) - a_F\, \cos(\beta + \varphi)] - \rho_{Fl}\, V_P\, \frac{\sqrt{a_F^2 + g^2}}{J_B}\, r_S\, \sin\varphi = 0. \qquad (4)$$

Mit dieser DGl läßt sich der Einschwingvorgang des Pendels ermitteln, wie er vom mitfahrenden Beobachter gesehen wird. β hat darin die durch Gl. (1a) angegebene Bedeutung.
Allerdings lassen sich die Lösungsfunktionen nicht formal geschlossen anschreiben, jedoch
durch Anwendung eines geeigneten numerischen Verfahrens mit beliebiger Genauigkeit
berechnen.

Beschränkt man sich auf kleine Winkel φ, so ist $\sin\varphi \approx \varphi$ und $\cos\varphi \approx 1$. Aus den Addi-
tionstheoremen folgt dann

$$\sin(\beta + \varphi) = \sin\beta\, \cos\varphi + \cos\beta\, \sin\varphi \approx \sin\beta + \varphi\, \cos\beta$$

$$\cos(\beta + \varphi) = \cos\beta\, \cos\varphi - \sin\beta\, \sin\varphi \approx \cos\beta - \varphi\, \sin\beta,$$

womit, in Gl. (4) eingesetzt, zunächst

$$\ddot{\varphi} + 2\,\delta\,\dot{\varphi} + \frac{m\, r_S}{J_B}\, [g\,(\sin\beta + \varphi\, \cos\beta) - a_F\,(\cos\beta - \varphi\, \sin\beta)] - \rho_{Fl}\, V_P\, r_S\, \frac{\sqrt{a_F^2 + g^2}}{J_B}\, \varphi = 0$$

oder

$$\ddot{\varphi} + 2\,\delta\,\dot{\varphi} + \frac{m\,r_S}{J_B}\,[g\cos\beta + a_F\sin\beta]\,\varphi + \frac{m\,r_S}{J_B}\,[g\sin\beta - a_F\cos\beta] - \rho_{Fl}\,V_P\,r_S\,\frac{\sqrt{a_F^2 + g^2}}{J_B}\,\varphi = 0$$

folgt. Nun ist mit Gl. (1) $\cos\beta = 1/\sqrt{1 + \tan^2\beta} = g/\sqrt{a_F^2 + g^2}$ und entsprechend $\sin\beta = \tan\beta/\sqrt{1 + \tan^2\beta} = a_F/\sqrt{a_F^2 + g^2}$, womit schließlich die linearisierte Differentialgleichung

$$\ddot{\varphi} + 2\,\delta\,\dot{\varphi} + \left[\frac{m\,r_S\,(a_F^2 + g^2)}{J_B\,\sqrt{a_F^2 + g^2}} - \rho_{Fl}\,V_p\,r_S\,\frac{\sqrt{a_F^2 + g^2}}{J_B}\right]\varphi = 0$$

oder kürzer

$$\ddot{\varphi} + 2\,\delta\,\dot{\varphi} + \frac{m - \rho_{Fl}\,V_P}{J_B}\,r_S\,\sqrt{a_F^2 + g^2}\;\varphi = 0 \tag{5}$$

geschrieben werden kann.

Ist die Dichte des Pendels konstant, dann ist die Pendelmasse $m = \rho_P\,V_P$, somit $V_P = m/\rho_P$, wonach Gl. (5) die Form

$$\ddot{\varphi} + 2\,\delta\,\dot{\varphi} + \frac{m\,(1 - \rho_{Fl}/\rho_P)}{J_B}\,r_S\,\sqrt{a_F^2 + g^2}\;\varphi = 0 \tag{6}$$

annimmt.

Dies ist eine homogene lineare Differentialgleichung zweiter Ordnung mit konstanten Koeffizienten. Ihre allgemeine Lösung ist bekannt; im Bedarfsfalle in Ingenieur-Taschenbüchern oder in der einschlägigen Literatur zu finden.

4.19 Bild 4.19-1 zeigt stark vereinfacht eine Anordnung zur Messung des Betrages kleiner (konstanter) Geschwindigkeiten, z.B. von hydraulisch bewegten Werkzeugmaschinen-Schlitten und dergleichen. (Elektrotechnische Bauteile sowie die Dämpfungseinrichtung sind der Deutlichkeit halber weggelassen.)

Mit einer Rückholfeder, deren Drehmoment im Bild symbolisch durch den Vektor M_F dargestellt ist, wird der Innenrahmen bei $v = 0$ gegen einen einstellbaren Anschlag gedreht. Hierbei schließt die positive Figurenachse (Laufachse) des Kreisels, dessen Eigendrehgeschwindigkeit ω_e genannt sei, mit der Achse der Zwangsdrehung — dargestellt durch die Lage von ω_p — einen Winkel $\delta_{max} = 110°$ ein.

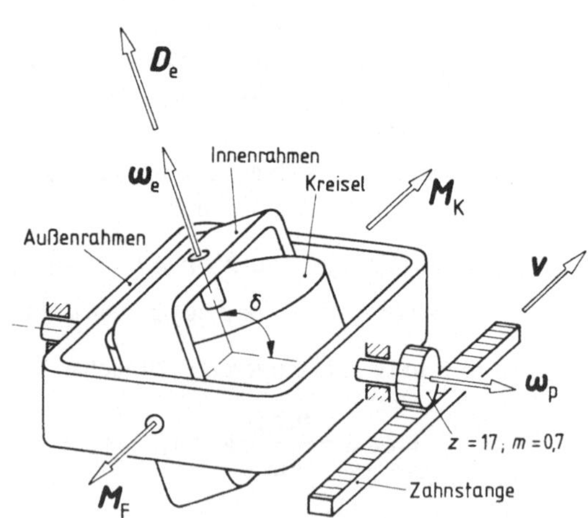

Massenträgheitsmoment des symmetrischen, abgeplatteten Kreisels bezüglich der Figurenachse $J_1 = 1{,}8 \, \text{kg cm}^2$; Kreiseldrehzahl $n_e = 3000 \, \text{min}^{-1}$. Betrag des Rückholfedermomentes: $M_F = M_0 + c_M \varphi$; hierin ist $M_0 = 0{,}04 \, \text{Nmm}$, $\varphi = \delta_{max} - \delta$.

Welche Federkonstante (Federmomentrate) c_M muß vom Konstrukteur vorgesehen werden, wenn der Meßbereich bei $v_{max} = 50 \, \text{mm/min}$ enden soll und $\delta_{min} = 70°$ gewählt wird? Vom Einfluß des Innenrahmens und dessen Lagerreibung darf abgesehen werden.(S)

Lösung: Bezeichnet man $D_e = J_1 \, \boldsymbol{\omega}_e$ als Eigendrehimpuls des Kreisels, so gilt mit guter Näherung für das Kreiselmoment bei regulärer Präzession eines abgeplatteten, symmetrischen schnellen Kreisels

$$M_K = D_e \times \boldsymbol{\omega}_p. \tag{1}$$

Im eingeschwungenen Zustand ist $M_K = -M_F$, somit sind die Beträge gleich. Relativ zum Außenrahmen ruht der Innenrahmen in einer bestimmten, von v bzw. ω_p abhängigen Stellung, die mit Mitteln der Elektrotechnik gemessen und angezeigt wird.

Nach Gl. (1) ist dann mit $M_{Fmax} = M_0 + c_M \, \varphi_{max}$

$$M_0 + c_M \, (\delta_{max} - \delta_{min}) = J_1 \, \omega_e \, \omega_{pmax} \, \sin \delta_{min}, \tag{2}$$

daraus

$$c_M = \frac{J_1 \, \omega_e \, \omega_{pmax} \, \sin \delta_{min} - M_0.}{\delta_{max} - \delta_{min}} \tag{3}$$

Aus Bild 4.19-1 entnimmt man zur Berechnung des Teilkreisradius des Zahnrades m und z. Damit wird

$$\omega_{pmax} = \frac{2 \, v_{max}}{m \, z} = 0{,}14 \, \text{s}^{-1}. \tag{4}$$

Mit diesem und den bereits gegebenen Werten erhält man aus Gl. (3) $c_M = 10{,}6 \, \text{Nmm}$.

Bildet man das Verhältnis $\omega_e / \omega_{pmax} = 2244$, so erkennt man die Berechtigung der Annahme, daß es sich um einen schnellen Kreisel handele. Man denke sich die beiden Vektoren $\boldsymbol{\omega}_e$ und $\boldsymbol{\omega}_{pmax}$ maßstäblich aufgezeichnet und geometrisch den resultierenden Vektor $\boldsymbol{\omega}$ gebildet.

Der Drehimpulsvektor D liegt beim abgeplatteten Kreisel zwischen $\boldsymbol{\omega}$ und D_e, d.h. D und D_e fallen im vorliegenden Falle praktisch zusammen.

Anmerkung: Die Eichung der elektrischen Anzeigegeräte geschieht mittels eines mehrstufigen, durch Synchronmotor angetriebenen Zahnradgetriebes, das anstelle der Zahnstange die Präzessionsdrehung des Außenrahmens erzwingt.

4.20 Umspulbetrieb eines Tonbandgerätes; Bild 4.20-1. Beim Umspulen im Vorlauf wird der rechte Wickelteller mit gleichbleibender Drehzahl angetrieben, $n_r = konst.$ Das ablaufende Band treibt den linken Wickelteller mit langsam veränderlicher, von den augenblicklichen Wickelradien abhängiger Drehzahl $n_l \neq konst.$ an. Während des Umspulens wird die ablaufende Spule ebenso wie im Aufnahme- und Wiedergabebetrieb durch die Grundbremse gebremst, damit der Bandwickel der aufwickelnden Spule genügend fest wird. Durch Niederdrücken der STOP-Taste wird der Antrieb am rechten Teller ausgeschaltet und gleichzeitig werden an beiden Tellern die Haltebremsen angelegt.

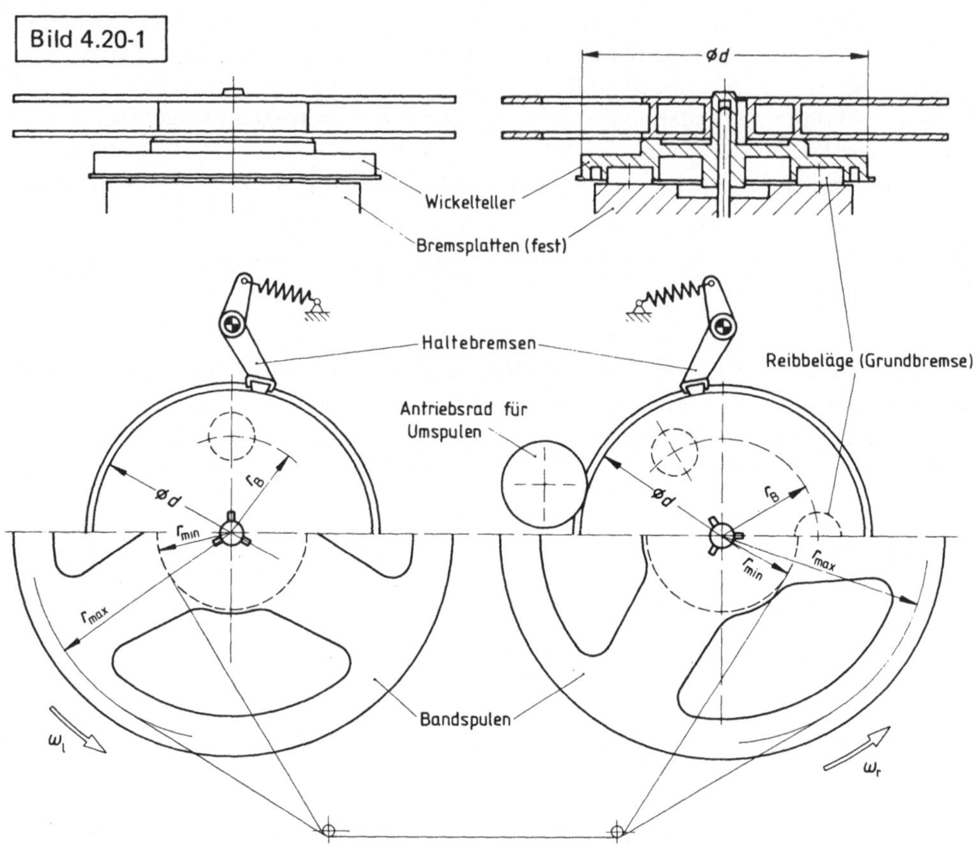

Gegeben:

	Bandspule	
	unbewickelt	vollbewickelt
Wickelradius	$r_{min} = 25$ mm	$r_{max} = 68$ mm
Masse	$m_{min} = 54$ g	$m_{max} = 185$ g
Massenträgheits-moment	$J_{min} = 1{,}521$ kg cm²	$J_{max} = 4{,}984$ kg cm²

Bremskraft der Haltebremse am rechten Teller $F_r = 1{,}1$ N, am linken Teller $F_l = 2{,}5$ N; Wickeltellermasse $m_T = 46$ g; Massenträgheitsmoment des Wickeltellers $J_T = 0{,}538$ kg cm²; Maße: $d = 94$ mm, $r_B = 31$ mm. Gleitreibungszahl für Bremsbeläge an den Wickeltellern $\mu = 0{,}4$. Drehzahl des rechten Wickeltellers $n_r = 150$ min^{-1}. Reibungswiderstände in den Wickeltellerlagern und an den Bandumlenkstellen sind zu vernachlässigen.

Für die beiden Grenzzustände

 I. volle linke und mit wenigen Windungen bewickelte rechte Spule,

II. volle rechte und mit wenigen Windungen bewickelte linke Spule

sind zu berechnen:

a) die Winkelgeschwindigkeiten ω_l', ω_l'' des linken Tellers und

b) die Bandzugkräfte F', F'' im Umspulbetrieb.

c) Die Bandzugkräfte F_B', F_B'' und

d) die Bremszeiten t', t'' für den Bremsvorgang aus dem Umspulbetrieb.

e) Die während des Bremsvorgangs umgewickelten Bandlängen L', L''. (A)

Lösung: a) Da der linke Wickelteller vom ablaufenden Band angetrieben wird, sind für jeden Wickelzustand die Umfangsgeschwindigkeiten beider Bandwickel gleich, also für den Zustand I

$$r_{max}\,\omega_l' = r_{min}\,\omega_r, \quad \omega_l' = (r_{min}/r_{max})\,\omega_r = 5{,}77\ \text{s}^{-1}$$

und für den Zustand II

$$r_{min}\,\omega_l'' = r_{max}\,\omega_r, \quad \omega_l'' = (r_{max}/r_{min})\,\omega_r = 42{,}73\ \text{s}^{-1}.$$

b) Das Umspulen des gesamten Bandwickels dauert bei dem untersuchten Gerät etwa $t_u = 3{,}5$ min $= 210$ s. Die mittlere Winkelbeschleunigung des linken Tellers im reinen Umspulbetrieb wird $\alpha_l = (\omega_l'' - \omega_l')/t_u = 0{,}18\ \text{s}^{-2}$, also so niedrig, daß die damit verbundenen Trägheitswirkungen gegenüber den anderen Kräften/Momenten vernachlässigt werden können.[2] Die Bandzugkraft wird deshalb allein durch die augenblicklichen Wickelradien und das Bremsmoment der Grundbremse am linken Wickelteller bestimmt. Aus der Bedingung für den quasistatischen Zustand

$$\begin{bmatrix} \text{Moment der Bandzug-} \\ \text{kraft an der Spule} \end{bmatrix} - \begin{bmatrix} \text{Bremsmoment der Grund-} \\ \text{bremse am Wickelteller} \end{bmatrix} = 0$$

folgt für den Zustand I

$$F' = (m_T + m_{max})\,g\,\mu\,\frac{r_B}{r_{max}} = 0{,}41\ \text{N}$$

und für den Zustand II

$$F'' = (m_T + m_{min})\,g\,\mu\,\frac{r_B}{r_{min}} = 0{,}49\ \text{N}.$$

c) Für den hier vorliegenden Fall der Drehung um eine feste Achse gilt bezüglich des Bremsvorgangs der Drehimpuls- (Drall-) Satz in der Form

$$M(t - t_0) = J(\omega - \omega_0). \tag{1}$$

---

[2] Die hier nicht gezeigte Rechnung ergibt die maximale Winkelbeschleunigung des linken Tellers im reinen Umspulbetrieb $\alpha_{l\,max} = 0{,}33\ \text{s}^{-2}$ bei einer Banddicke von 0,025 mm.

Darin werden in dieser Aufgabe für den Zustand I:

	links	rechts
Moment M +⤸	$F_B' \, r_{max} - F_l \dfrac{d}{2} -$ $- (m_T + m_{max}) \, g \, \mu \, r_B$	$-F_B' \, r_{min} - F_r \dfrac{d}{2} -$ $- (m_T + m_{min}) \, g \, \mu \, r_B$
Bremszeit $(t - t_0)$	t'	t'
Massenträg- heitsmoment J	$J_T + J_{max}$	$J_T + J_{min}$
Winkelgeschwin- digkeitsän- derung $(\omega - \omega_0)$ +⤸	$- \omega_l'$	$- \omega_r$

und für den Zustand II:

	links	rechts
Moment M +⤸	$F_B'' \, r_{min} - F_l \dfrac{d}{2} -$ $- (m_T + m_{min}) \, g \, \mu \, r_B$	$-F_B'' \, r_{max} - F_r \dfrac{d}{2} -$ $- (m_T + m_{max}) \cdot g \, \mu \, r_B$
Bremszeit $(t - t_0)$	t''	t''
Massenträg- heitsmoment J	$J_T + J_{min}$	$J_T + J_{max}$
Winkelgeschwin- digkeitsän- derung $(\omega - \omega_0)$ +⤸	$- \omega_l''$	$- \omega_r$

Damit also für den Zustand I

$$\left[F_B' \, r_{max} - F_l \frac{d}{2} - (m_T + m_{max}) \, g \, \mu \, r_B \right] t' = - (J_T + J_{max}) \, \omega_l' \qquad (2)$$

für die linke Seite und

$$\left[-F_B' \, r_{min} - F_r \frac{d}{2} - (m_T + m_{max}) \, g \, \mu \, r_B \right] t' = - (J_T + J_{min}) \, \omega_r \qquad (3)$$

für die rechte Seite. Löst man diese beiden Gleichungen nach t' auf und setzt die entsprechenden Ausdrücke einander gleich, so erhält man für die Bandzugkraft beim Bremsen im Zustand I mit $A = J_T + J_{min}$ und $B = J_T + J_{max}$

$$F_B' = \frac{A \, \omega_r \left[F_l \frac{d}{2} + (m_T + m_{max}) \, g \, \mu \, r_B \right] - B \, \omega_l' \left[F_r \frac{d}{2} + (m_T + m_{min}) \, g \, \mu \, r_B \right]}{A \, \omega_r \, r_{max} + B \, \omega_l' \, r_{min}}$$

$F_B' = 0{,}89 \, \text{N}.$

Für den Zustand II gilt entsprechend

$$\left[F_B'' \, r_{min} - F_l \frac{d}{2} - (m_T + m_{min}) \, g \, \mu \, r_B \right] t'' = - (J_T + J_{min}) \, \omega_l'' \qquad (4)$$

für die linke und

$$\left[-F_B'' \, r_{max} - F_r \frac{d}{2} - (m_T + m_{max}) \, g \, \mu \, r_B \right] t'' = -(J_T + J_{max}) \, \omega_r \tag{5}$$

für die rechte Seite und daraus dann die Bandzugkraft beim Bremsen im Zustand II:

$$F_B'' = \frac{B \, \omega_r \left[F_l \frac{d}{2} + (m_T + m_{min}) g \mu r_B \right] - A \, \omega_l'' \left[F_r \frac{d}{2} + (m_T + m_{max}) g \mu r_B \right]}{B \, \omega_r \, r_{min} + A \, \omega_l'' \, r_{max}}$$

$F_B'' = 0{,}52 \, \text{N}.$

d) Mit Kenntnis der Bandzugkraft F_B' aus Gl. (2) durch Auflösen die Bremszeit für „STOP" in Zustand I

$$t' = \frac{-(J_T + J_{max}) \, \omega_l'}{F_B' \, r_{max} - F_l \frac{d}{2} - (m_T + m_{max}) \, g \, \mu \, r_B} = 0{,}04 \, \text{s}$$

und aus Gl. (4) die Bremszeit für „STOP" im Zustand II

$$t'' = \frac{-(J_T + J_{min}) \, \omega_l''}{F_B'' \, r_{min} - F_l \frac{d}{2} - (m_T + m_{min}) \, g \, \mu \, r_B} = 0{,}08 \, \text{s}.$$

e) Die Bandgeschwindigkeit beim Umspulen ist

im Zustand I $\qquad v' = \omega_r \, r_{min} = 39{,}3 \, \text{cm/s},$

im Zustand II $\qquad v'' = \omega_r \, r_{max} = 106{,}8 \, \text{cm/s}.$

Der Geschwindigkeitsabfall ist linear; also sind die während des Bremsens umgewickelten Bandlängen

$$L' = \frac{1}{2} v' t' = 0{,}8 \, \text{cm} \qquad \text{und} \qquad L'' = \frac{1}{2} v'' t'' = 4{,}3 \, \text{cm}.$$

4.21 Automatik-Sicherheitsgurte in Kraftfahrzeugen sollen den Insassen im Stillstand des Wagens und bei regulären Fahrzuständen größtmögliche Bewegungsfreiheit lassen, in Unfallsituationen sie jedoch sicher in den Sitzen festhalten. Zur Sperrung des Gurtauszugs sind zwei Systeme gebräuchlich:

I. Beim fahrzeugempfindlichen System wird durch die Wagenbeschleunigungen die Sperrung der Gurtwelle bewirkt.

II. Das gurtbandempfindliche System reagiert auf die Beschleunigung des Gurtauszugs; bei Überschreitung eines gewissen Grenzwertes sperrt es diesen.

Das im Handel erhältliche Gerät nach Bild 4.21-1 ist eine Kombination beider Systeme.

Gegeben: Für System I: Abmessung ϕ 7 und Schwerpunktslage des Sensorkörpers nach Bild 4.21-1; die Masse der Sperrklinke (Kunststoff) sei gegen die Masse des Sensorkörpers (Messing) vernachlässigbar klein.

Für System II: Masse des Sperrades $m = 63 \, \text{g}$; Massenträgheitsmoment des Sperrades für die Drehachse $J = 270 \, \text{g cm}^2$. Das Sperrad ist mit der Gurtwelle durch ein zweigängiges, rechtssteigendes Flachgewinde mit großer Steigung gekoppelt. Mittlerer Steigungswinkel

Bild 4.21-1
Schnitt A-B
Sperrad
Druckfeder
Klauenverzahnungen an Lagerplatte und Sperrad
Gurtwelle
Gerätrahmen (mit Fahrzeug verschraubt)
Schnitt C-D
Gurtwickel
a_G
r_G
Lagerplatte (auf Geräterahmen befestigt)
Sicherungsscheibe
Sperrklinke
Sensorkörper für System I
Gehäuse (auf Lagerplatte befestigt)
Luftrichtung
$\varnothing 7$
8,4
S
A
B
C
D

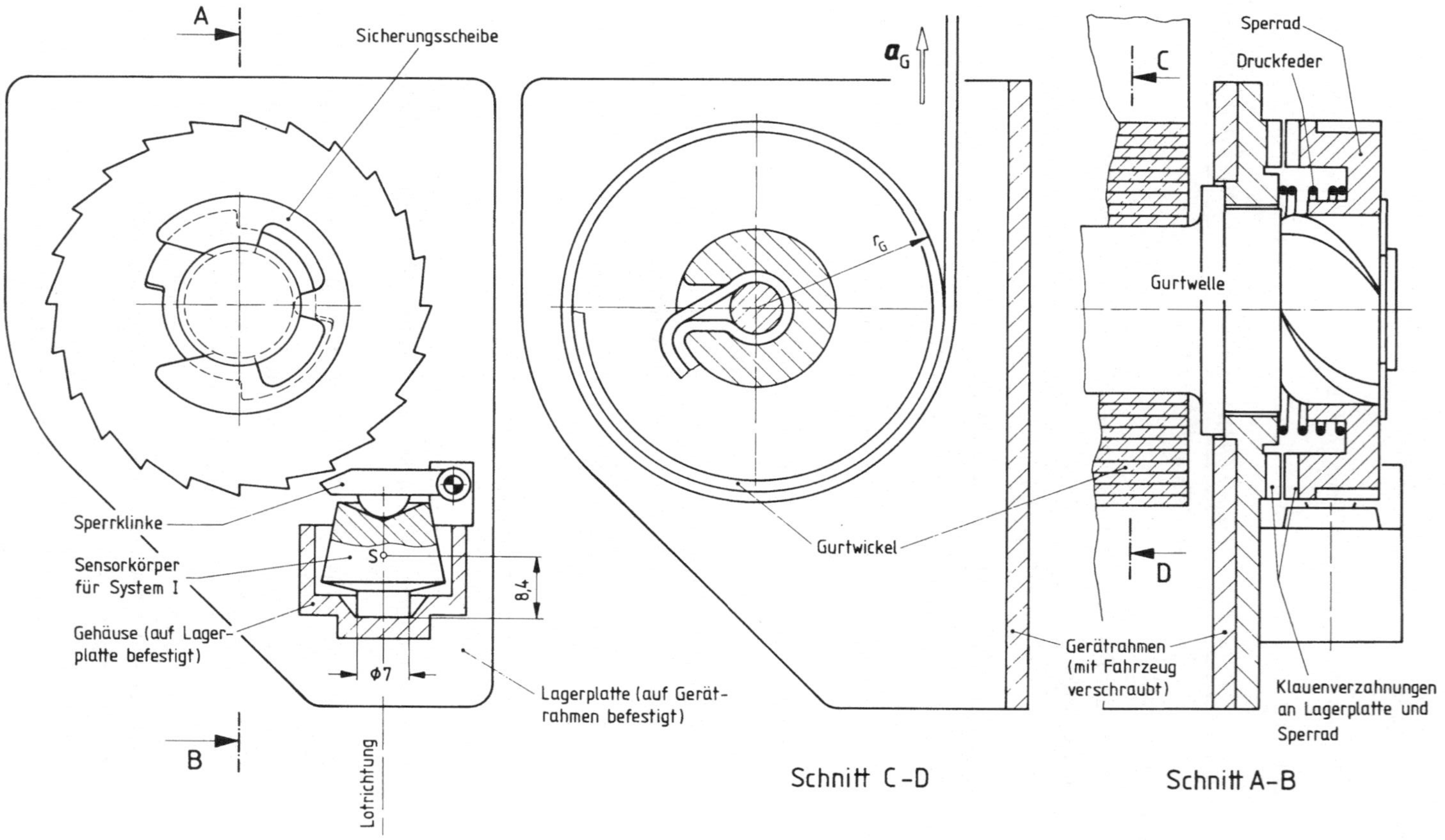

des Flachgewindes $\beta = 34°$; mittlerer Flankendurchmesser $d = 22,5$ mm; Ruhereibungszahl für die Gewindeflanken $\mu_0 = 0,15$. Federkraft der Druckfeder $F = 0,8$ N im Zustand nach Bild 4.21-1.

Aufgaben: a) Bei welcher Wagenbeschleunigung a_W in der horizontalen Fahrbahnebene wird der Gurtauszug durch das System I gesperrt?

b) Welche Gurtauszugsbeschleunigung a_G führt bei einem augenblicklichen Gurtwickelradius $r_G = 25$ mm zur Sperrung durch das System II, wenn nicht gleichzeitig das Fahrzeug beschleunigt wird?

c) Man diskutiere die Notwendigkeit, beide Systeme in einem Gerät zu verwirklichen. (A)

Lösung: a) Nach Einbauanweisung ist der Gurtautomat so im Fahrzeug zu montieren, daß die Lotrichtung mit der Achse des Sensorkörpers zusammenfällt. Am Sensorkörper wirkt dann die Gewichtskraft $m\,\boldsymbol{g}$ in Richtung seiner Achse, Bild 4.21-2. Wird das Fahrzeug mit a_W z.B. nach rechts beschleunigt, wirkt im Schwerpunkt S angreifend die Trägheitskraft $(-m\,a_W)$. Geht die Wirkungslinie der resultierenden Kraft $\boldsymbol{F} = m\,(\boldsymbol{g} - \boldsymbol{a_W})$ durch die Standfläche des Sensorkörpers, bleibt dessen Gleichgewichtszustand ungeändert. Dagegen kippt der Sensorkörper nach links, wenn diese Wirkungslinie nicht mehr innerhalb der Standfläche deren Ebene schneidet. Bei Vernachlässigung des Sperrklinkengewichts liegt die Kippgrenze bei $a_W/g = b/y_S$. Für

$$a_W \gtrsim \frac{b}{y_S} g \approx 4\,\text{m/s}^2 \tag{1}$$

wird also durch den kippenden Sensorkörper die Sperrklinke nach oben gedrückt und die Gurtwelle über das Sperrad blockiert.

b) Beim Auszug des Gurtes mit der Beschleunigung a_G wird die Gurtwelle mit der Winkelbeschleunigung

$$\alpha_G = \frac{a_G}{r_G} \tag{2}$$

<table>
<tr><td>

Bild 4.21-2

</td><td>

Bild 4.21-3

</td></tr>
</table>

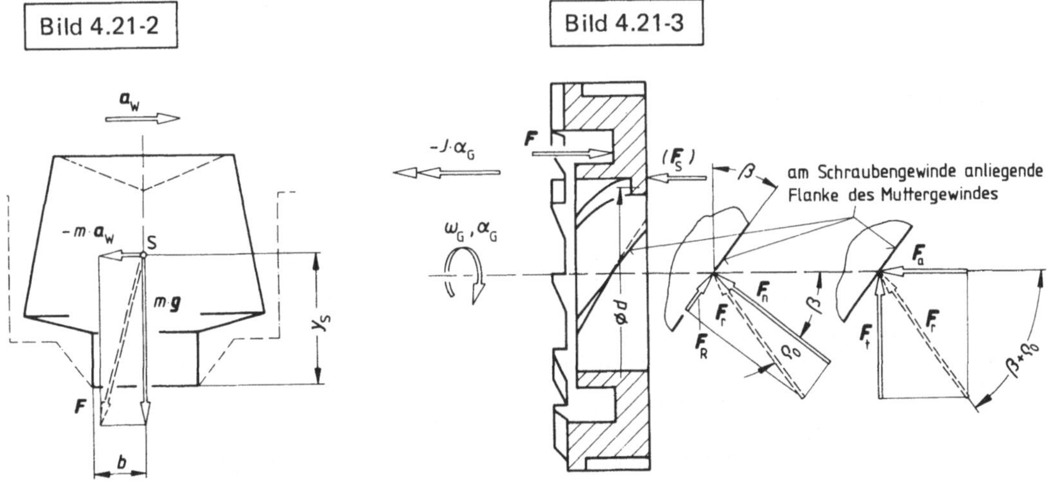

beschleunigt gedreht. Über die Gewindeflanken des Flachgewindes wird auch dem Sperrrad diese Winkelbeschleunigung erteilt, jedenfalls solange, als dieses an der wegbegrenzenden Sicherungsscheibe anliegt. Bleibt nämlich die Drehung des Sperrades hinter der Gurtwelle zurück, wird über das Gewinde dem Sperrad ein Axialschub aufgezwungen, der dieses von der Sicherungsscheibe abhebt und nach links bewegt. Für die Beantwortung der Frage wird also der Wert von α_G zu ermitteln sein, für den das Sperrad den Kontakt mit der Sicherungsscheibe verliert.

Vom Gewinde der Gurtwelle wird auf die Gewindeflanke des Sperrades die Normalkraft F_n ausgeübt, Bild 4.21-3. Der Tendenz des Sperrades, auf der Welle nach links zu rutschen, wirkt die Ruhereibungskraft $F_R \leqq \mu_0 F_n = \tan\rho_0 F_n$ an der Gewindeflanke entgegen. Von Bedeutung für die Ermittlung der Grenzbeschleunigung ist hier nur der Größtwert der Reibungskraft

$$F_R = \mu_0 F_n = \tan\rho_0 F_n. \tag{3}$$

Zusammengefaßt wirkt also im Grenzzustand von der Gurtwelle auf das Sperrad die resultierende Kraft $F_r = F_n + F_R$ (4)

bzw. deren Komponenten

in axialer Richtung $\quad F_a = F_r \cos(\beta + \rho_0)$

und in tangentialer Richtung $\quad F_t = F_r \sin(\beta + \rho_0)$,

für die gilt

$$F_a = F_t \cot(\beta + \rho_0). \tag{5}$$

Beim Beginn des Abhebens des Sperrades von der Sicherungsscheibe ist die Stützkraft $F_S = 0$; für Kräftegleichgewicht in axialer Richtung $F - F_a = 0$ oder mit Gl. (5)

$$F = F_t \cot(\beta + \rho_0). \tag{6}$$

Vor Beginn des Abhebens hat das Sperrad die gleiche Winkelbeschleunigung α_G wie die Gurtwelle, für die Drehachse gilt also

$$F_t \frac{d}{2} - J\alpha_G = 0. \tag{7}$$

Mit $F_t = \dfrac{F}{\cot(\beta + \rho_0)} = F \tan(\beta + \rho_0)$ aus Gl. (6) wird damit

$$F \tan(\beta + \rho_0)\frac{d}{2} - J\alpha_G \quad \text{bzw.} \quad \alpha_G = \frac{F d \tan(\beta + \rho_0)}{2J}$$

und mit Gl. (2) der Grenzwert der Beschleunigung, mit dem der Gurtauszug gerade noch möglich ist

$$a_G = \frac{F d r_G \tan(\beta + \rho_0)}{2J}, \tag{8}$$

für die gegebenen Werte also $a_G \approx 7{,}6\ \mathrm{m/s^2}$.

c) Die beiden Beschleunigungen a_W und a_G können nicht ohne weiteres verglichen werden, denn sie kennzeichnen ganz verschiedene Sachverhalte. Die Gurtauszugsbeschleunigung ist nicht gleich der gleichzeitig auftretenden Wagenbeschleunigung z.B. beim frontalen Aufprall auf ein Hindernis. Ohne Kenntnis der Größenverhältnisse und geometrischen Zuordnungen von Insassen, Sitzen und Befestigungspunkten des Gurtsystems im Fahrzeug ist hier kein Vergleich möglich.

System I ist im Aufbau wesentlich einfacher als System II, erfordert aber genaue Ausrichtung beim Einbau ins Fahrzeug. Der errechnete Ansprechwert gilt dann für alle Beschleunigungsrichtungen in der Horizontalebene. Gegenüber System II hat es außerdem den Vorteil, daß das Anlegen des Gurtes im Wagenstillstand unabhängig von der Auszugsbeschleunigung möglich ist, also nicht unabsichtlich sperrt, wie das bei System II häufig vorkommt. Dies ist freilich ein nicht zu unterschätzender Nachteil psychologischer Natur. Die Funktionsfähigkeit der „Gurtautomatik" kann vor Fahrtantritt nicht ohne weiteres überprüft werden (nur an sehr starken Steigungen, hier bei $> \arctan(b/y_S) \approx 23°$). Der Mehrzahl der Benutzer ist der innere Aufbau und das Wirkungsprinzip unbekannt und aus der Tatsache, daß der Gurt beim Anlegen beliebig schnell ausgezogen werden kann, wird leicht auf Störungen geschlossen.

Wenn man einmal von den Fehlermöglichkeiten beim Einbau absieht, ist das System I erheblich leichter auf den Sollwert von a_W einzustellen als das System II auf den gewünschten Wert von a_G. a_W ist nur abhängig vom Durchmesser der Standfläche und der Schwerpunktslage des Sensorkörpers. Die Abmessungen des Sensorkörpers lassen sich in der Fertigung leicht mit der angemessenen Genauigkeit einhalten.

Demgegenüber werden die durch die Fertigungstoleranzen hervorgerufenen Streuungen bei II größer sein, außerdem ist a_G mit dem Wickelradius veränderlich. Ist bei Unfällen die Fahrzeugbeschleunigung so gerichtet, daß die damit verbundene Trägheitskraft des Sperrrades die öffnende Wirkung der Druckfeder unterstützt, wird die Wirkung des Systems II beeinträchtigt.

Bei dem verhältnismäßig geringen Bauaufwand für beide Systeme ist deshalb aus Sicherheitsgründen die kombinierte Verwendung vertretbar.

4.22 Für die Rückführbewegung des Wagens nach 4.3 berechne man mit Hilfe des Energiebegriffs die Aufschlaggeschwindigkeit am Anschlag. (A)

Lösung: In der Anfangslage $s = 0$ ist in der Zugfeder die potentielle Energie E_{p0} gespeichert, dargestellt durch die Dreiecksfläche unter der F, s-Linie im Federdiagramm, Bild 4.22-1. Bei der Rückführbewegung wird aber die Feder nicht vollständig entspannt, nur der durch die schraffierte Fläche dargestellte Anteil ΔE_p wird frei:

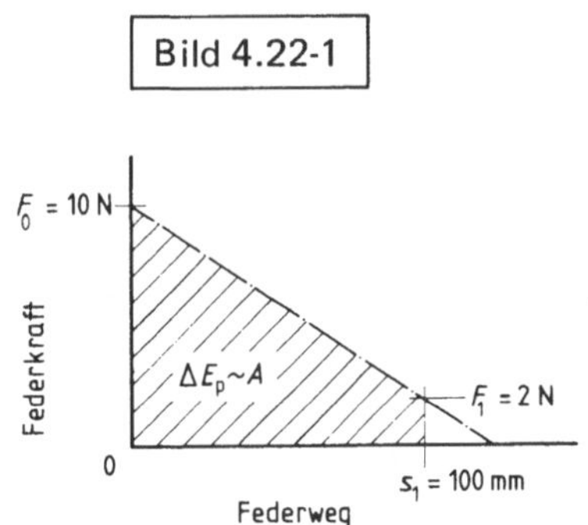

$$\Delta E_p = \frac{1}{2}(F_0 + F_1)\, s_1 = 60\,\text{N cm}.$$

Da die Wagenbewegung horizontal verläuft, verändert sich die Lageenergie während der Rückführbewegung nicht; voraussetzungsgemäß wird auch keine Reibungsarbeit verrichtet. Also ist die kinetische Energie des Wagens am Anschlag gleich der freigewordenen potentiellen Energie

$$E_{k1} = \frac{m}{2}\, v_1^2 = \Delta E_p.$$

Daraus die Aufschlaggeschwindigkeit

$$v_1 = \sqrt{\frac{2\,\Delta E_p}{m}} = 1{,}1 \text{ m/s}.$$

Durch Anwendung des Energiebegriffs läßt sich diese Frage leichter und schneller beantworten als durch Integration der Bewegungsgleichung.

4.23 Beim Kerbschlagbiegeversuch wird die Arbeit ermittelt, die zum Zerschlagen eines vorgekerbten, genormten Probekörpers erforderlich ist. Hierzu wird ein sog. Pendelschlagwerk (Bild 4.23-1) benutzt, dessen Pendel um einen gewissen Winkel α_1 angehoben wird. Nach Auslösen einer Halteklinke wird die Probe von der Hammerfinne zerschlagen.
Nach DIN 50 115 vom Nov. 1966 ist die Auftreffgeschwindigkeit v der Hammerfinne auf die Probe dem Betrage nach

$$v \approx \sqrt{2\,g\,l\,(1 - \cos\alpha_1)}.$$

Vernachlässigt seien hierbei Reibung und Trägheitsmoment.
Stimmt das? (S)

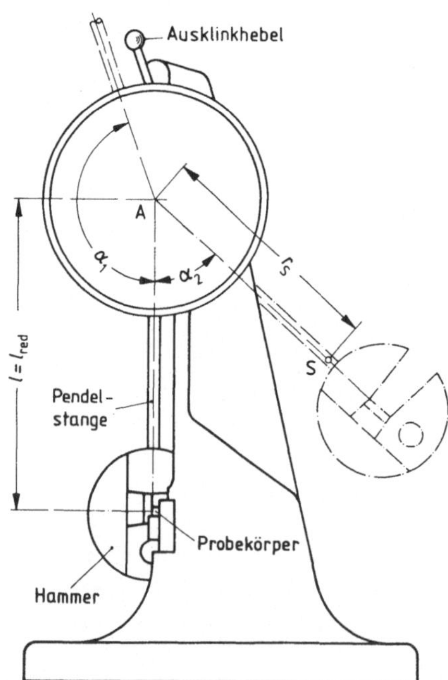

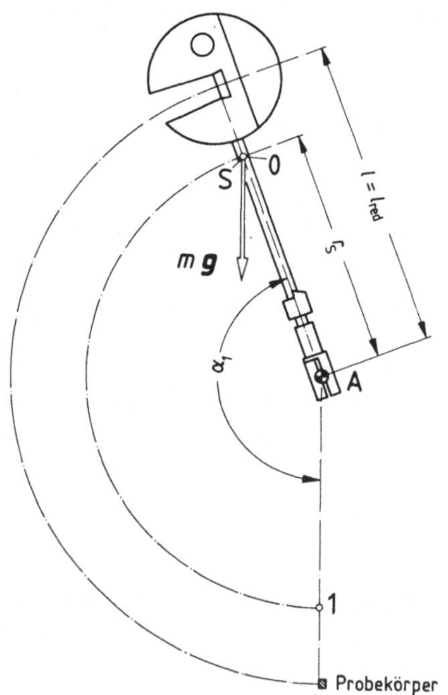

Lösung: Vernachlässigt man nur die Reibung (einschließlich Luftwiderstand), so gilt der Energieerhaltungssatz (Bild 4.23-2)

$$E_{p0} + E_{k0} = E_{p1} + E_{k1} = konst.$$

bzw. $E_{p0} - E_{p1} = E_{k1}$,

da die Bewegung aus der Ruhe beginnt.
Somit

$$mg\,r_S\,(1 - \cos\alpha_1) = \frac{J_A}{2}\,\omega_1^2 \qquad (1)$$

oder

$$2\,mg\,r_S\,(1 - \cos\alpha_1) = m\,i_A^2\,\omega_1^2, \qquad (1a)$$

wenn i_A der Trägheitsradius bezüglich A ist.
Aus Gl. (1a)

$$\omega_1 = \sqrt{\frac{2g\,r_S\,(1 - \cos\alpha_1)}{i_A^2}}$$

und damit

$$v = l\,\omega_1 = \sqrt{\frac{2g\,l^2\,r_S\,(1 - \cos\alpha_1)}{i_A^2}}.$$

Bei Pendelschlagwerken macht man $l \equiv l_{red} = i_A^2/r_S$, womit

$$v = \sqrt{2g\,l\,(1 - \cos\alpha_1)} \qquad (2)$$

wird.
Das Trägheitsmoment ist in dieser Formel keineswegs vernachlässigt!
Die Reibung in den hochwertigen Kugellagern eines guten Pendelschlagwerkes und der Luftwiderstand sind systematische Fehler, aber so gering, daß man auch hierfür kaum ein Ungefährzeichen setzen sollte.

Anmerkung: In der z.Zt. neuesten Ausgabe des Normblattes ist die fehlerhafte Aussage nicht mehr enthalten.

4.24 Um das Massenträgheitsmoment J_S eines Kreisels gemäß Bild 4.24-1 bezüglich seiner Figurenachse experimentell zu bestimmen, läßt man ihn eine um $\gamma = 1°$ gegen die Horizontale geneigte schiefe Ebene hinabrollen und mißt die Zeit, die er für einen Weg von $s_1 = 500\,mm$ braucht.
Wie groß ist J_S, wenn $t_1 = 2{,}91\,s$ gemessen wurde? Kreiselmasse $m = 286{,}5\,g$; $2r = 44{,}50\,mm$. Vom Roll- und Luftwiderstand kann abgesehen werden. (S)

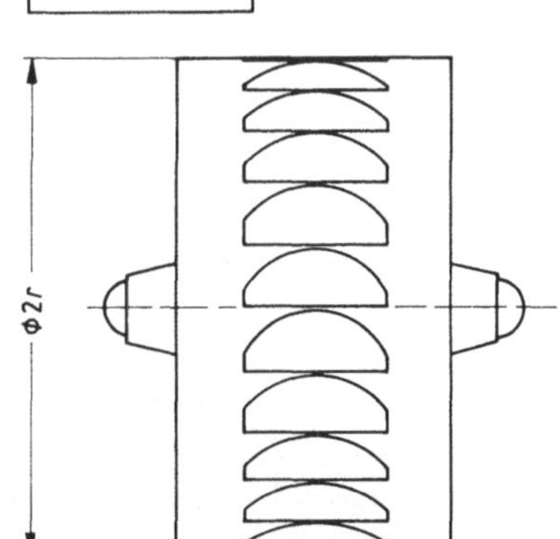

Lösung: Bedeutet h die Höhendifferenz zwischen Anfangs- und Endlage des Massenmittelpunktes, so ist $h = s_1 \sin \gamma$.

Da vom Roll- und Luftwiderstand abgesehen werden darf, gilt der Energie-Erhaltungssatz der Mechanik:

$$E_{p0} + E_{k0} = E_{p1} + E_{k1} = konst.,$$

wenn der Index 0 die Anfangslage, der Index 1 die Endlage kennzeichnet. Zu Beginn der Messung zur Zeit $t_0 = 0$ ist $s_0 = 0$, $v_{S0} = 0$ und $\omega_0 = 0$. Dann gilt

$$E_{p0} - E_{p1} = E_{k1}$$

$$mg\,h = \frac{J_S}{2}\,\omega_1^2 + \frac{m}{2}\,v_{S1}^2$$

und, mit der kinematischen Bedingung, daß kein Gleiten eintritt: $\omega = v_S/r$,

$$mg\,s_1 \sin \gamma = \frac{J_S}{2}\,\frac{v_{S1}^2}{r^2} + \frac{m}{2}\,v_{S1}^2. \tag{1}$$

Die beschleunigende Kraft — die Bahnkomponente der Gewichtskraft — ist konstant, demnach ist die Bewegung gleichmäßig beschleunigt und die Endgeschwindigkeit des Massenmittelpunktes $v_{S1} = 2s_1/t_1$.

In Gl. (1) eingesetzt

$$mg\,s_1 \sin \gamma = \frac{J_S}{2r^2}\left(\frac{2s_1}{t_1}\right)^2 + \frac{m}{2}\left(\frac{2s_1}{t_1}\right)^2, \tag{2}$$

woraus

$$J_S = mr^2\left[\frac{g\,t_1^2 \sin \gamma}{2s_1} - 1\right] = 638\ \text{g cm}^2$$

folgt.

4.25 Bei dem in Bild 4.25-1 schematisch dargestellten Antriebssystem rotiere die Motorwelle mit der Drehzahl n_M. Die Reibkupplung sei geöffnet und das Triebwerk befinde sich in Ruhe, $n_T = 0$. Zum Zeitpunkt $t_1 = 0$ wird die Kupplung geschlossen und damit Motor und Triebwerk kraftschlüssig verbunden. Die Motordrehzahl sei unabhängig von der Belastung konstant $n_M = 1\,400\ \text{min}^{-1}$. Die Reibkupplung soll unmittelbar nach dem Einschalten das volle Moment $M_R = 10\ \text{N cm}$ übertragen, das unabhängig von der Gleitgeschwindigkeit der Reibflächen anzunehmen ist. Massenträgheitsmoment des Triebwerkes bezogen auf die Antriebswelle $J = 1,2\ \text{kg cm}^2$. Auf An-

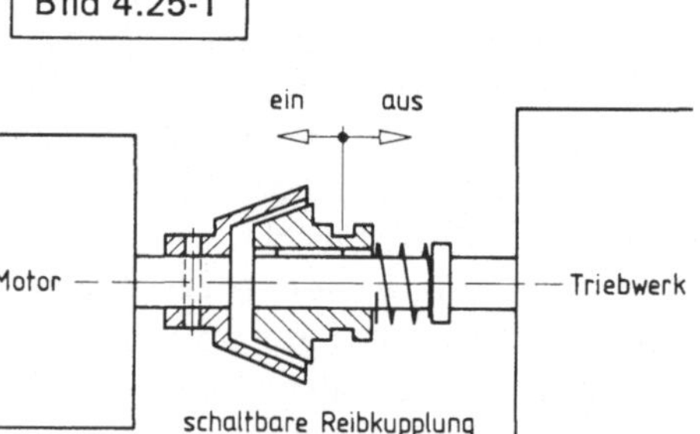

triebswelle bezogenes Lastmoment des Trieb-
werks $M_L = 4\,\mathrm{N\,cm} = \textit{konst.}$ für alle Drehzahlen.

Gesucht: a) In einfachen Diagrammen die
Darstellung der folgenden Größen als Zeitfunk-
tionen: Belastung des Antriebsmotors $M(t)$,
Winkelbeschleunigung $\alpha_T(t)$ des Triebwerks,
Winkelgeschwindigkeiten $\omega_M(t)$ bzw. $\omega_T(t)$
von Motor und Triebwerk, Drehwinkel $\varphi_M(t)$
bzw. $\varphi_T(t)$ von Motor und Triebwerk.

b) Die Zeit t_2 für den Kupplungsvorgang.

c) Die während des Kupplungsvorgangs zurückgelegten Drehwinkel φ_{M2} bzw. φ_{T2} von Motor und Triebwerk.   (A)

Lösung: a) Während der Anlaufzeit $t_1 < t < t_2$
wird durch die Kupplung das Moment M_R
übertragen. Der Anteil M_R' dient zur Überwindung des Lastmoments, der Anteil M_R'' zur
Triebwerksbeschleunigung.

Winkelbeschleunigung des Triebwerks

$$\alpha_T = \frac{M_R - M_L}{J}. \tag{1}$$

Winkelgeschwindigkeit des Triebwerks

$$\omega_T(t) = \frac{M_R - M_L}{J}\,t \quad \text{für } t_1 < t < t_2; \tag{2}$$

$$\omega_T = \omega_M \quad \text{für} \quad t \geqq t_2.$$

Wellendrehwinkel

$$\varphi_M(t) = \omega_M t \quad \text{für alle } t; \tag{3}$$

$$\varphi_T(t) = \frac{1}{2}\omega_T t = \frac{1}{2}\frac{M_R - M_L}{J}t^2 \quad \text{für} \tag{4}$$

$$t_1 < t < t_2;$$

$$\varphi_T(t) = \omega_T t \quad \text{für} \quad t \geqq t_2.$$

Diagramme siehe Bild 4.25-2.

b) Die Dauer des Kupplungsvorgangs kann auf zwei Wegen errechnet werden. Aus Gl. (2)
für die Winkelgeschwindigkeit mit $\omega_T = \omega_M$ für $t = t_2$

$$t_2 = \frac{\omega_M}{\alpha_T} = \frac{J}{M_R - M_L}\,\omega_M = \frac{1{,}2\ \mathrm{kg\,cm^2}}{(10-4)\ \mathrm{N\,cm}}\ 146{,}6\ \mathrm{s^{-1}} = 0{,}3\ \mathrm{s}. \tag{5}$$

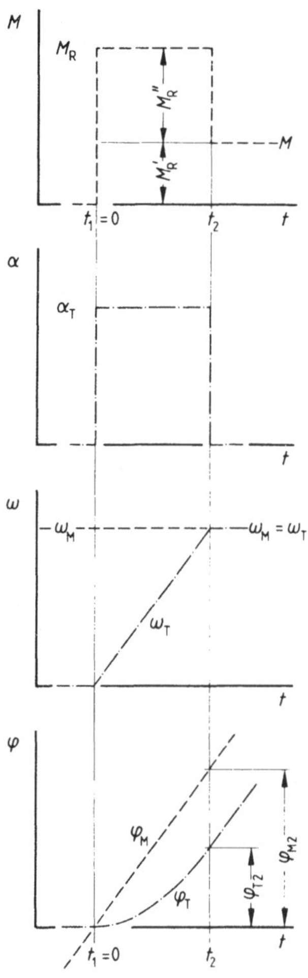

Aus dem Drallsatz für diesen Sonderfall (zentraler Drehstoß für Drehung um eine feste Achse)

$$\int_{t_1}^{t_2} M\,dt = (\omega_2 - \omega_1)J$$

folgt mit dem auf das Triebwerk während des Kupplungsvorgangs einwirkenden resultierenden äußeren Moment $M = M_R - M_L$, $\omega_2 = \omega_M$, $\omega_1 = 0$ und $t_1 = 0$ die Beziehung $(M_R - M_L)t_2 = \omega_M J$, also ebenfalls $t_2 = J\omega_M/(M_R - M_L) = 0{,}3$ s.

c) Aus Gl. (3) $\varphi_{M2} = \omega_M t_2 = 44 = 7$ Umdrehungen und aus Gl. (4) $\varphi_{T2} = \frac{1}{2}\omega_M t_2 = 22 = 3{,}5$ Umdrehungen.

4.26 Für die drei Betriebszustände $t \leqq t_1, t_1 < t < t_2, t \geqq t_2$ des Antriebssystems nach 4.25 sind Leistungs- und Arbeitsbilanz aufzustellen. Dazu trage man in einem P, t-Diagramm auf:

    I. die durch den Motor der Kupplung zugeführte Leistung P_M;

    II. die vom Triebwerk aufgenommene Leistung P_T, aufgeteilt

        in II.1   einen Anteil P_{TL} zur Überwindung des Lastmoments (d.h. die Nutzleistung) und II.2 einen Anteil P_{TB} zur Beschleunigung der Triebswerksmassen;

    III. die durch die Gleitreibung in der Kupplung verursachte Verlustleistung P_V.

In diesem Diagramm sind die entsprechenden Arbeitsanteile anschaulich zu kennzeichnen. Für alle Leistungs- bzw. Arbeitsanteile sind die hier gültigen Formeln anzugeben und mit den in 4.25 gegebenen Größen auszuwerten. (A)

Lösung: Allgemein ist die Leistung eines Drehmoments das Skalarprodukt $P = M \cdot \omega$; für die kollinearen Vektoren in diesem Fall also $P = M\omega$, wenn von den Vorzeichenregeln für die Unterscheidung von zu- und abgeführter Leistung abgesehen wird.

Für $t \leqq t_1 = 0$ sind alle $P = 0$, da $M = 0$ für die Motorseite und $\omega = 0$ für die Triebwerkseite der Kupplung.

Für $t_1 < t < t_2$ sind

I. $P_M = M_R \omega_M = 14{,}66\,\text{W}$;   (1)

II. $P_T = M_R \omega_T$ mit $P_T = 0$ für $t = t_1$ und linearem Anstieg auf   (2)
    $P_T = P_M$ für $t = t_2$;

II.1 $P_{TL} = M_L \omega_T$ mit $P_{TL} = 0$ für $t = t_1$ und linearem Anstieg auf   (3)
    $P_{TL} = M_L \omega_M = 5{,}86\,\text{W}$ für $t = t_2$;

II.2 $P_{TB} = (M_R - M_L)\omega_T$ mit $P_{TB} = 0$ für $t = t_1$ und linearem Anstieg auf   (4)
    $P_{TB} = (M_R - M_L)\omega_M = 8{,}8\,\text{W}$ für $t = t_2$;

III. $P_V = M_R(\omega_M - \omega_T)$ mit $P_V = M_R \omega_M = 14{,}66\,\text{W}$ bei $t = t_1$ und   (5)
    linearem Abfall auf $P_V = 0$ bei $t = t_2$.

Für $t \geqq t_2$ ist $P_M = P_T = P_{TL} = M_L \omega_M = 5{,}86\,\text{W}$.

Anschauliche Darstellung siehe Bild 4.26-1.

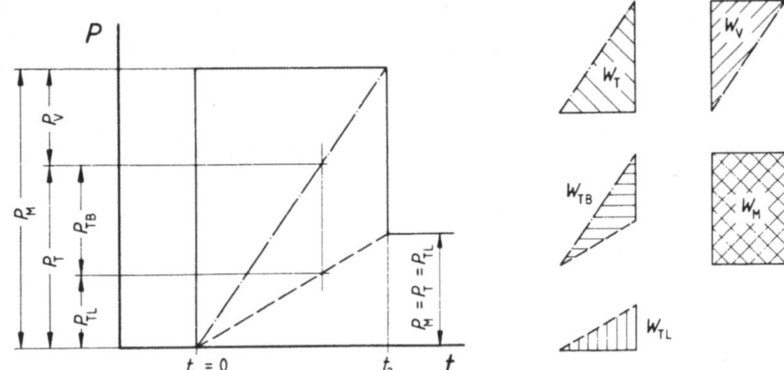

Allgemein gilt für die Arbeit $W = \int P\,\mathrm{d}t$, wobei auch hier unterschiedliche Vorzeichen für zu- bzw. abgeführte Arbeit unberücksichtigt bleiben sollen. Die Arbeitsanteile werden im P, t-Diagramm dargestellt durch die Flächen unter den entsprechenden P-Linien und daraus können sie denn auch leicht berechnet werden; siehe Bild 4.26-1.

Für $t \leqq t_1$ wird keine Arbeit verrichtet.

Für $t_1 \leqq t \leqq t_2$ werden mit $t_2 = 0{,}3\,\mathrm{s}$ nach 4.25

$$W_{\mathrm{M}} = M_{\mathrm{R}}\,\omega_{\mathrm{M}}\,t_2 = 4{,}4\,\mathrm{Ws}; \tag{6}$$

$$W_{\mathrm{T}} = \frac{1}{2} M_{\mathrm{R}}\,\omega_{\mathrm{M}}\,t_2 = 2{,}2\,\mathrm{Ws}; \tag{7}$$

$$W_{\mathrm{TL}} = \frac{1}{2} M_{\mathrm{L}}\,\omega_{\mathrm{M}}\,t_2 = 0{,}88\,\mathrm{Ws}; \tag{8}$$

$$W_{\mathrm{TB}} = \frac{1}{2} (M_{\mathrm{R}} - M_{\mathrm{L}})\,\omega_{\mathrm{M}}\,t_2 = 1{,}32\,\mathrm{Ws}; \tag{9}$$

$$W_{\mathrm{V}} = \frac{1}{2} M_{\mathrm{R}}\,\omega_{\mathrm{M}}\,t_2 = 2{,}2\,\mathrm{Ws}. \tag{10}$$

Für $t \geqq t_2$ ist $W_{\mathrm{M}} = W_{\mathrm{T}} = W_{\mathrm{TL}}$.

Die während des Kupplungsvorgangs verrichtete Beschleunigungsarbeit muß für $t \geqq t_2$ als kinetische Energie im Triebwerk gespeichert sein: $W_{\mathrm{TB}} = E_{\mathrm{k2}}$, es muß also

$$\frac{1}{2} (M_{\mathrm{R}} - M_{\mathrm{L}})\,\omega_{\mathrm{M}}\,t_2 = \frac{1}{2} J\,\omega_{\mathrm{M}}^2.$$

Die Anlaufzeit t_2 erhielt man aus Gl. (5) in 4.25 zu

$$t_2 = \frac{J}{M_{\mathrm{R}} - M_{\mathrm{L}}}\,\omega_{\mathrm{M}}.$$

Dieser Ausdruck in die letzte Beziehung eingesetzt, bestätigt das Ergebnis der Rechnung.

4.27 Wie groß ist der Verlust an mechanischer Leistung infolge der Bürstenreibung am Kommutator (Stromwender) eines Gleichstrom-Motors gemäß Bild 4.27-1? (Die diametral gegenüberliegende Bürste ist nicht dargestellt.)
Drehzahl des Läufers n = 1430 min^{-1}; Federkraftbetrag F_F = 7 N; Zapfenreibungszahl μ_z = 0,18; b = 15 mm; c = 3,5 mm; d = 25 mm.
Die Reibung im Führungskasten und am Druckhebel kann außer acht gelassen werden.   (S)

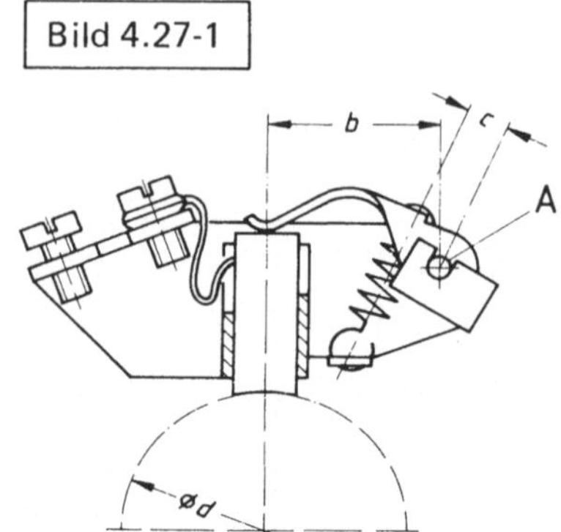

Lösung: Das Momentengleichgewicht am Druckhebel mit Momentenpunkt in A lautet, wenn die Reibungskräfte am Hebel außer Betracht bleiben dürfen,

$$c F_\mathrm{F} - b F' = 0,$$

woraus der Stützkraftbetrag der Kohlebürste

$$F' = \frac{c}{b} F_\mathrm{F} \tag{1}$$

folgt. Am Kommutator ist der Betrag des Reibungsmomentes bei zwei Bürsten

$$M_\mathrm{R} = 2 \mu_\mathrm{z} \frac{d}{2} F = \mu_\mathrm{z} d F. \tag{2}$$

Weil die Reibung des Führungskastens ebenfalls vernachlässigbar ist, gilt $F = F'$, so daß man schließlich mit Gl. (1) und Gl. (2)

$$M_\mathrm{R} = \mu_\mathrm{z} d \frac{c}{b} F = 0,73 \ \mathrm{N\,cm}$$

erhält.
Der Verlust an mechanischer Leistung beträgt damit bei diesem Motor

$$P = M_\mathrm{R} \, \omega = 2 \pi M_\mathrm{R} \, n = 1,1 \ \mathrm{Nm\,s^{-1}} = 1,1 \ \mathrm{W}.$$

Mit wachsendem Bürstenverschleiß nimmt die Federspannkraft ab, gleichzeitig jedoch der Hebelarm c zu, so daß bei richtiger Dimensionierung der Betrag F annähernd konstant bleibt.

4.28 Beim Entwurf eines Antriebssystems wie in den Beispielen 4.25 und 4.26 wird der Konstrukteur die Kupplung entweder selbst entwerfen oder aber wird er sie aus dem Angebot von Herstellerfirmen auswählen. In jedem Falle ist das schaltbare Kupplungsmoment M_R festzulegen, wobei der Verlustarbeit W_V beim Kupplungsvorgang der Erwärmung und des Verschleißes wegen besondere Aufmerksamkeit gewidmet werden muß.
Anhand der Ergebnisse der beiden genannten Beispiele versuche man allgemein gültige Aussagen über die Grenzen für das schaltbare Kupplungsmoment M_R zu machen.   (A)

Lösung: Die durch Gleitreibung beim Kupplungsvorgang in der Kupplung verursachte Verlustarbeit ist nach Gl. (10) des Beispiels 4.26 $W_V = 1/2\, M_R\, \omega_M\, t_2$. Setzt man darin für die Zeitdauer t_2 des Kupplungsvorgangs die Gl. (5) des Beispiels 4.25 $t_2 = J\,\omega_M/(M_R - M_L)$ ein, so erhält man

$$W_V = \frac{1}{2} J \omega_M^2 \; \frac{1}{1 - \dfrac{M_L}{M_R}} \; .$$

Nimmt man an, daß für einen Anwendungsfall $M_L = 0$, das Triebwerk also unbelastet anläuft, so wird

$$W_V = \frac{1}{2} J \omega_M^2 \, ,$$

d.h. daß ebensoviel Arbeit in der Kupplung für die Nutzung verlorengeht, wie nach beendetem Anlauf im Triebwerk als kinetische Energie gespeichert ist. Die Verlustarbeit wird mit größer werdendem Verhältnis M_L/M_R ebenfalls größer; für $M_L = M_R$ wird schließlich das Triebwerk nicht mehr anlaufen und es wird die gesamte vom Motor zugeführte Arbeit in der Kupplung verbraucht. Man wird also M_R möglichst groß wählen. Dies Bestreben findet Grenzen a) in dem für die Kupplung zur Verfügung stehenden Bauraum, b) in der zur Kupplungsbetätigung verfügbaren Schaltarbeit und c) in der zulässigen Belastung des Motors und der Triebwerksteile durch Trägheitskräfte bzw. deren Momente, denn mit dem Kupplungsmoment M_R wächst auch die Anlaufbeschleunigung α nach Gl. (1) in Beispiel 4.25.

4.29 Für den Motor der Beispiele 4.34 und 4.35 errechne man aus der Drehmoment-Drehzahl-Kennlinie die Leistungskennlinie $P(n)$ und trage diese zusammen mit der Momentkennlinie $M(n)$ in ein Diagramm ein. (A)

Lösung: Die Leistung des Drehmoments ist $P = M\omega$. Damit wird die Leistung des Motormoments für einige Werte von n errechnet (siehe Tabelle) und in Bild 4.29-1 als Diagrammlinie dargestellt.

n min^{-1}	M N cm	P W
0	4,70	0
200	5,05	1,06
400	5,45	2,28
600	5,95	3,74
800	6,50	5,45
900	6,65	6,27
1000	6,63	6,94
1100	6,40	7,37
1200	5,95	7,48
1300	5,10	6,94
1400	3,55	5,20
1485	0	0

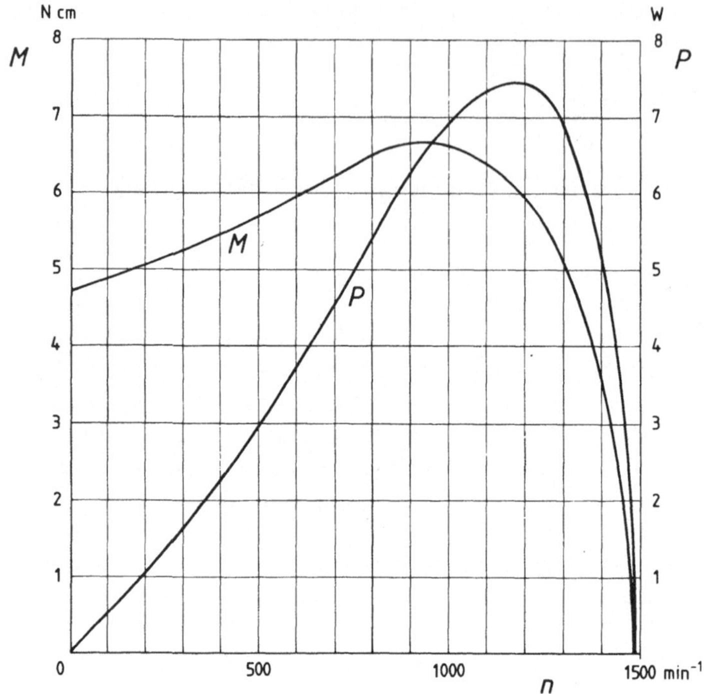

4.30 In Kisten verpackte Geräte werden mit einem Scheren-Hubtisch vom Werkhallenboden auf die Höhe der Ladefläche eines Transportfahrzeuges angehoben.

Die Hubgeschwindigkeit der Plattform beträgt in der augenblicklichen Stellung $v_P = 5$ cm/s; sie soll als annähernd konstant angesehen werden dürfen.

Ferner dürfen die Massen der symmetrisch zur senkrechten Mittelebene des Hubtisches scherenförmig angeordneten Hubhebelpaare und die der beiden Hydraulik-Zylinder sowie die Reibung vernachlässigt werden.

Man ermittle die momentane Kolbenkraft in der in Bild 4.30-1 gezeigten Stellung unter Heranziehung des Leistungsbegriffes. $(F_1 + F_2 + F_3 + F_4 + G) = 6{,}5$ kN. (S)

Lösung: (Bild 4.30-1) Der Gelenkmittelpunkt P des Hubhebels 1 hat stets die gleiche Geschwindigkeit wie die translatorisch bewegte Plattform. Den Momentanpol dieses Hebels findet man als Schnittpunkt der bekannten Bahnnormalen des Rollenmittelpunktes A und des Gelenkmittelpunktes P, womit sich aus einer maßstäblichen Zeichnung der Winkel δ und damit die Geschwindigkeit v_K des Kolbengelenkes K ergibt.

Hydraulikzylinder und -kolben denkt man sich entfernt und ihre Wirkung symbolisch durch die (resultierenden) Kraftvektoren F_K und $F_Z = -F_K$ ersetzt.

198

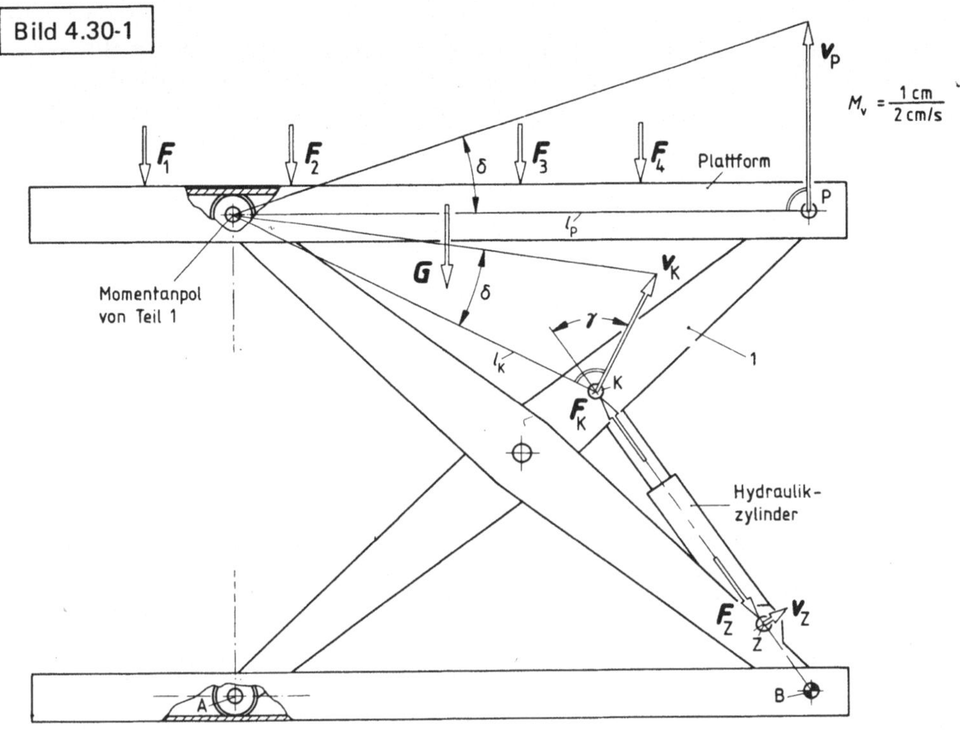

Damit gilt für die Summe aller Leistungen

$$F_K \cdot v_K + (F_1 + F_2 + F_3 + F_4 + G) \cdot v_P = 0 \qquad (1)$$

oder $\;F_K\, v_K \cos\gamma = (F_1 + F_2 + F_3 + F_4 + G)\, v_P.$ $\qquad (1a)$

F_Z steht senkrecht auf v_Z und erscheint deshalb nicht in vorstehender Gleichung.

Aus Gl. (1a) ergibt sich

$$F_K = (F_1 + F_2 + F_3 + F_4 + G)\,\frac{v_P}{v_K \cos\gamma}. \qquad (2)$$

Der Zeichnung entnimmt man $v_K = 3{,}52\ \mathrm{cm/s}$; $\gamma = 61{,}6^\circ$, womit aus Gl. (2) der Betrag der resultierenden Kolbenkraft $F_K = 19{,}4\ \mathrm{kN}$ folgt.

Anmerkung: Wegen der Ähnlichkeit der Dreiecke ist

$$\frac{v_P}{v_K} = \frac{l_P}{l_K}. \qquad (3)$$

Setzt man Gl. (3) in Gl. (2) ein, dann sieht man, daß unter den eingangs zugelassenen Vereinfachungen die Kolbenkraft nur von den geometrischen Beziehungen der augenblicklichen Stellung abhängt, jedoch nicht vom Betrag der Hubgeschwindigkeit. Die resultierende Kolbenkraft wäre für $v_P = 0$, d.h. bei in dieser Stellung ruhender Plattform, dieselbe.

4.31 Welche Beziehungen müssen zwischen den Längen a, b, c, d sowie der Gewichtskraft des Ausgleichskörpers und der Gewichtskraft des nachstehend abgebildeten Reißbrettes bestehen, wenn dieses auch ohne Lagerreibung und Bremse in jeder Stellung in Ruhe sein soll?
Es ist $c = \overline{BC} = \overline{DO}$; $b = \overline{CD} = \overline{BO}$; $a = \overline{DS}$; $d = \overline{AB}$. (Bild 4.31-1) Stangengewichtskräfte dürfen vernachlässigt werden.
Lösung mit Hilfe des Prinzips der virtuellen Leistung. (S)

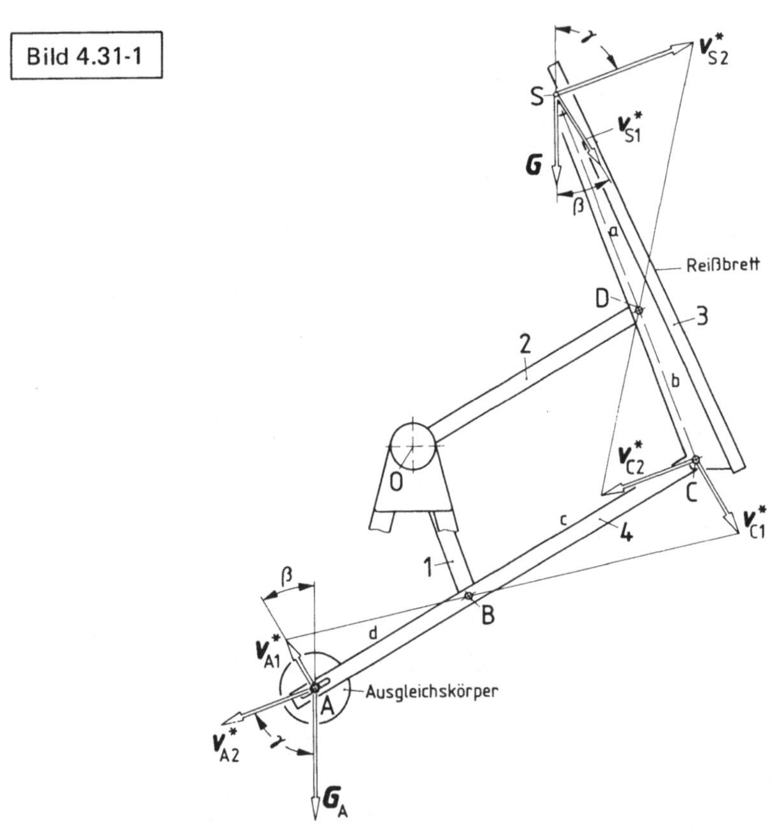

Lösung: Das System hat den Freiheitsgrad zwei (Bild 4.31-1). Denkt man sich zunächst Teil 1 festgehalten, dann hat der Mechanismus noch den Freiheitsgrad eins.
Der Mittelpunkt des Drehgelenkes C ist dauernd sowohl der Stange 4 als auch dem Reißbrett angehörig. Man erteilt ihm eine virtuelle Geschwindigkeit v^*_{C1}, d.h. eine betragsmäßig beliebige, der Richtung nach jedoch mit den Bindungen des Systems verträgliche Geschwindigkeit; die Richtung ergibt sich hier aus der Drehung um den festgehaltenen Drehpunkt B. (Der Stern bei dem Vektorsymbol der virtuellen Geschwindigkeiten dient zur Unterscheidung von wirklichen Geschwindigkeiten.)

Wegen der Parallelogramm-Konstruktion macht das Reißbrett bei festgehaltenem Glied 1 eine translatorische Bewegung (Kreisschiebung), und es gilt für den Schwerpunkt S

$$v_{S1}^* = v_{C1}^* \, . \tag{1}$$

Die zugehörige Geschwindigkeit des Ausgleichskörpers ist — mit B als Drehpunkt — durch v_{C1}^* bestimmt (Bild 4.31-1)

$$v_{A1}^* = v_{C1}^* \, \frac{d}{c} \, . \tag{2}$$

An diesem Körpersystem ist die gegebene Kräftegruppe im Gleichgewicht, wenn die virtuelle Gesamtleistung für jeden zulässigen Bewegungszustand Null ist.
Somit

$$G \, v_{S1}^* \, \cos\beta + G_A \, v_{A1}^* \, \cos(\pi - \beta) = 0, \tag{3}$$

mit Gl. (1) und Gl. (2)

$$v_{C1}^* \, \cos\beta \left(G - G_A \, \frac{d}{c} \right) = 0.$$

Weil vorstehende Gleichung für beliebige Werte von v_{C1}^* und β erfüllt sein soll, folgt daraus als erste konstruktive Bedingung:

$$\frac{G_A}{G} = \frac{c}{d} \, . \tag{5}$$

Für die noch erforderliche zweite konstruktive Bedingung denkt man sich nun Teil 2 festgehalten und die damit der Richtung nach festliegende virtuelle Geschwindigkeit v_{C2}^* mit beliebigem Betrag gewählt.
Teil 4 bewegt sich jetzt translatorisch, und somit hat man

$$v_{A2}^* = v_{C2}^* , \tag{6}$$

und analog zu Gl. (2) mit D als Drehpunkt

$$v_{S2}^* = v_{C2}^* \, \frac{a}{b} \, . \tag{7}$$

Das Verschwinden der virtuellen Gesamtleistung erfordert

$$G_A \, v_{A2}^* \, \cos\gamma + G \, v_{S2}^* \, \cos(\pi - \gamma) = 0,$$

d.h. $\quad \dfrac{G_A}{G} = \dfrac{a}{b} ,$ $\tag{8}$

vereinigt mit Gl. (5)

$$\frac{G_A}{G} = \frac{a}{b} = \frac{c}{d} = konst. \tag{9}$$

Gl. (9) zeigt, daß ein stellungsunabhängiger Gewichtskraftausgleich möglich ist; ferner liefert sie die zur Konstruktion notwendigen Beziehungen.
Wäre von vornherein gesichert gewesen, daß bei richtiger Dimensionierung der Stangenlängen und des Ausgleichskörpers mit diesem Mechanismus in jeder beliebigen Stellung in-

differentes Gleichgewicht erreicht werden kann, so hätte man durch Wahl von Sonderlagen viel einfacher mit den elementaren Hilfsmitteln der Statik zu den Gl. (5) und (8) gelangen können.

Man denke sich Teil 1 senkrecht, Teil 2 waagrecht gestellt und formuliere das Momentengleichgewicht um die Drehachse 0 (Bild 4.31-1), wobei wie zuvor Stangengewichtskräfte vernachlässigt werden können. Damit hat man sofort Gl. (5). Bei waagrecht stehendem Teil 1 und senkrechtem Teil 2 erhält man auf entsprechende Weise Gl. (8).

4.32 Für einen Gleichstrom-Betätigungsmagnet ist im Datenblatt des Herstellers die Magnetkraft F_M in Abhängigkeit vom Ankerweg s in einer Tabelle gegeben. Die Magnetkraft ist die durch elektromagnetische Feldwirkung bei stromdurchflossener Erregerspule in Achsrichtung auf den Anker ausgeübte Kraft. Der Ankerweg s wird von der Hubanfangslage aus gemessen.

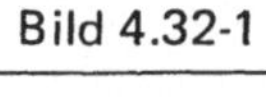

Anker-weg s/mm	0	2	3	4	5	6	8
Magnet-kraft F_M/N	6	7,7	9	10	11,2	12,6	38

Ankermasse m_A = 0,08 kg.

Der Magnet wird in senkrechter Einbaulage nach Bild 4.32-1 dazu verwendet, einen Körper mit dem Gewicht G = 2,2 N um 8 mm anzuheben. Zur Rückstellung des Ankers und des angehobenen Körpers dient neben den Gewichtskräften eine Druckfeder mit den Federkräften F_a = 1 N in der Hubanfangslage und F_e = 9 N in der Hubendlage.

Man ermittle a) die Arbeit W_M der Magnetkraft über dem Ankerhub; b) die potentielle Energie E_P des Systems in der Hubendlage bezogen auf die Hubanfangslage; c) die kinetische Energie E_k der bewegten Körper in der Hubendlage und d) die Aufschlaggeschwindigkeit v_e des Ankers in der Hubendlage. (A)

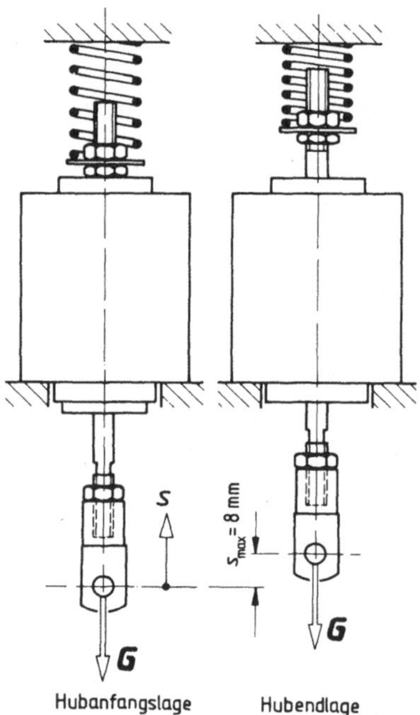

Lösung: a) Mit den Tabellenwerten zeichne man in einem Diagramm die Magnetkraftlinie $F_M(s)$ auf; Bild 4.32-2. Die von der Magnetkraft über dem Ankerhub verrichtete Arbeit ist

$$W_M = \int_{s_a}^{s_e} F_M(s)\, ds.$$

Die Funktion $F_M(s)$ ist hier nur als Kurve gegeben, die Integration also so nicht ausführbar. Da aber die Fläche unter der F, s-Linie ein Maß für die Arbeit der Kraft F_M ist, kann die Arbeit über diese Fläche errechnet werden.

Wenn allgemein definiert wird

$$\text{Maßstab} = \frac{\text{darstellende Größe}}{\text{Betrag der physikalischen Größe}},$$

so ist hier der Wegmaßstab

$$M_s = \frac{l_s}{s} = \frac{1\ \text{cm}}{0{,}1\ \text{cm}} = 10\ \frac{\text{cm}}{\text{cm}}$$

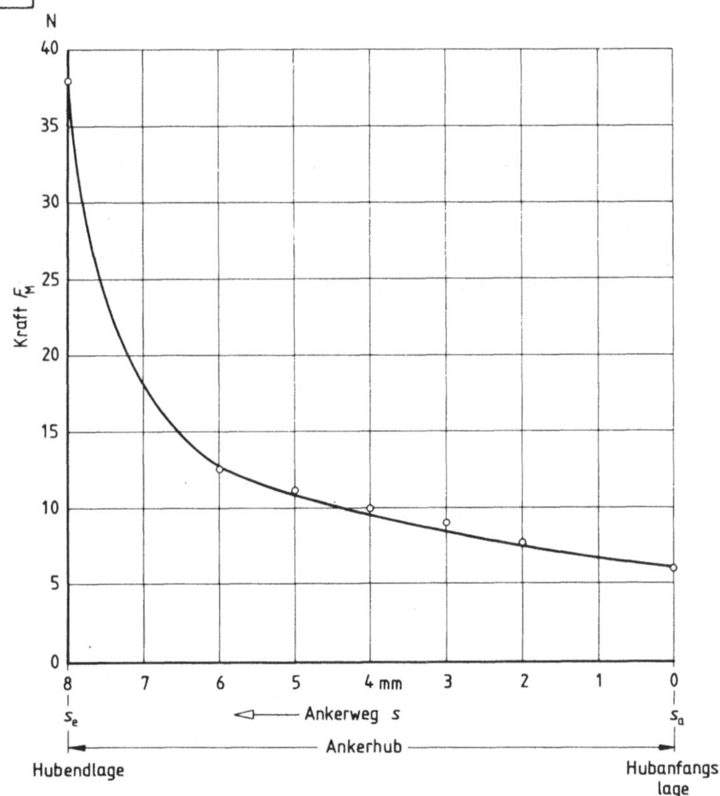

und der Kraftmaßstab

$$M_F = \frac{l_F}{F} = \frac{1\ \text{cm}}{5\ \text{N}} = 0{,}2\ \frac{\text{cm}}{\text{N}}\ .$$

Der Maßstab für die Arbeit wird daraus

$$M_W = M_F M_s = 2\ \frac{\text{cm}^2}{\text{N cm}} = \frac{1\ \text{cm}^2}{0{,}5\ \text{N cm}}\ .$$

Aus der maßstäblichen Aufzeichnung durch Auszählen auf Millimeterpapier oder durch Planimetrieren $A = 18{,}3\ \text{cm}^2$, die Arbeit der Magnetkraft also $W_M = A/M_W \approx 9{,}1\ \text{N cm}$.

b) Über den Ankerhub hat der Magnet gegen die Gewichtskräfte G_A des Ankers und G des angehängten Körpers die Hubarbeit

$$W_1 = (G_A + G)\, s_{max} \approx (0{,}8\ \text{N} + 2{,}2\ \text{N})\, 0{,}8\ \text{cm} = 2{,}4\ \text{N cm}$$

und gegen die (linear zunehmende) Federkraft die Federspannarbeit

$$W_2 = \frac{1}{2}(F_a + F_e)\, s_{max} = \frac{1}{2}(1\ \text{N} + 9\ \text{N})\, 0{,}8\ \text{cm} = 4\ \text{N cm}$$

verrichtet. Da Gewichtskraft und Federkraft konservative Kräfte sind, sind diese Arbeitsbeträge in der Hubendlage als potentielle Energie (bezogen auf die Anfangslage) im System enthalten: $E_p = 2{,}4\ \text{N cm} + 4\ \text{N cm} = 6{,}4\ \text{N cm}$.

c) Der nicht für Hub- und Spannarbeit verbrauchte Anteil der Magnetkraftarbeit dient zur Beschleunigung der angehobenen Massen und ist bei Erreichen der Endlage als kinetische Energie in diesen enthalten: $E_k = W_M - E_p = 9{,}1\ \text{N cm} - 6{,}4\ \text{N cm} = 2{,}7\ \text{N cm}$.

d) Bei Vernachlässigung der in den verformten Federwindungen enthaltenen kinetischen Energie ist mit der Ankermasse m_A und der Masse $m \approx 0{,}22\ \text{kg}$ des angehängten Körpers

$$E_k = \frac{1}{2}(m_A + m)\, v_e^2 = 2{,}7\ \text{N cm}$$

und damit die Aufschlaggeschwindigkeit des Ankers in der Hubendlage

$$v_e = \sqrt{\frac{2 E_k}{m_A + m}} = 42\ \text{cm/s},$$

entsprechend dem freien Fall eines Körpers aus etwa 9 mm Höhe.

4.33 Mit welchem der beiden skizzierten Zahnradgetriebe gleicher Gesamtübersetzung erreicht man rascher die vorgeschriebene Betriebsdrehzahl bei einem Antriebsmoment von konstantem Betrag M? In welchem Verhältnis stehen die Anlaufzeiten zueinander? (Bild 4.33-1)
Zur Berechnung der Zahnrad-Massenträgheitsmomente können Vollzylinder mit den Radien der jeweiligen Teilkreise zugrundegelegt werden. Reibung und Wellenträgheit vernachlässigbar. Getriebe I : $r_2 = 4 r_1$; Getriebe II : $r_2 = 2 r_1$; $r_3 = r_1$; $r_4 = 2 r_1$. (S)

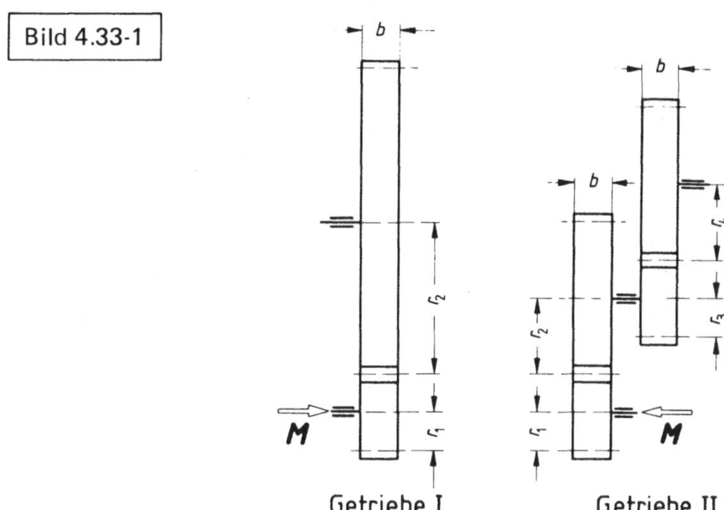

Lösung: Zum Vergleich beider Bauformen bildet man zunächst das auf die Antriebswelle bezogene reduzierte Massenträgheitsmoment J_{red}, derart, daß das reduzierte Ersatzsystem die gleiche Rotationsenergie hat wie das wirkliche Getriebe.

Somit

$$\frac{1}{2} J_{red}\, \omega_1^2 = \frac{1}{2} J_1\, \omega_1^2 + \frac{1}{2} J_2\, \omega_2^2 + \frac{1}{2} J_3\, \omega_3^2 + \ldots + \frac{1}{2} J_n\, \omega_n^2.$$

Hieraus

$$J_{red} = J_1 + J_2 \left(\frac{\omega_2}{\omega_1}\right)^2 + J_3 \left(\frac{\omega_3}{\omega_1}\right)^2 + \ldots + J_n \left(\frac{\omega_n}{\omega_1}\right)^2. \tag{1}$$

Die Quotienten der Beträge der Winkelgeschwindigkeiten können auch durch die entsprechenden Drehzahlverhältnisse ersetzt werden. Im Nenner steht immer die Winkelgeschwindigkeit bzw. die Drehzahl der Bezugswelle!
Mit dem reduzierten Massenträgheitsmoment lautet das Grundgesetz für Drehung im vorliegenden Falle

$$M = J_{red}\, \alpha.$$

Weil $M = konst.$ und J_{red} in beiden zu vergleichenden Getrieben jeweils einen festen Wert hat, ist auch $\alpha = konst.$; und weil zur Zeit $t = 0$ auch $\omega = 0$, folgt

$$\alpha = \frac{\omega}{t}.$$

Damit

$$M = J_{red\,I}\, \frac{\omega_1}{t_I} = J_{red\,II}\, \frac{\omega_1}{t_{II}}.$$

Hieraus

$$\frac{t_\mathrm{I}}{t_\mathrm{II}} = \frac{J_\mathrm{red\,I}}{J_\mathrm{red\,II}} \,. \tag{2}$$

Das Massenträgheïtsmoment eines Kreiszylinders bezüglich der Zylinderachse ist bekanntlich

$$J = \frac{1}{2}\,\pi\,\rho\,b\,r^4 = k\,r^4, \tag{3}$$

wobei die Konstanten zur bequemeren Schreibweise durch k zusammengefaßt sind.

Dann ist nach Gl. (1) und (3) mit $\omega_2/\omega_1 = r_1/r_2 = 1/4$ für Getriebe I

$$J_\mathrm{red\,I} = k\,r_1^4 + k\,(4\,r_1)^4 \left(\frac{1}{4}\right)^2$$

$$= k\,r_1^4 + k \cdot 16\,r_1^4 = k \cdot 17\,r_1^4.$$

Sinngemäß erhält man für Getriebe II

$$J_\mathrm{red\,II} = k\,r_1^4 + k\,[(2\,r_1)^4 + r_1^4]\left(\frac{1}{2}\right)^2 + k\,(2\,r_1)^4\left(\frac{1}{4}\right)^2$$

$$= k\left(r_1^4 + \frac{17}{4}\,r_1^4 + r_1^4\right) = k\,\frac{25}{4}\,r_1^4.$$

Daraus ergibt sich das gesuchte Verhältnis der Anlaufzeiten gemäß Gl. (2)

$$\frac{t_\mathrm{I}}{t_\mathrm{II}} = \frac{J_\mathrm{red\,I}}{J_\mathrm{red\,II}} = \frac{17 \cdot 4}{25} \approx \frac{2,7}{1} \,,$$

d.h. mit dem zweistufigen Getriebe II (Bild 4.33-1) erreicht man unter den gegebenen Bedingungen rascher die Betriebsdrehzahl!

4.34 Der Einphasenmotor nach Bild 4.34-1 treibt über das auf der Läuferwelle 1 sitzende Reibrad 2 und das Zwischenrad 3 das große Reibrad 4 mit der Welle 5 an. Gegeben: Massenträgheitsmoment des Motorläufers mit Welle $J_1 = 234$ g cm^2; Werkstoff der Reibräder: Al Cu Mg 1 mit $\rho = 2,7$ g/cm^3. Welle 5 aus Stahl mit $\rho = 7,85$ g/cm^3.

Gesucht: a) Massenträgheitsmoment J_I des Motorläufers mit Reibrad 2; b) Massenträgheitsmoment J_II des Zwischenrades 3; c) Massenträgheitsmoment J_III des Reibrades 4 mit eingepreßter Welle 5; d) das auf die Motorachse bezogene („reduzierte") Massenträgheitsmoment J_red aller rotierenden Getriebeteile. (A)

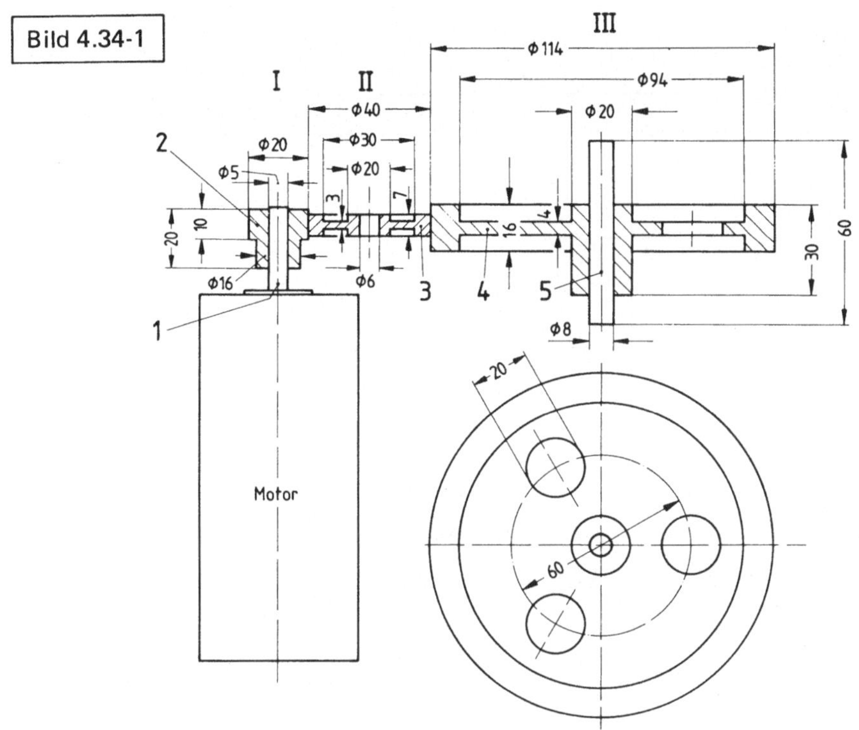

Lösung: Nach den Technischen Handbüchern ist das Massenträgheitsmoment für einen geraden kreisförmigen Hohlzylinder bezogen auf die Zylinderachse

$$J = \frac{1}{8} m \, (D^2 + d^2),$$

worin m die Zylindermasse, D der Außen- und d der Innendurchmesser sind.
Für die Zahlenrechnungen ist die Tabellenform zweckmäßig.

a) Bild 4.34-2　　　　　　b) Bild 4.34-3　　　　　　c) Bild 4.34-4

Bild 4.34-2

Teilkörper	Masse m/g	Massenträgheitsmoment J/gcm^2
φ20, φ5, 10	$\frac{\pi}{4} \cdot (2^2 - 0{,}5^2) \cdot 1 \cdot 2{,}7 = 8$	$\frac{1}{8} \cdot 8 \cdot (2^2 + 0{,}5^2) \quad\quad = \quad 4{,}3$
φ16, φ5, 10	$\frac{\pi}{4} \cdot (1{,}6^2 - 0{,}5^2) \cdot 1 \cdot 2{,}7 = 4{,}9$	$\frac{1}{8} \cdot 4{,}9 \cdot (1{,}6^2 + 0{,}5^2) \quad = \quad 1{,}7$
Motorläufer		$= \quad 234$

$$J_\text{I} = 240 \text{ gcm}^2$$

Bild 4.34-3

Teilkörper	Masse m/g	Massenträgheitsmoment J/gcm^2
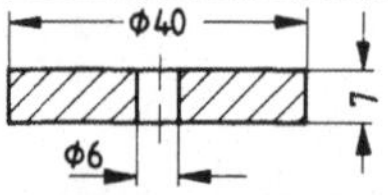 $\phi 40$; $\phi 6$; 7	$\frac{\pi}{4}\cdot(4^2-0{,}6^2)\cdot 0{,}7\cdot 2{,}7 = 23{,}2$	$\frac{1}{8}\cdot 23{,}2\cdot(4^2+0{,}6^2) \qquad = 47{,}4$
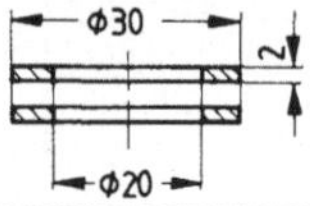 $\phi 30$; $\phi 20$; 2	$2\cdot\frac{\pi}{4}\cdot(3^2-2^2)\cdot 0{,}2\cdot 2{,}7 = 4{,}2$	$\frac{1}{8}\cdot 4{,}2\cdot(3^2+2^2) \qquad = 6{,}8$

$$J_{\mathrm{II}} = 40{,}6\ \text{gcm}^2$$

Bild 4.34-4

Teilkörper	Masse m/g	Massenträgheitsmoment J/gcm^2
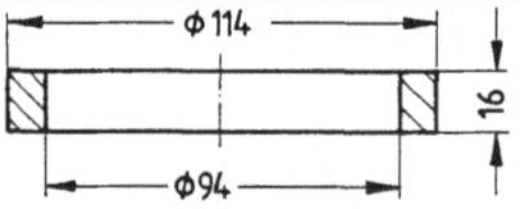 $\phi 114$; $\phi 94$; 16	$\frac{\pi}{4}\cdot(11{,}4^2-9{,}4^2)\cdot 1{,}6\cdot 2{,}7 = 141{,}1$	$\frac{1}{8}\cdot 141{,}1\cdot(11{,}4^2+9{,}4^2) \quad = 3850{,}6$
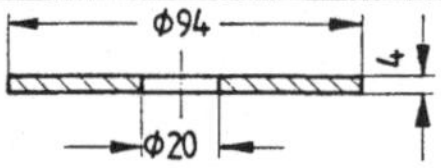 $\phi 94$; $\phi 20$; 4	$\frac{\pi}{4}\cdot(9{,}4^2-2^2)\cdot 0{,}4\cdot 2{,}7 = 71{,}6$	$\frac{1}{8}\cdot 71{,}6\cdot(9{,}4^2+2^2) \qquad = 826{,}6$
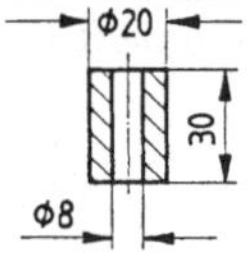 $\phi 20$; $\phi 8$; 30	$\frac{\pi}{4}\cdot(2^2-0{,}8^2)\cdot 3\cdot 2{,}7 = 21{,}4$	$\frac{1}{8}\cdot 21{,}4\cdot(2^2+0{,}8^2) \qquad = 12{,}4$
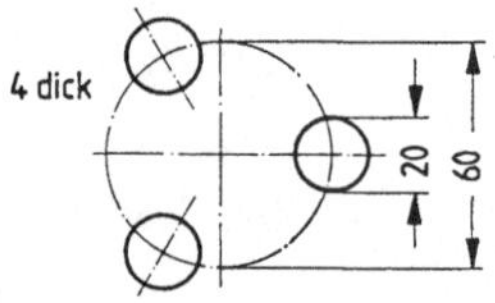 4 dick; 20; 60	$3\cdot\frac{\pi}{4}\cdot 2^2\cdot 0{,}4\cdot 2{,}7 = 10{,}2$	$\frac{1}{8}\cdot 10{,}2\cdot 2^2 + 10{,}2\cdot 3^2 \quad = 96{,}9$
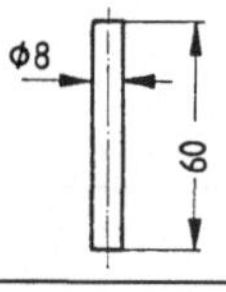 $\phi 8$; 60	$\frac{\pi}{4}\cdot 0{,}8^2\cdot 6\cdot 7{,}85 = 23{,}7$	$\frac{1}{8}\cdot 23{,}7\cdot 0{,}8^2 \qquad = 1{,}9$

$$J_{\mathrm{III}} = 4594{,}6\ \text{gcm}^2$$

d) Das gesamte Triebwerk hat die Trägheitswirkung wie ein auf der Motorwelle mitrotierender Körper mit dem Massenträgheitsmoment

$$J_{\text{red}} = J_{\mathrm{I}} + \left(\frac{D_2}{D_3}\right)^2 J_{\mathrm{II}} + \left(\frac{D_2}{D_4}\right)^2 J_{\mathrm{III}} = 392\ \text{g cm}^2.$$

4.35 Für den Einphasenmotor des Beispiels 4.34 ist die Drehmoment-Drehzahl-Kennlinie gegeben. An der Welle III des nachgeschalteten Reibradgetriebes wirke das drehzahlunabhängige Lastmoment M_L = 12,5 N cm. Unter der Annahme, daß alle Reibungswiderstände vernachlässigt werden können, ermittle man a) die sich einstellende Betriebsdrehzahl n_B des Motors, b) die maximale Winkelbeschleunigung $\alpha_{I\,max}$ der Motorwelle I und c) die Anlaufzeit t_a für den Anlauf aus dem Stillstand. Die Anpreßkraft der Reibräder muß so gewählt werden, daß sie während des Anlaufs nicht rutschen. Deshalb muß die größte durch die Reibräder zu übertragende Umfangskraft bekannt sein. d) An welcher Reibpaarung muß die größte Umfangskraft übertragen werden? Begründung! e) Wie groß ist die während des Anlaufvorgangs erforderliche größte Umfangskraft $F_{u\,max}$ an der betreffenden Reibpaarung? (A)

Lösung: a) Für den stationären Betriebszustand nach Erreichen der Betriebsdrehzahl gilt $M_{III}/D_4 = M_I/D_2$. Mit dem gegebenen Lastmoment $M_{III} \equiv M_L$ daraus das Lastmoment an der Motorwelle I

$$M_I = \frac{D_2}{D_4} M_L = 2,2 \text{ N cm.}$$

Der stationäre Zustand ist dann erreicht, wenn $M_I = M$; der entsprechende Betriebspunkt also im Schnittpunkt der M_I- und der $M(n)$-Linie in Bild 4.35-1 bei $n_B \approx 1\,450 \text{ min}^{-1}$.

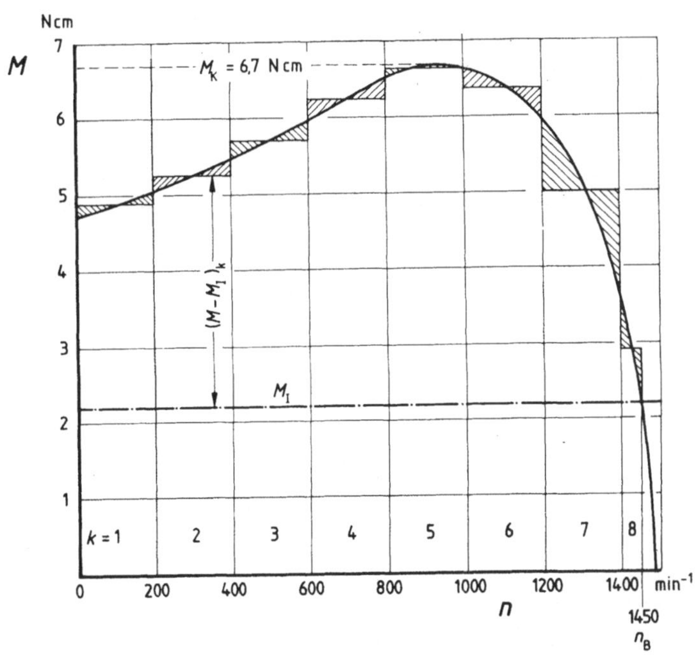

Bild 4.35-1

b) Beim Anlaufvorgang gilt für die Motorwelle I die Bewegungsgleichung $M - M_I = J_{red}\,\alpha_I$ mit dem auf die Motorwelle bezogenen („reduzierten") Massenträgheitsmoment $J_{red} = 0{,}392\ \text{kg cm}^2$ des gesamten Triebwerks nach Beispiel 4.34. Daraus mit dem Maximalwert des Motormoments („Kippmoment") $M_K = 6{,}7\ \text{N cm}$ die größte Winkelbeschleunigung der Motorwelle

$$\alpha_{I\,max} = \frac{M_K - M_I}{J_{red}} = 1\,148\ \text{s}^{-2}.$$

c) Ausgehend von der Bewegungsgleichung

$$M - M_I = J_{red}\,\alpha_I = J_{red}\,\frac{d\omega_I}{dt}$$

für die Drehung der mit dem Ersatz-Massenträgheitsmoment J_{red} besetzten Motorwelle durch Umschreiben die Beziehung

$$dt = \frac{J_{red}}{M - M_I}\,d\omega_I$$

für das Zeitintervall dt, während dessen Ablauf die Winkelgeschwindigkeit ω_I die Änderung $d\omega_I$ erfährt und daraus die gesamte Anlaufzeit

$$t_a = \int_0^{\omega_B} \frac{J_{red}}{M - M_I}\,d\omega_I.$$

Das Integral kann nur näherungsweise berechnet werden, da die Funktion $M(\omega_I)$ für das Motormoment hier nur als Kurve vorliegt:

$$t_a = \sum_k \Delta t_k = \sum_k \frac{J_{red}}{(M - M_I)_k}\,\Delta\omega_k.$$

Aufteilung des Drehzahlbereiches $0 \leq n_I \leq n_B$ nach Bild 4.35-1 und Auswertung in nachstehender Tabelle.

k	Drehzahlbereich min^{-1}	$\Delta\omega_k$ s^{-1}	$(M - M_I)_k$ N cm	$\Delta t_k = \dfrac{J_{red}}{(M - M_I)_k}\,\Delta\omega_k$ s
1	0– 200	20,94	2,70	0,030
2	200– 400	20,94	3,05	0,027
3	400– 600	20,94	3,50	0,023
4	600– 800	20,94	4,05	0,020
5	800–1000	20,94	4,44	0,018
6	1000–1200	20,94	4,15	0,020
7	1200–1400	20,94	2,80	0,029
8	1400–1450	5,24	0,70	0,029

$$t_a = \Sigma\,\Delta t_k = \quad 0{,}18\ \text{s}$$

d) Beide Reibpaarungen sind durch das Lastmoment $M_L = M_{III}$ mit der gleichen Umfangskraft belastet. Die Belastung durch die Trägheitswirkungen beim Anlauf ist aber bei der Paarung 2|3 größer, da außer den Massen auf Welle III auch noch Rad 3 beschleunigt werden muß. Größte Umfangskraft F_{umax} also an der Berührungsstelle der Räder 2 und 3.

e) Die an der Berührungsstelle der Räder 2 und 3 zu übertragende Umfangskraft setzt sich aus drei Anteilen zusammen: dem Anteil F_u' infolge des Lastmoments an der Welle III, dem Anteil F_u'' infolge der Beschleunigung des Rades 3 und dem Anteil F_u''' infolge der Beschleunigung des Rades 4 mit der Welle 5.

Es sind $F_u' = \dfrac{2 M_L}{D_4} = 2,19\ \text{N}$,

$$F_u'' = \frac{2 J_{II}\, \alpha_{II\,max}}{D_3} = \frac{2 J_{II}}{D_3}\frac{D_2}{D_3}\, \alpha_{I\,max} = 0,12\ \text{N},$$

$$F_u''' = \frac{2 J_{III}\, \alpha_{III\,max}}{D_4} = \frac{2 J_{III}}{D_4}\frac{D_2}{D_4}\, \alpha_{I\,max} = 1,62\ \text{N}.$$

Damit wird $F_{umax} = F_u' + F_u'' + F_u''' \approx 4\ \text{N}$.

4.36 Der Schlitten in Bild 4.36-1 wird zur Positionierung über ein Stirnradgetriebe und eine Kugelumlaufspindel von einem Schrittmotor angetrieben.

Gegeben: Schlittenmasse $m = 10\ \text{kg}$;
Gewindesteigung der Spindel $h = 2\ \text{mm}$;
Spindeldurchmesser $d = 12\ \text{mm}$;
Massenträgheitsmomente:
für den Rotor des Schrittmotors $J_M = 50\ \text{g cm}^2$,
für die Getriebewelle I mit Stirnrad 1
$J_I = 14\ \text{g cm}^2$,
für die Getriebewelle II mit Stirnrad 2
$J_{II} = 200\ \text{g cm}^2$,
für die Kugelumlaufspindel $J_S = 60\ \text{g cm}^2$;
Zähnezahlen der Stirnräder: $z_1 = 20$, $z_2 = 40$.

Man berechne das auf die Motorachse bezogene („reduzierte") Massenträgheitsmoment J_{red} für diese Getriebeanordnung. (A)

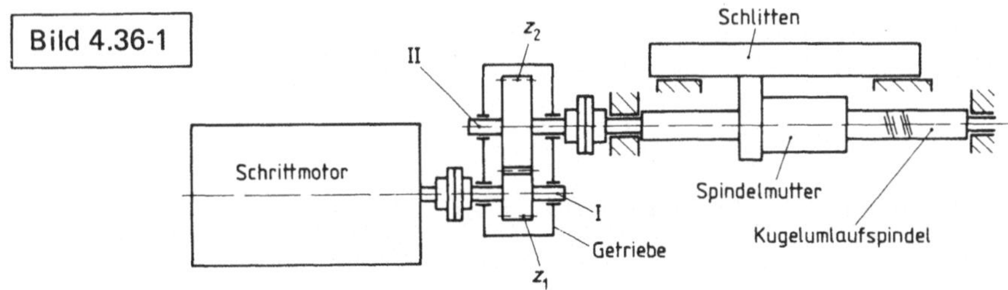

Lösung: Erfährt die Kugelumlaufspindel eine Winkelbeschleunigung α_{II}, so ist deren Tangentialbeschleunigung am Spindelumfang $a_t = \frac{d}{2}\alpha_{II}$ und die Schlittenbeschleunigung

$$a = a_t \tan\beta = \frac{d}{2}\alpha_{II}\,\frac{h}{d\,\pi} = \frac{h}{2\,\pi}\,\alpha_{II}; \quad \text{Bild 4.36-2.} \tag{1}$$

$$\left(\beta = \arctan\frac{h}{d\,\pi} : \text{Steigungswinkel des Spindelgewindes.} \right)$$

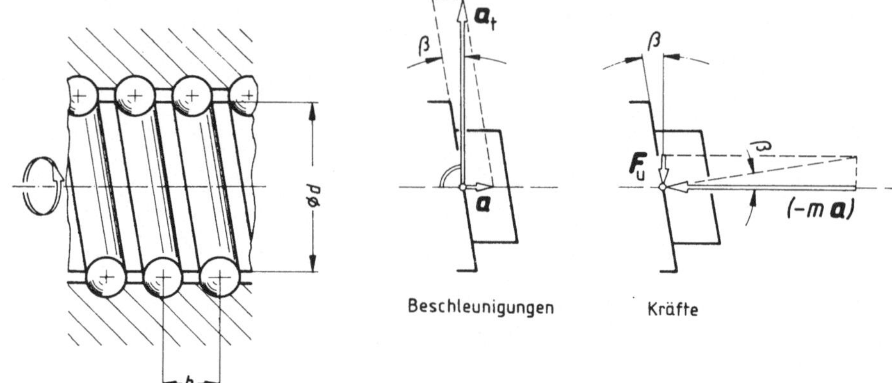

Die Umfangskraft an der Spindel infolge der Trägheit des beschleunigten Schlittens wird
$F_u = m\,a \tan\beta = m\,a\,\frac{h}{d\,\pi}$ und das entsprechende Spindelmoment

$$M = F_u\,\frac{d}{2} = m\,a\,\frac{h}{2\,\pi} \quad \text{oder mit } a \text{ aus Gl. (1)}$$

$$M = \left(\frac{h}{2\,\pi}\right)^2 m\,\alpha_{II}, \tag{2}$$

d.h. der durch die Gewindespindel bewegte Schlitten bewirkt an der Spindel denselben Trägheitswiderstand wie ein auf der Spindel sitzender Körper mit dem Massenträgheitsmoment

$$J_m = \left(\frac{h}{2\,\pi}\right)^2 m. \tag{3}$$

Zusammen mit dem Massenträgheitsmoment der Spindel selbst und dem der Getriebewelle II ist das gesamte wirksame Massenträgheitsmoment der Getriebeausgangsseite

$$J'_{II} = J_{II} + J_S + J_m = J_{II} + J_S + \left(\frac{h}{2\,\pi}\right)^2 m. \tag{4}$$

Zur weiteren Rechnung betrachte man Bild 4.36-3.

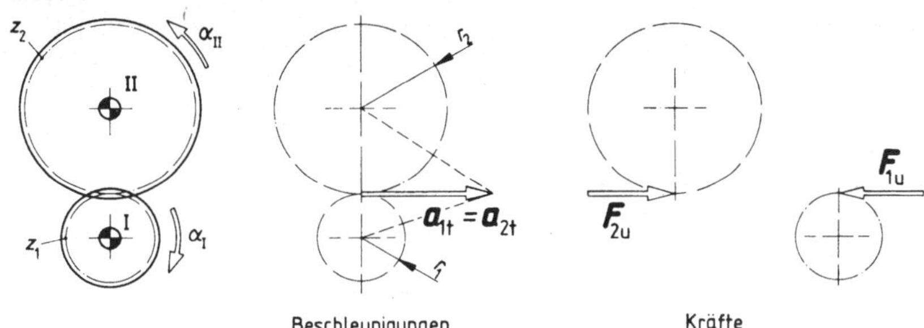

Bei gleichen Tangentialbeschleunigungen der Wälzkreise beider Räder $a_{1t} = a_{2t}$ oder $r_1\,\alpha_I = r_2\,\alpha_{II}$ wird

$$\alpha_{II} = \frac{r_1}{r_2}\,\alpha_I = \frac{z_1}{z_2}\,\alpha_I. \tag{5}$$

Für die Beschleunigung der Welle II ist erforderlich das Moment $M_{II} = J'_{II}\,\alpha_{II} = F_{2u}\,r_2$ und mit $F_{1u} = F_{2u}$ das Moment an der Welle I

$$M_I = F_{2u}\,r_1 = J'_{II}\,\frac{r_1}{r_2}\,\alpha_{II} = J'_{II}\,\frac{z_1}{z_2}\,\alpha_{II}. \tag{6}$$

Mit Gl. (5) wird

$$M_I = J'_{II}\left(\frac{z_1}{z_2}\right)^2 \alpha_I; \tag{7}$$

d.h. der auf die Welle I infolge der Beschleunigung der Getriebeausgangsseite wirkende Trägheitswiderstand ist genau so groß wie der eines mit Welle I verbundenen Körpers mit dem Massenträgheitsmoment

$$J'_I = J'_{II}\left(\frac{z_1}{z_2}\right)^2. \tag{8}$$

Zusammen mit dem Massenträgheitsmoment des Rotors selbst und mit dem der Getriebewelle I wird also das gesamte auf die Motorachse bezogene Massenträgheitsmoment

$$J_{red} = J_M + J_I + J'_I$$

bzw. mit Gl. (8) und (4)

$$J_{red} = J_M + J_I + \left[\, J_{II} + J_S + \left(\frac{h}{2\pi}\right)^2 m \,\right]\left(\frac{z_1}{z_2}\right)^2$$

$$= 131{,}5 \text{ g cm}^2.$$

Bemerkung: Die ausführbare Schrittfrequenz eines Schrittmotors hängt ganz wesentlich von dessen Belastung durch die zu beschleunigenden Massen ab. Das Massenträgheitsmoment einer vorgesehenen Gesamtanordnung muß deshalb ermittelt werden, um einen Motor nach den Datenblättern der Herstellerfirmen auswählen zu können.

4.37 Beim Anlauf einer Film-Aufnahmekamera wird das erste Bild länger belichtet. Wie groß ist die Belichtungsdauer des ersten und letzten Bildelementes dieses Bildes, und wie groß ist der Sollwert, wenn das skizzierte Getriebe verwendet wird? (Bild 4.37-1).

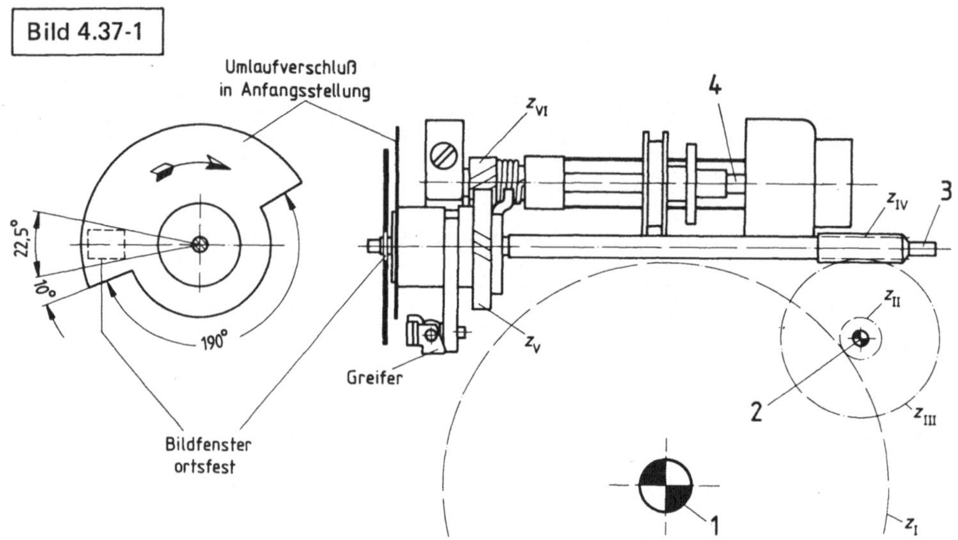

Eingestellte Bildfrequenz: 24 Hz.

Wie lange dauert es, bis der Drehzahlregler wirksam wird, wenn dessen Grenzdrehzahl (bei Bremsbeginn) $n_{4G} = 3928$ min^{-1} beträgt?

Die spiralförmige Antriebsfeder sei etwa halb aufgezogen; das von der Feder an das Federhaus übertragene Drehmoment darf in dem betrachteten, kurzen Zeitintervall als konstant angesehen werden. Bei diesem Aufzugsgrad und gleichförmiger Drehung wurde am Federhaus ein Nutzmoment vom Betrage $M = 50$ N cm ermittelt.

Trägheitsmomente: $J_1 = 0,9$ kg cm^2; $J_2 = 2,3 \cdot 10^{-3}$ kg cm^2; $J_3 = 2,4 \cdot 10^{-3}$ kg cm^2; $J_4 \approx konst. = 2,3 \cdot 10^{-3}$ kg cm^2.

Wirkungsgrade der einzelnen Getriebestufen: $\eta_{12} = 0,9$; $\eta_{23} = 0,75$; $\eta_{34} = 0,8$.

Zähnezahlen: $z_I = 147$; $z_{II} = 13$; $z_{III} = 35$; $z_{IV} = 6$; $z_V = 37$; $z_{VI} = 13$.

Vom Bewegungswiderstand des während der Belichtung leer laufenden Greifers und vom Luftwiderstand kann abgesehen werden. (S)

Lösung: Das beim Entspannen der Antriebsfeder frei werdende Antriebsmoment vom Betrage M dient zum Beschleunigen der Drehmassen und zur Überwindung der Lager- und Zahnflankenreibung — vom Luftwiderstand abgesehen —; diese Reibungswiderstände werden durch die näherungsweise als konstant angesehenen Getriebewirkungsgrade erfaßt.

Bedeutet i das Übersetzungsverhältnis, so gilt nach dem Grundgesetz für Drehung

$$M = J_1 \alpha_1 + \frac{J_2 \alpha_2}{i_{12}\, \eta_{12}} + \frac{J_3 \alpha_3}{i_{12}\, i_{23}\, \eta_{12}\, \eta_{23}} + \frac{J_4 \alpha_4}{i_{12}\, i_{23}\, i_{34}\, \eta_{12}\, \eta_{23}\, \eta_{34}} . \tag{1}$$

214

Nun ist

$$\alpha_2 = \frac{\alpha_1}{i_{12}} \; ; \quad \alpha_3 = \frac{\alpha_2}{i_{23}} = \frac{\alpha_1}{i_{12}\,i_{23}} \qquad \text{u.s.w.,} \tag{2}$$

somit

$$M = \left[J_1 + \frac{J_2}{i_{12}^2\,\eta_{12}} + \frac{J_3}{i_{12}^2\,i_{23}^2\,\eta_{12}\,\eta_{23}} + \frac{J_4}{i_{12}^2\,i_{23}^2\,i_{34}^2\,\eta_{12}\,\eta_{23}\,\eta_{34}} \right] \alpha_1 \, . \tag{3}$$

Weil das Antriebsmoment in dem betrachteten, kurzen Zeitintervall als konstant gelten darf und vorstehender Klammerausdruck ebenfalls genau genug konstant ist, entsteht eine gleichmäßig beschleunigte Drehung, wofür bekanntlich $\varphi_1 = \frac{\alpha_1}{2}\,t^2$ gilt, wenn zur Zeit $t = 0$ auch $\varphi_1 = 0$ ist. Aus Gl. (3) folgt damit

$$\varphi_1 = \frac{M}{2\left[J_1 + \dfrac{J_2}{i_{12}^2\,\eta_{12}} + \dfrac{J_3}{i_{12}^2\,i_{23}^2\,\eta_{12}\,\eta_{23}} + \dfrac{J_4}{i_{12}^2\,i_{23}^2\,i_{34}^2\,\eta_{12}\,\eta_{23}\,\eta_{34}} \right]}\,t^2 , \tag{4}$$

worin für

$$\left(\frac{1}{i_{12}}\right)^2 = \left(\frac{z_{\mathrm{I}}}{z_{\mathrm{II}}}\right)^2 \; ; \quad \left(\frac{1}{i_{12}\,i_{23}}\right)^2 = \left(\frac{z_{\mathrm{I}}\,z_{\mathrm{III}}}{z_{\mathrm{II}}\,z_{\mathrm{IV}}}\right)^2 \; ; \quad \left(\frac{1}{i_{12}\,i_{23}\,i_{34}}\right)^2 = \left(\frac{z_{\mathrm{I}}\,z_{\mathrm{III}}\,z_{\mathrm{V}}}{z_{\mathrm{II}}\,z_{\mathrm{IV}}\,z_{\mathrm{VI}}}\right)^2$$

zu setzen ist.

Zu dem eigentlich interessierenden Drehwinkel φ_3 des Umlaufverschlusses gelangt man mit Hilfe der Übersetzungsverhältnisse

$$\varphi_3 = \frac{z_{\mathrm{I}}\,z_{\mathrm{III}}}{z_{\mathrm{II}}\,z_{\mathrm{IV}}}\,\varphi_1 . \tag{5}$$

Faßt man alle konstanten Größen zusammen, so läßt sich schreiben

$$\varphi_3 = k\,t^2 \qquad 0 \leqslant t \leqslant t_{\mathrm{G}} , \tag{6}$$

worin $k = 988{,}546 \text{ s}^{-2} = 988{,}546 \text{ s}^{-2}\,\dfrac{360°}{2\pi}\left(\dfrac{1\,\text{s}}{1\,000\,\text{ms}}\right)^2 = 0{,}056° \text{ (ms)}^{-2}$ ist. Wegen der eingangs erwähnten Vernachlässigungen ist es sinnvoll, die weiteren, rechnerisch ermittelten Ziffern nicht durch Aufrunden zu berücksichtigen. Bild 4.37-2 zeigt den Graphen der Funktionsgleichung (6).

Die Belichtungsdauer für das erste Bildelement errechnet man aus Gl. (6), wenn $t_{\mathrm{A}1}$ die Zeit zu Beginn der Belichtung und $t_{\mathrm{E}1}$ die Zeit am Ende der Belichtung bedeutet:

$$\Delta t_1 = t_{\mathrm{E}1} - t_{\mathrm{A}1} = \sqrt{\frac{200°}{0{,}056°}}\,\text{(ms)}^2 - \sqrt{\frac{10°}{0{,}056°}}\,\text{(ms)}^2 = 46{,}4 \text{ ms}$$

und entsprechend für das letzte Bildelement

$$\Delta t_2 = t_{\mathrm{E}2} - t_{\mathrm{A}2} = \sqrt{\frac{222{,}5°}{0{,}056°}}\,\text{(ms)}^2 - \sqrt{\frac{32{,}5°}{0{,}056°}}\,\text{(ms)}^2 = 38{,}9 \text{ ms,}$$

während die erwünschte Belichtungsdauer

$$t^* = \frac{1}{24\,\text{Hz}}\,\frac{190^\circ}{360^\circ} = 22\,\text{ms}$$

sein sollte. Das erste Bild wird im Mittel
fast doppelt so lang belichtet.
Zur Bestimmung der Gültigkeitsgrenze von
Gl. (6) ermittelt man zunächst daraus
durch Differentiation

$$\omega_3 = \frac{d\varphi_3}{dt} = 2\,k\,t,$$

damit

$$n_3 = \frac{\omega_3}{2\pi} = \frac{k}{\pi}\,t. \tag{7}$$

Ferner ist die Grenzdrehzahl

$$n_{3G} = n_{4G}\,\frac{z_{VI}}{z_V} = 23\,\text{s}^{-1},$$

mit Gl. (7)

$$t_G = \frac{\pi}{k}\,n_{3G} = 73{,}1\,\text{ms} > t_{E2}.$$

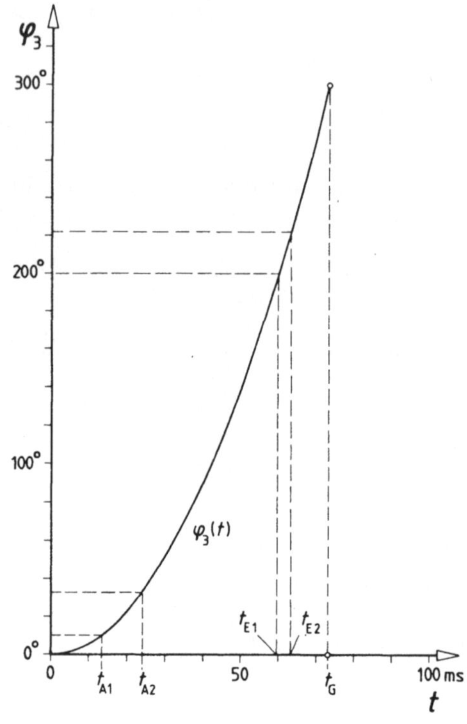

Demnach liegen die aus Gl. (6) berechneten Belichtungszeiten innerhalb des Gültigkeits-
bereiches der Funktion $\varphi_3(t)$.

4.38 In den Beispielen 4.25 und 4.26 wurde für die Untersuchung des Kupplungsvorgangs einer Reibkupplung angenommen, daß die Motordrehzahl konstant ist. In diesem Beispiel soll für einen in der Feinwerktechnik häufig verwendeten Motortyp das tatsächliche Drehzahlverhalten mit den übrigen Daten des Beispiels 4.25 untersucht werden. (Bild 4.25-1).

Motor: Einphasen-Kondensatormotor, Leerlaufdrehzahl n_{MO} = 1480 min^{-1}, Massenträgheitsmoment des Motorläufers einschließlich Kupplungsanteil J_M = 600 g cm^2, Belastungskennlinie nach Bild 4.38-1. Triebwerk: Massenträgheitsmoment bezogen auf Antriebswelle (einschließlich Kupplungsanteil) J_T = 1,2 kg cm^2, Lastmoment bezogen auf Antriebswelle M_L = 4 N cm = *konst*. Kupplung: schaltbares Kupplungsmoment M_R = 10 N cm.

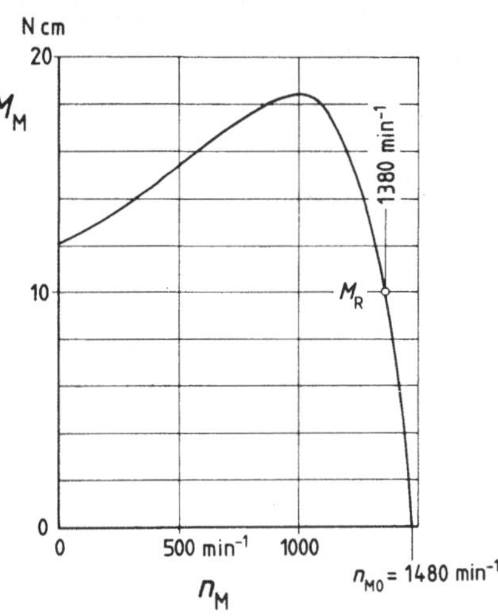

Bei geöffneter Kupplung rotiere die Motorwelle mit der Leerlaufdrehzahl, das Triebwerk sei in Ruhe. Zum Zeitpunkt t_1 = 0 wird die Kupplung geschlossen, das Kupplungsmoment soll sofort in voller Größe wirken. Man berechne die Zeitdauer t_2 für den Kupplungsvorgang und die Drehzahlverläufe $n_M(t)$, $n_T(t)$ für Motor und Triebwerk. (A)

Lösung: Nach Einschalten der Kupplung wird die Triebwerksdrehzahl von Null ansteigen, die Motordrehzahl dagegen etwas abfallen infolge der Belastung mit dem Kupplungsmoment M_R. Die Kupplung rutscht solange, bis zur Zeit t_2 beide Wellen gleiche Drehzahlen haben. Dann ist aber der Motor nicht mehr mit dem Moment M_R, sondern nur noch mit M_L belastet. Für $t > t_2$ wird deshalb die gemeinsame Drehzahl von Motor und Triebwerk wieder ansteigen. Es sind also zwei verschiedene Betriebszustände zu untersuchen:

    1. für $t_1 < t < t_2$ und   2. für $t > t_2$.

1. Kupplungsvorgang; Freikörperbilder von Motorläufer und Triebwerk mit den wirkenden Momenten siehe Bild 4.38-2. Aus der Bedingung $\Sigma M = 0$ (einschließlich der Trägheitswirkungen) für jede der beiden Baugruppen die Bewegungsgleichungen

    a) für den Motorläufer $M_M - M_R - J_M \dot{\omega}_M = 0$,   (1)

    b) für das Triebwerk $M_R - M_L - J_T \dot{\omega}_T = 0$.   (2)

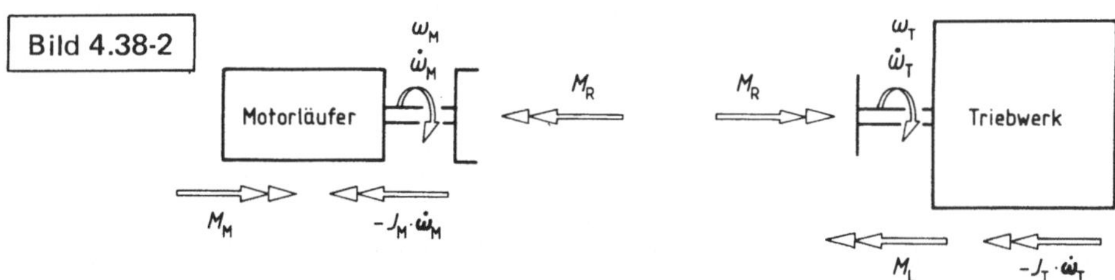

217

Da das Motormoment eine nur als Kurve gegebene Funktion der Winkelgeschwindigkeit ist, kann Gl. (1) nicht ohne weiteres integriert werden. Zu diesem Zweck wird die im Arbeitsbereich schwach gekrümmte Belastungskennlinie für $0 \leq M_\mathrm{M} \leq M_\mathrm{R}$ näherungsweise durch eine Gerade ersetzt:

$$M_\mathrm{M}\,(\omega_\mathrm{M}) = k\,(\omega_\mathrm{MO} - \omega_\mathrm{M}), \tag{3}$$

mit k: Geradensteigung, $\omega_\mathrm{MO} = 2\,\pi\,n_\mathrm{MO}$: Leerlaufwinkelgeschwindigkeit, $\omega_\mathrm{M} = 2\,\pi\,n_\mathrm{M}$: variable Winkelgeschwindigkeit. Der Faktor k wird mit $n_\mathrm{M} = 1380\ \mathrm{min}^{-1}$ für $M_\mathrm{M} = M_\mathrm{R} = 10\ \mathrm{N\,cm}$

$$k = 0{,}955\ \mathrm{N\,cm\,s}. \tag{4}$$

Damit aus Gl. (1) die Bewegungsdifferentialgleichung für den Motorläufer
$$k\,(\omega_\mathrm{MO} - \omega_\mathrm{M}) - M_\mathrm{R} - J_\mathrm{M}\,\dot\omega_\mathrm{M} = 0 \quad \text{oder}$$

$$\dot\omega_\mathrm{M} + \frac{k}{J_\mathrm{M}}\,\omega_\mathrm{M} = \frac{k\,\omega_\mathrm{MO} - M_\mathrm{R}}{J_\mathrm{M}}. \tag{5}$$

Für diese lineare Differentialgleichung erster Ordnung vom Typ $y' + P(x)\,y = Q(x)$ erhält man das allgemeine Integral[3]

$$y = \mathrm{e}^{-\int P\,\mathrm{d}x}\left[\int Q\,\mathrm{e}^{\int P\,\mathrm{d}x}\,\mathrm{d}x + C\right];$$

auf die hier vorliegende Differentialgleichung angewendet

$$\omega_\mathrm{M} = \omega_\mathrm{MO} - \frac{M_\mathrm{R}}{k} + C\,\mathrm{e}^{-\frac{k}{J_\mathrm{M}}\,t}.$$

Mit der Integrationskonstanten $C = \dfrac{M_\mathrm{R}}{k}$ aus der Anfangsbedingung $\omega_\mathrm{M} = \omega_\mathrm{MO}$ für $t = 0$ wird die gesuchte Funktion

$$\omega_\mathrm{M} = \omega_\mathrm{MO} - \frac{M_\mathrm{R}}{k}\left[1 - \mathrm{e}^{-\frac{k}{J_\mathrm{M}}\,t}\right]. \tag{6}$$

Für das Triebwerk erhält man aus Gl. (2) durch Integration

$$\omega_\mathrm{T} = \frac{M_\mathrm{R} - M_\mathrm{L}}{J_\mathrm{T}}\,t. \tag{7}$$

Der Kupplungsvorgang ist beendet, wenn $\omega_\mathrm{M} = \omega_\mathrm{T}$. Eine explizite Beziehung für $t = t_2$ läßt sich aber durch Gleichsetzen von Gl. (6) mit Gl. (7) nicht gewinnen. Die Aufzeichnung der Graphen $n_\mathrm{M}\,(t)$, $n_\mathrm{T}\,(t)$ in Bild 4.38-3 zeigt aber, daß der Schnittpunkt beider Kurven praktisch bei dem Grenzwert von n_M liegt, dem sich die Motordrehzahl asymptotisch nähert, also der Lastdrehzahl des Motors für die Belastung mit dem Kupplungsmoment. Aus Gl. (6) für $t \to \infty$

$$\omega_2 = (\omega_\mathrm{M})_\mathrm{asympt.} = \omega_\mathrm{MO} - \frac{M_\mathrm{R}}{k} = 144{,}5\ \mathrm{s}^{-1},$$

$$n_2 = 1380\ \mathrm{min}^{-1}.$$

---

[3] Bronstein, I., Semendjajew, K.: Taschenbuch der Mathematik, Frankfurt 1962.

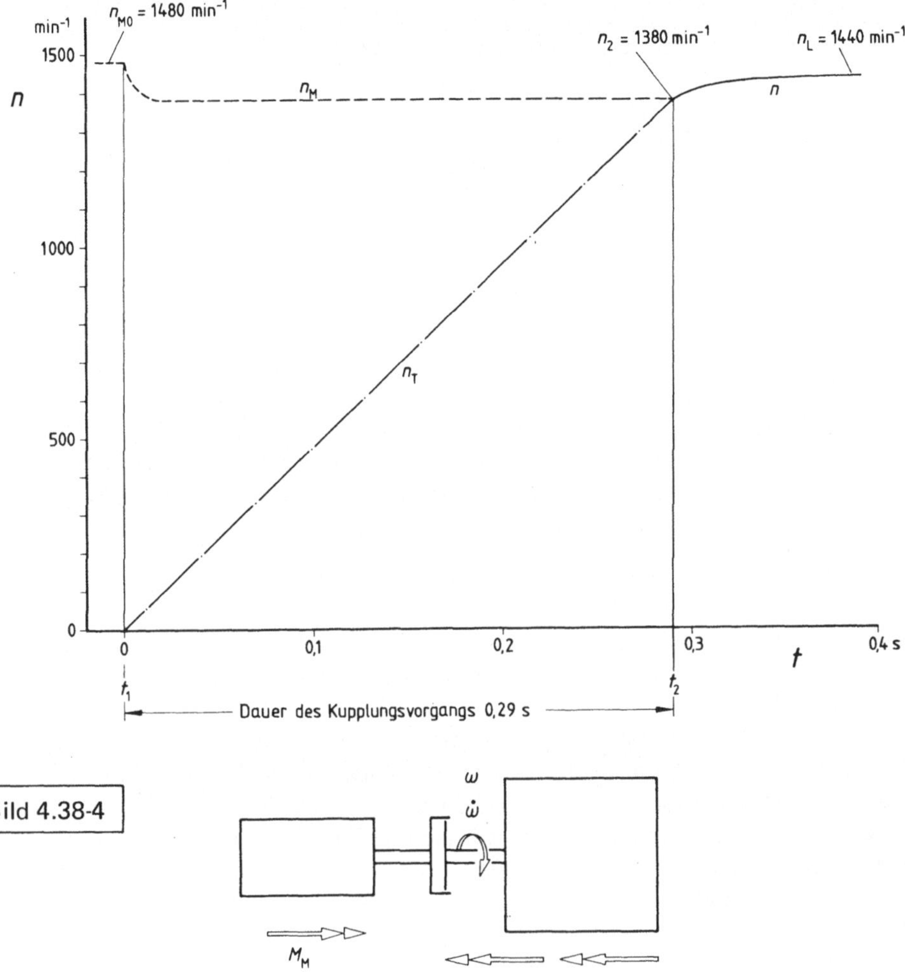

Es wird damit aus Gl. (7) mit $\omega_{\mathrm{T}} = \omega_2$

$$t_2 = \frac{\omega_2\, J_{\mathrm{T}}}{M_{\mathrm{R}} - M_{\mathrm{L}}} = 0,29\ \mathrm{s}.$$

2. Hochlaufvorgang. Motor und Triebwerk haben nun den gleichen Bewegungszustand, für den man mit den Bezeichnungen von Bild 4.38-4 und Gl. (3) die Bewegungsdifferentialgleichung

$$\dot{\omega} + \frac{k}{(J_{\mathrm{M}} + J_{\mathrm{T}})}\, \omega = \frac{k\,\omega_{\mathrm{MO}} - M_{\mathrm{L}}}{(J_{\mathrm{M}} + J_{\mathrm{T}})} \tag{8}$$

erhält, die vom gleichen Typ ist wie Gl. (5). Dafür das allgemeine Integral

$$\omega = \frac{k\,\omega_{MO} - M_L}{k} + C\,e^{-\frac{k}{J_M + J_T}\,t}\;.$$

Beginnt man bei $t = t_2$ eine neue Zeitzählung, wird für $t = 0$

$\omega = \omega_2 = \omega_{MO} - \dfrac{M_R}{k}$ und damit $C = \dfrac{M_L - M_R}{k}$. Während des Hochlaufvorgangs wird also die gemeinsame Winkelgeschwindigkeit

$$\omega = \omega_{MO} - \frac{M_L}{k} + \frac{M_L - M_R}{k}\,e^{-\frac{k}{J_M + J_T}\,t}\;, \tag{9}$$

die sich asymptotisch der Lastwinkelgeschwindigkeit

$$\omega_L = \omega_{MO} - \frac{M_L}{k} = 150{,}8\ \mathrm{s}^{-1}, \tag{10}$$

d.h. der Lastdrehzahl $n_L = 1440\ \mathrm{min}^{-1}$ nähert.

Mit den Ergebnissen können die Überlegungen des Beispiels 4.28 fortgeführt werden: Nach Gl. (6) fällt die Motordrehzahl beim Kupplungsvorgang um so mehr ab, je größer das Kupplungsmoment M_R ist. Dürfen bestimmte Drehzahlen nicht unterschritten werden, gewinnt man daraus eine Bedingung für das größtzulässige Kupplungsmoment.

4.39 Infolge Unachtsamkeit stößt eine Spannbacke des in Bild 4.39-1a dargestellten, mit $n_{1A} = 500\ \mathrm{min}^{-1}$ rotierenden Dreibackenfutters gegen den Oberschlitten des Supports einer Drehmaschine.

Welche mittlere Stoßkraft muß die Spindel bzw. die Spindel-Lagerung aushalten, wenn die Stoßdauer $t^{**} = 0{,}02$ s beträgt? Massenträgheitsmoment der rotierenden Massen (Spindel, Riemenscheibe, Dreibackenfutter) $J_S = 150\ \mathrm{kg\,cm}^2$; Stoßzahl $\epsilon = 0{,}5$; $r = 55$ mm.

Da diese Rechnung ohnehin nur eine grobe Näherung darstellt, darf die (nicht ganz zutreffende) Annahme gemacht werden, es handele sich um einen geraden, exzentrischen Stoß. Der Einfluß des Antriebsriemens während des Stoßes kann außer Betracht bleiben.   (S)

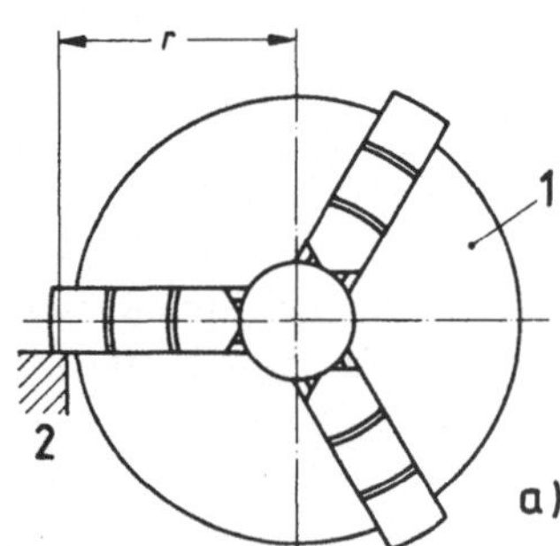

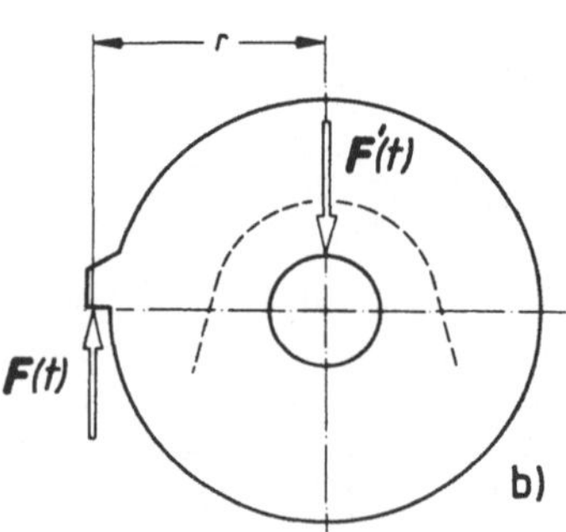

Lösung: Nach dem Grundgesetz für Drehung ist

$$-M(t) = J_\mathrm{S} \frac{d\omega}{dt} \,, \tag{1}$$

worin $M(t) = r\,F(t)$ ist, wenn F den (absoluten) Betrag der Stoßkraft bedeutet. Damit folgt aus Gl. (1)

$$-r\,F(t)\,dt = J_\mathrm{S}\,d\omega$$

$$-r \int\limits_0^{t^{**}} F(t)\,dt = J_\mathrm{S} \int\limits_{\omega_{1\mathrm{A}}}^{\omega_{1\mathrm{E}}} d\omega \,. \tag{2}$$

Hierin ist $\omega_{1\mathrm{A}}$ der Betrag der Winkelgeschwindigkeit des Dreibackenfutters am Anfang, $\omega_{1\mathrm{E}}$ sein Winkelgeschwindigkeitsbetrag am Ende des Stoßes.

Das linke Integral ließe sich nur auswerten, sofern $F(t)$ bekannt wäre, was meist nicht der Fall ist. Man begnügt sich mit dem Mittelwert

$$\int\limits_0^{t^{**}} F(t)\,dt = F_\mathrm{m}\,t^{**}, \tag{3}$$

wonach aus Gl. (2) folgt

$$r\,F_\mathrm{m}\,t^{**} = -J_\mathrm{S}\,(\omega_{1\mathrm{E}} - \omega_{1\mathrm{A}}) = J_\mathrm{S}\,(\omega_{1\mathrm{A}} - \omega_{1\mathrm{E}}). \tag{4}$$

Die Stoßzahl ϵ ist im vorliegenden, gemäß Schemabild 4.39-1b vereinfachten Falle

$$\epsilon = \frac{r_2\,\omega_{2\mathrm{E}} - r_1\,\omega_{1\mathrm{E}}}{r_1\,\omega_{1\mathrm{A}} - r_2\,\omega_{2\mathrm{A}}} = \frac{-\omega_{1\mathrm{E}}}{\omega_{1\mathrm{A}}} \,, \tag{5}$$

falls man annimmt, daß wegen der relativ großen Masse des mit dem Support fest verbundenen Maschinengestells $r_2\,\omega_{2\mathrm{E}}$ vernachlässigbar klein ist.

Aus Gl. (4) gewinnt man dann mit Gl. (5)

$$F_\mathrm{m} = \frac{J_\mathrm{S}\,(\omega_{1\mathrm{A}} + \epsilon\,\omega_{1\mathrm{A}})}{r\,t^{**}} = \frac{2\,\pi\,J_\mathrm{S}\,(1 + \epsilon)\,n_{1\mathrm{A}}}{r\,t^{**}} = F_\mathrm{m}' \,, \tag{6}$$

wenn F_m' der Betrag der auf die Spindel wirkenden resultierenden Lagerreaktion ist. Während des Stoßvorganges gilt in jedem Augenblick

$$F(t) = -F'(t);$$

die beiden Kräfte bilden also ein Kräftepaar.

Man findet mit den gegebenen Zahlen aus Gl. (6) $F_\mathrm{m} = 1071$ N.

4.40 Das Druckwerk für einen Schnelldrucker ist in Bild 4.40-1 schematisch aufgezeichnet. Diese Ausgabeeinheit für digitale Rechenanlagen arbeitet nach dem Prinzip des fliegenden Drucks; das heißt, daß die auf dem Typenträger angeordneten Drucktypen kontinuierlich am Druckort vorbeibewegt werden, der gesamte Zeichenvorrat also während eines Typenträgerumlaufs mindestens einmal zum Abdruck angeboten wird. Dem Typenträger gegenüber liegt ein Druckhammer, der genau dann das zu bedruckende Papier und das Farbtuch gegen den Typenträger schlägt, wenn die gewünschte Type „vorbeifliegt". In Ruhestellung liegt der Druckhammer am Anschlag. Bei Annäherung der abzudruckenden Type wird der Magnet erregt und der Ankerhebel angezogen. Dieser schiebt über die Einschubfeder die Druckhammernase in den Bewegungsbereich der Zähne des schnell rotierenden Stoßrades. Durch den Stoß wird der Druckhammer nach links beschleunigt und fliegt frei bis zum Stoß gegen Papier, Farbtuch und Type. Die Rückstellfeder führt den Druckhammer wieder bis in die Ausgangslage zurück.

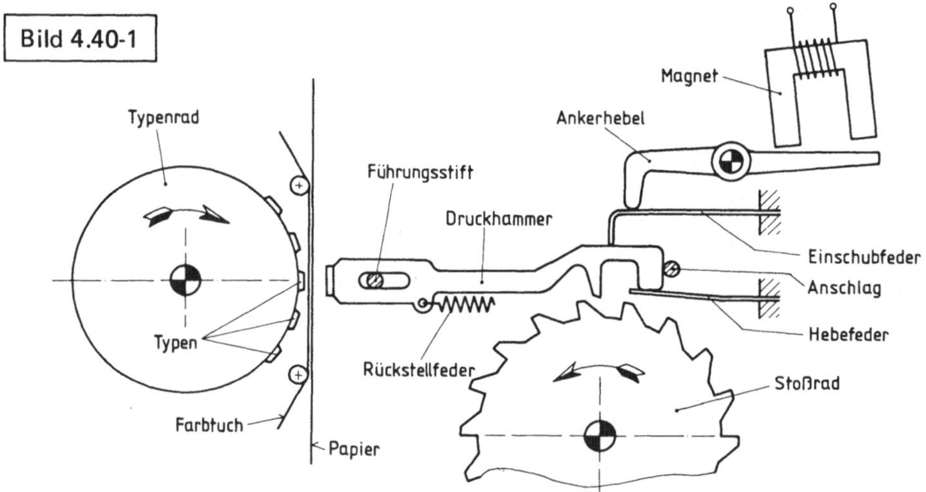

Hammerweg vom Anschlag in Ruhestellung bis zum Aufschlag beim Drucken $s = 4\,\text{mm}$, Hammermasse $m = 1{,}5\,\text{g}$; Rückstellfeder: Federrate $c = 0{,}1\,\text{N/mm}$, Zugkraft in Ruhelage $F_0 = 0{,}8\,\text{N}$. Die aus Messungen von Blume[4] an einer Versuchsanordnung gewonnenen Meßoszillogramme vom Verlauf der Stoßkraft $F_S(t)$ und des Kompressionsweges $s_k(t)$ von Papier und Farbtuch beim Stoß des Druckhammers zeigt Bild 4.40-2. (Das Maximum der Zusammendrückung liegt nach Blume tatsächlich zeitlich nach dem Stoßkraftmaximum.)

Aufgaben: a) Aus dem Diagramm $F_S(t)$, $s_k(t)$ ermittle man die Hammergeschwindigkeit v_{H1} beim Auftreffen auf das Papier und die Rückprallgeschwindigkeit v_{H2} des Hammers nach Ende des Druckvorgangs. b) Aus den Ergebnissen von a) bestimme man die Stoß-

---

[4] Blume, P.: Grundlagen des Druckvorgangs bei mechanischen Schnelldruckern. Z. Feinwerktechnik + Micronic 76 (1972).

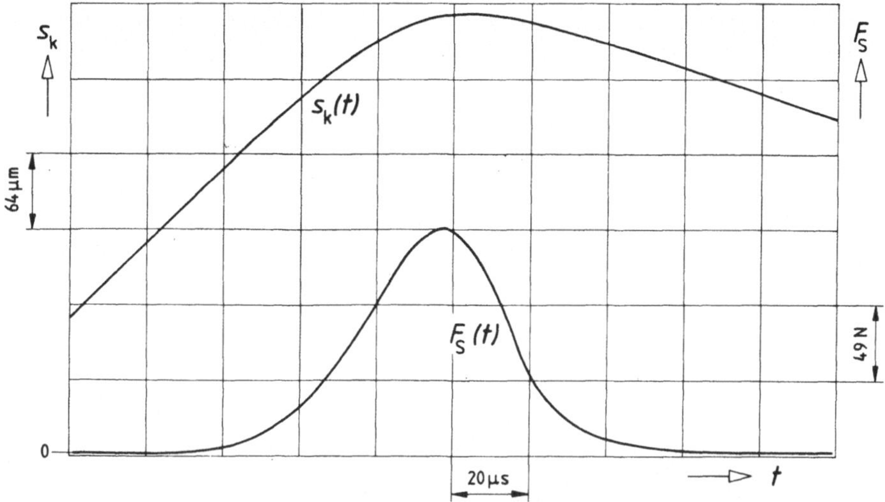

zahl ϵ_D für den Abdruckstoß. c) Man berechne die kinetische Energie E_{k1} des Hammers vor dem Abdruckstoß, E_{k2} nach dem Abdruckstoß und die für den Druckvorgang verbrauchte Energie ΔE_D. d) Auf welche Geschwindigkeit v_{HO} muß der Hammer durch den Stoß mit dem Stoßrad beschleunigt werden? e) Für den Beschleunigungsstoß des Hammers mit dem Stoßrad ist die Stoßzahl $\epsilon_B = 0,7$ anzunehmen. Wie groß muß demnach die Umfangsgeschwindigkeit v_u des Stoßrades sein, um den Hammer auf die Geschwindigkeit v_{HO} zu beschleunigen? Vereinfachende Annahmen: Massen des Stoßrades und des Typenträgers sehr groß gegen Hammermasse; anteilige Papier-/Farbtuchmasse und Masse der Rückstellfeder vernachlässigbar.
Hammerführung reibungsfrei. Gegenüber dem Hammerweg $s = 4$ mm soll der Kompressionsweg s_k vernachlässigt werden. (A)

Lösung: a) Vor dem Auftreffen des Hammers, d.h. vor dem Anstieg der Kraftkurve $F_S(t)$ ist $s_k(t)$ linear ansteigend; die Hammergeschwindigkeit ist vor dem Auftreffen (annähernd) konstant. Man greife im Diagramm 4.40-2 ein beliebiges Wertepaar Δs_k, Δt in diesem Bereich ab, z.B. $\Delta s_{k1} = 64$ μm und $\Delta t_1 = 20$ μs und berechne daraus die Hammergeschwindigkeit vor dem Abdruckstoß $v_{H1} = \Delta s_{k1}/\Delta t_1 = 3,2$ m/s.
Ebenso verfahre man im Bereich des Hammerrückgangs mit $\Delta s_{k2} = -32$ μm und $\Delta t_2 = 32$ μs. Daraus die Hammergeschwindigkeit nach dem Stoß $v_{H2} = \Delta s_{k2}/\Delta t_2 = -1$ m/s.
b) Streng genommen ist der Stoß des Hammers beim Druckvorgang kein „gerader Stoß" im Sinne der Theorie, da der Geschwindigkeitsvektor der Type nicht auf der Stoßnormalen liegt. Ob er ein „zentraler Stoß" ist, kann hier nicht entschieden werden, da der Hammerschwerpunkt nicht gegeben ist. Es soll aber im folgenden die Theorie des geraden zentralen Stoßes angewendet werden, denn die während der Stoßdauer von der tangential zum Farbtuch gerichteten Typenbewegung verursachte Reibungskraft wird größtenteils von Papier

und Farbtuch aufgenommen. Ein auf den Hammer quer zur Bahn gerichteter Anteil dieser Kraft wird bei reibungsfreier Führung auf den Bewegungszustand des Hammers keinen Einfluß haben.

Die Stoßzahl ϵ ist allgemein definiert als der Quotient der Relativgeschwindigkeiten der Körper unmittelbar vor und nach dem Stoß. Mit den Geschwindigkeiten $v_{T1} = v_{T2} = 0$ des Typenradschwerpunkts wird hier $\epsilon_D = -v_{H2}/v_{H1} = 0{,}31$.

c) $\quad E_{k1} = \dfrac{1}{2}\,m\,v_{H1}^2 = 7{,}68 \cdot 10^{-1}\,\text{N cm},$

$\quad\quad E_{k2} = \dfrac{1}{2}\,m\,v_{H2}^2 = 0{,}75 \cdot 10^{-1}\,\text{N cm},$

$\quad\quad \Delta E_D = E_{k1} - E_{k2} = 6{,}93 \cdot 10^{-1}\,\text{N cm}.$

d) Auf dem Weg des Hammers von der Ruhelage bis zum Druckanschlag wird ihm durch die Rückstellfeder die Energie

$$E_p = \frac{1}{2}(F_0 + F_1)\,s = \frac{1}{2}(F_0 + c\,s)\,s = 2{,}4 \cdot 10^{-1}\,\text{N cm}$$

entzogen; siehe Bild 4.40-3. Um diesen Energiebetrag muß die ihm durch das Stoßrad erteilte Anfangsenergie E_{k0} größer sein als die Energie beim Druckanschlag

$$E_{k0} = \frac{1}{2}\,m\,v_{H0}^2 = E_{k1} + E_p = 10{,}08 \cdot 10^{-1}\,\text{N cm}$$

und damit die erforderliche Anfangsgeschwindigkeit

$$v_{H0} = \sqrt{\frac{2E_{k0}}{m}} = 3{,}67\ \text{m/s}.$$

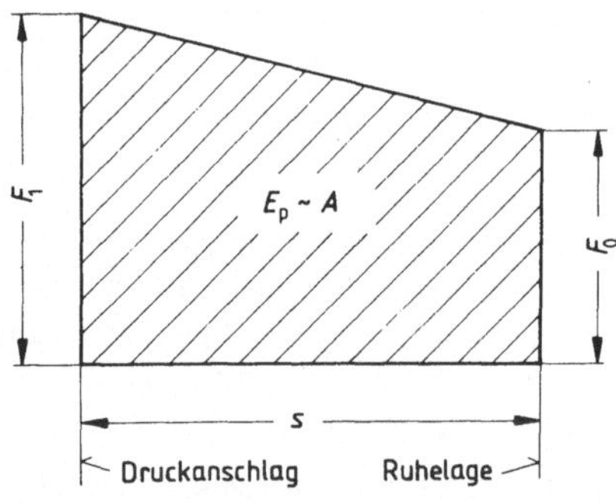

Bild 4.40-3

e) Nach der Theorie des geraden zentralen Stoßes ist beim Stoß eines mit der Geschwindigkeit v_u bewegten Stoßradzahnes (sehr große Masse) auf den ruhenden Hammer (sehr kleine Masse) bei gegebener Stoßzahl ϵ_B die Hammergeschwindigkeit nach dem Stoß $v_{H0} = (1 + \epsilon_B)\,v_u$. Demnach muß hier die Umfangsgeschwindigkeit des Stoßrades $v_u = v_{H0}/(1 + \epsilon_B) = 2{,}16\ \text{m/s}$ werden.